国家科学技术学术著作出版基金资助出版

U0211666

结构受力状态分析理论与应用

STRUCTURAL STRESSING STATE ANALYSIS THEORY AND ITS APPLICATIONS

周广春 著

哈尔滨工业大学出版社
HITP HARBIN INSTITUTE OF TECHNOLOGY PRESS

内 容 简 介

本书阐述了结构工程研究现状和逐渐形成的瓶颈问题,建立了突破既有研究范式、释解瓶颈问题的结构受力状态理论与分析方法,揭示了结构一般失效规律——结构失效定律,以及相应的结构设计原理——弹塑性分支点设计原理,揭示了接近无尺寸效应的实质材料强度与均质各向同性材料的强度定律。两个定律的发现释解了困扰结构设计、材料强度研究几个世纪的结构承载能力与强度理论的非确定性、非一致性问题,奠定了高等结构设计的基础,必将促进结构设计规范的更新换代,成为即将到来的第四次工业革命时代的重要组成部分。

本书可作为以材料与结构力学性能作为重要组成部分的结构工程、工程力学、结构力学、路桥工程、岩土工程、建筑材料、机械工程、航空航天工程、船舶工程、军事工程、兵器工程、车辆工程等学科的参考书,同时为这些领域的大学教师、研究人员、工程师、研究生以及本科生的研究、设计、课程提供新的分析理论与方法。

图书在版编目(CIP)数据

结构受力状态分析理论与应用/周广春著. —哈尔滨:哈尔滨工业大学出版社,2022.1
ISBN 978 - 7 - 5603 - 9097 - 0

Ⅰ.①结… Ⅱ.①周… Ⅲ.①建筑结构－受力性能－研究 Ⅳ.①TU3

中国版本图书馆 CIP 数据核字(2020)第 188966 号

策划编辑	王桂芝 张 荣
责任编辑	陈雪巍 林均豫
出版发行	哈尔滨工业大学出版社
社　　址	哈尔滨市南岗区复华四道街 10 号 邮编 150006
传　　真	0451 - 86414749
网　　址	http://hitpress.hit.edu.cn
印　　刷	辽宁新华印务有限公司
开　　本	787 mm×1 092 mm 1/16 印张 16.25 字数 406 千字
版　　次	2022 年 1 月第 1 版 2022 年 1 月第 1 次印刷
书　　号	ISBN 978 - 7 - 5603 - 9097 - 0
定　　价	108.00 元

前　言

工程科学研究要不断探索和揭示客观规律,才能推进工程实践的发展以致更新换代。然而,目前结构工程研究理论与方法的研究更倾向于规避和最小化未知"客观规律"的负面效应。特别地,在研究成果可以促成宏伟的工程成就之际,探索"未知规律"就显得不那么迫切了。当探索"未知规律"在目前的知识和试验条件下难以为继时,自然认为某些"未知规律"的问题可能不是问题,而是问题的固有属性。但是,规律还在那里,它并不复杂,只是需要开创性的理论与方法才能揭示。本书是作者十年前制定的科学研究目标的成果,是不断质疑、挑战、突破传统知识的所得,更是自身学术思想境界、科学研究水准不断提高的收获。

实际上,本书的起源可以追溯到作者对"材料力学"课程的学习(1980 年)。授课老师强调应力是微小单元体上的力,是"点"应力状态概念,而材料强度用其承受单轴应力的能力来表示,与试件的尺寸和形状有关,且这种相关性是材料强度的固有性质。当时,作者联想相对密度的概念,对材料强度的尺寸效应产生了纠结,感到迷惑不解:定义为单位体积质量的相对密度与物体的大小和形状无关,那么定义在单元体的材料强度(单位面积上的应力)为什么与试件的大小和形状有关呢? 是不是测定材料强度方法有误? 会不会混淆了材料强度与试件强度? 是不是正是这种误解和混淆导致不能发现适合各种材料的"强度定律",而只能产生数百年来众多著名学者提出的近百种强度理论? 各种解释都没有使作者释解疑虑,似乎在规避某些未知的东西,或者在最小化某种未知的负面效应。

1998 年,作者开始真正涉足结构分析,至 2008 年,作者在国内外各做了 5 年的结构工程研究,在这一阶段又产生了纠结和不解:结构分析在追求确定结构承载能力的方法和准则,而且常识告诉我们,结构的破坏是一个过程,结构正常工作状态不能是这个破坏过程的任何一点,可结构分析却聚焦于随机性主导的结构破坏过程的终点——极限(或峰值)工作状态,导致不可能产生统一的结构工作失效判定准则,而且不得不引入随机分析(可靠度)来估算不确定性的结构承载能力;那么,为什么不研究结构破坏的起点在哪里? 这不正是结构承载能力参照的确切所在吗? 在结构破坏的起点一切可能都是确定性的,也许在这里能追寻到结构统一失效判定准则。

作者试图释解这些质疑,历经挫折,觉得在传统的理论和方法上已经无望,必须深刻反思、寻求突破。2008 年,作者总结各种经验教训,得出两点体会:一是必须发展新的理论和方法,传统的应用研究理念和方法不能释解这些质疑;二是必须立足于结构工作过程特征研究,才能释解这些质疑。因此,作者在 2012 年确定了以新的研究理论与方法直接对结构试验数据、模拟数据进行建模分析,揭示结构工作过程的规律性特征,最终达到释解这些质疑的研究目标。

经过近 5 年的努力,作者在 2017 年建立了初步的"结构受力状态理论",并应用该理论对各种结构进行分析,释解作者长期纠结和迷惑不解问题的曙光开始呈现。至今为止,作者发现了不同结构形式、不同结构破坏形式具有同样的结构工作状态特征,即结构受力状态突变特征(结构失效荷载),这种共性特征可以从自然辩证法寻得根据,既是系统工作状态从量变到质变自然规律的体现,也是具有确定性性质的结构破坏的起点。作者经过大量的分析验证,得出了结论:这个结构受力状态突变特征是系统的量变到质变客观规律的体现,可以称为"结构失效定律"。进而,应用结构受力状态理论与方法,对测量材料强度试件的试验数据进行分析发现:在不同大小、不同形状试件的受力状态突变点(试件失效荷载)来确定材料强度,材料的强度呈现出试件尺寸和形状效应较小的迹象,体现出了材料强度的本质属性,即一种材料只能有一个确定性的强度。作者将试件失效荷载下获得的材料强度定义为"实质材料强度"。"实质材料强度"的发现,激发了作者挑战近百种强度理论的想法,开展了混凝土标准试件的三轴应力状态试验,应用结构受力状态理论与方法获取了对应实质材料强度的各种主应力组合,结合著名学者俞茂宏教授的统一强度理论,拟合出了实质材料强度与组合主应力之间确定的关系式,即统一的强度公式,并初步验证该公式可能适合于一切均质各向同性材料,故不论是脆性材料还是塑性材料,都可以称之为均质各向同性材料的"强度定律",该定律可能取代数百年来所提出的近百种强度理论。集成以上成果,可以建立起以"实质材料强度""强度定律""结构失效定律"为基础的、不断融入科学研究成果的"高等结构设计"平台,若将高等结构理念与方法辐射到各个工程设计规范,将为各种工程的进步与发展做出贡献。

本书共分 12 章:第 1 章为绪论,阐述了衍生"结构受力状态理论"的背景,包括目前结构分析领域研究的瓶颈、突破瓶颈的基本思想及成果梗概;第 2 章为结构受力状态理论与方法,介绍了构成结构受力状态理论的基本概念与基本原理,构建结构受力状态模式及其特征参数的基本方法、结构受力状态演变特征的判定准则,以及所能揭示的结构工作规律;第 3 章阐述了结构失效定律与结构统一失效判定准则,并通过基本变形杆件或构件揭示了结构失效定律,同时揭示了结构工作过程中另一个重要的特征点——弹塑性分支点;第 4 章为均质各向同性材料实质强度与强度公式,阐述了材料强度的两个经典问题,介绍了应用结构受力状态理论分析混凝土材料强度测试数据的方法,揭示了"实质材料强度"和"强度定律",并介绍了验证结果;第 5~10 章介绍了对钢管混凝土短柱、钢管混凝土拱、配筋砌体剪力墙、连续钢弯梁桥、钢框架结构、球面网壳结构等的受力状态分析结果,展示了一般性的结构受力状态跳跃或突变特征,即展示了各种结构模型工作过程中的结构失效定律;第 11 章为状态构形插值法及应用实例,介绍了新的试验数据插值方法——状态构形插值法,该方法有效促进了有限试验数据在结构受力状态分析中的应用;第 12 章为高等结构设计探讨,介绍了基于结构受力状态理论与方法、结构失效定律、实质材料强度、强度定律、结构弹塑性分支点,构建了"高等结构设计平台"的基本思路,阐叙了高等结构设计的意义。

　　本书的研究成果是作者及其博士、硕士研究生智慧的结晶,是多年努力探索的结果。在作者建立的"结构受力状态理论"的基础上,史俊、赵健提供了第2章Mann-Kendal判定准则的引用,以及第4、5章结构受力状态分析的部分成果;张铭月、季攀提供了第3章的基本构件受力状态分析成果;杨康康提供了第6章结构受力状态分析成果;刘佰、赵艳提供了第7章的结构受力状态分析成果;李伟涛、李鹏程提供了第8、9章的结构受力状态分析成果;张明提供了第10章的单层网壳结构受力状态分析成果;郑凯凯提供了第11章的状态构形插值法;刘佰提供了第12章高等结构设计平台的探讨成果。

　　作者已将本书内容引入大学本科与研究生教程,为我国工程教育、高端设计与研究人才培养做出一点贡献。

　　本书的出版得到了国家科学技术学术著作出版基金的资助(2019年度),以及黑龙江省精品图书出版工程专项资金(2018年度)的资助,作者致以衷心的感谢!

　　最后,由于作者有限的研究能力和研究水平,本书一定会有诸多疏漏及不妥之处,诚恳读者提出宝贵意见,作者不胜感激。

作　者

2021 年 5 月

目　　录

第1章　绪论 ··· 1

1.1　引言 ·· 1

1.2　结构工作性能研究现状 ·· 1

1.3　目前结构工程研究的范式和存在的问题 ·· 4

本章参考文献 ··· 6

第2章　结构受力状态理论与方法 ·· 12

2.1　引言 ··· 12

2.2　结构受力状态的概念 ·· 13

2.3　结构受力状态理论定义及要义 ·· 13

2.4　结构受力状态的表述 ·· 14

2.5　结构受力状态分析方法 ·· 17

2.6　结构受力状态的基本特征 ··· 19

本章参考文献 ·· 22

第3章　结构失效定律与结构统一失效判定准则 ·· 25

3.1　引言 ··· 25

3.2　结构失效定律与解读 ·· 25

3.3　结构失效定律的表达式 ·· 26

3.4　结构统一失效判定准则 ·· 26

3.5　压杆的受力状态分析与特征荷载 ·· 28

3.6　扭转杆的受力状态分析与特征荷载 ··· 43

3.7　剪切试件的受力状态分析与特征荷载 ·· 45

3.8　纯弯曲杆件的受力状态分析与特征荷载 ·· 46

本章参考文献 ·· 48

第4章　材料实质强度与强度公式 ·· 49

4.1　引言 ··· 49

4.2　两个经典的材料强度问题和质疑 ·· 49

4.3　试件失效荷载与实质材料强度 ·· 51

4.4　实质材料强度及测定方法 ··· 53

4.5　均质各向同性材料的强度公式 ·· 56

4.6　强度公式的验证 ··· 60

4.7　强度公式的定律特征 ·· 64

4.8 实质强度与强度公式的意义 ·· 65
本章参考文献 ·· 66

第5章 钢管混凝土短柱受力状态分析 ·································· 69
5.1 引言 ·· 69
5.2 钢管混凝土短柱试验简介 ·· 69
5.3 基于试验数据的钢管混凝土短柱受力状态分析 ·························· 71
5.4 钢管混凝土短柱数值模拟及受力状态分析 ······························ 75
5.5 钢管混凝土短柱失效与极限荷载预测公式 ······························ 81
5.6 钢管混凝土短柱设计荷载探讨 ·· 83
本章参考文献 ·· 85

第6章 钢管混凝土拱模型受力状态分析 ······························ 89
6.1 引言 ·· 89
6.2 钢管混凝土拱模型试验简介 ·· 89
6.3 拱模型的失效荷载 ·· 91
6.4 拱模型受力状态子模式的特征 ·· 97
6.5 拱模型有限元模型的建立及参数分析 ······································ 99
6.6 拱模型失效荷载与极限荷载的预测公式 ·································· 101
本章参考文献 ··· 103

第7章 配筋砌体剪力墙受力状态分析 ································ 106
7.1 引言 ··· 106
7.2 配筋砌体剪力墙滞回工作性能试验 ······································ 106
7.3 剪力墙模型受力状态建模及特征荷载 ···································· 109
7.4 基于残余应变的剪力墙模型受力状态分析 ······························ 114
7.5 剪力墙模型滞回承载力探讨 ·· 117
本章参考文献 ··· 118

第8章 连续钢弯梁桥结构受力状态分析 ······························ 120
8.1 引言 ··· 120
8.2 弯梁桥模型试验简介 ··· 120
8.3 弯梁桥模型的受力状态分析 ·· 123
8.4 弯梁桥模型子结构间的协调工作特征 ···································· 130
本章参考文献 ··· 133

第9章 钢框架结构破坏过程受力状态分析 ·························· 136
9.1 引言 ··· 136
9.2 框架模型破坏过程试验 ··· 136
9.3 框架模型受力状态建模及特征荷载 ······································ 139
9.4 框架模型受力状态中的悬链线效应 ······································ 141
9.5 结构剪切变形特征 ··· 151
9.6 基于模拟数据的框架模型受力状态分析 ·································· 159
本章参考文献 ··· 166

第 10 章　球面网壳结构动力受力状态分析 ……………………………… 169

　10.1　引言 ………………………………………………………………… 169

　10.2　单层球面网壳模型设计与制作 …………………………………… 169

　10.3　单层球面网壳模型振动台试验 …………………………………… 171

　10.4　单层球面网壳结构有限元模拟 …………………………………… 177

　10.5　结构动力受力状态分析方法 ……………………………………… 179

　10.6　网壳结构动力受力状态分析 ……………………………………… 183

　10.7　网壳结构受力状态特征参数与失效判定准则 ………………… 185

　本章参考文献 …………………………………………………………… 191

第 11 章　状态构形插值法及应用实例 …………………………………… 194

　11.1　引言 ………………………………………………………………… 194

　11.2　状态构形插值法 …………………………………………………… 195

　11.3　单管拱拓展试验数据中的受力状态特征 ……………………… 206

　11.4　弯梁桥拓展试验数据中的受力状态特征 ……………………… 219

　本章参考文献 …………………………………………………………… 222

第 12 章　高等结构设计探讨 ……………………………………………… 225

　12.1　引言 ………………………………………………………………… 225

　12.2　结构分析概况与问题 ……………………………………………… 225

　12.3　高等结构设计基础与规程的内涵 ………………………………… 226

　12.4　高等结构设计的意义 ……………………………………………… 228

　本章参考文献 …………………………………………………………… 230

名词索引 ……………………………………………………………………… 232

附录　部分彩图 ……………………………………………………………… 235

第1章 绪 论

1.1 引 言

在结构工程研究领域,结构分析内容可简单地归纳为两个方面:一是结构的承载能力和内外协调工作性能研究,聚焦于结构的极限工作状态(诸如稳定或强度破坏)和结构工作过程的受力与变形,致力于给出各种结构的最大承载能力计算方法或判定准则,或给出应用建议和供设计借鉴的结论;二是基础理论及分析方法的研究,提出新概念、发展理论,获取计算结构响应、预测结构工作能力的方法。这两方面构成了结构分析基础,并逐渐形成了结构工程研究的"范式",伴随和促进着结构工程的发展。自然地,"范式"的形成和发展也必然逐渐衍生新的问题。新问题的突破带动着"范式"的转换与演变,使结构工程研究发生质的转变,思想观念得以更新,新的概念、理论、方法得以建立和应用。根据科学革命的范式,这种转换是对自然现象新的认知,是对自然规律的揭示,是对新知识、新原理和新方法的获取。据此,构成了"结构受力状态理论"的基本思想:既有的结构分析理论与方法,各种结构的分析模型、试验与模拟数据、分析的结论,都是一种自然现象,其中各种问题蕴含着未知的自然规律。换句话说,将结构工程研究现状或目前的结构分析成果视为自然现象,依据自然的普遍规律——量质变定律来阐述对结构工作行为特征新的认知。"结构受力状态理论"所提出的概念、建模方法、状态特征判定准则,将揭示结构工作过程的一般规律,贡献于工程实践,促进结构工程的发展。

1.2 结构工作性能研究现状

本节选择几种典型构件和结构,综述结构工程研究现状,归纳所研究的问题,阐述结构受力状态理论与方法的背景。

1.2.1 压杆

三线型压杆临界应力算式可用图1.1所示曲线表示,该曲线中各个线段物理意义为:

(1) 当 $\lambda \geqslant \lambda_p$ 时,压杆是细长杆,存在材料比例极限内的稳定性问题,临界应力适用欧拉公式计算。

(2) 当 $\lambda > \lambda_s$ 且 $\lambda < \lambda_p$ 时,压杆是中长杆,存在超过材料比例极限的稳定性问题,临界应力适用直线公式计算。

(3) 当 $\lambda < \lambda_s$ 时,压杆是粗短杆,不存在稳定性问题,只有强度问题,临界应力就是屈服强度 σ_s 或抗压强度 σ_b。

可见,随着柔度 λ 的增大,压杆的破坏性质由强度破坏逐渐向失稳破坏转化。压杆的临界应力也可以采用抛物线公式表示,图 1.2 所示为双线型压杆临界应力算式,图中将粗短杆与中长杆的临界应力用一个抛物线公式近似表示。

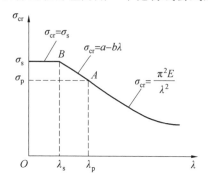

图 1.1　三线型压杆临界应力算式

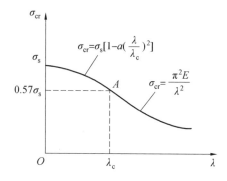

图 1.2　双线型压杆临界应力算式

显然,观察压杆构造参数——长细比的变化,可见压杆体现不同的破坏形式,没有共性的破坏特征,也就没有唯一的压杆承载力与长细比关系的计算公式。

1.2.2　配筋砌体剪力墙

近几十年来,配筋砌体剪力墙的承载力有多种计算公式,见表 1.1。从此表可以看出:基于目前的理论与方法所给出的各种算式还不能精确预测配筋砌体剪力墙的承载力。其原因可以归结为:一是配筋砌体剪力墙构造与材料性能层面上固有的复杂性,即各种参数较多且其作用机理不够清楚;二是公式计算的承载力所对应的是配筋砌体剪力墙极限承载状态,具有很大的随机变异性或天然的不确定性。由于这些公式都是基于试验分析、数值模拟、理论推导而得出,这意味着目前的理论与方法还不能完全应对精确预测配筋砌体剪力墙承载能力问题。同时,在目前的研究中,大量的试验数据主要被用来验证模拟结果,或者用试验、模拟数据验证理论分析结果,对数据中包含的未知的结构工作特征没有进行深入的探索。

表 1.1　配筋砌体剪力墙的承载力计算公式(1990~2018 年)

公式出处	涉及参数	算式存在的问题
Shing	②~⑥	未涉及高宽比,精度有限
Anderson	②~⑤,⑦,⑨	未考虑上下水平钢筋作用,精度有限
张彩虹	①~⑤,⑦	过多的参数并未导致精度的改进
王腾	①~③,⑤,⑦	低估了竖向压力和水平配筋的作用
姜洪斌	①~⑦	剪跨比不够精确,计算精度不够可靠
杨伟军	①~③,⑤,⑦	未考虑竖向钢筋作用,计算精度较为离散变异
GB 5003—2011	①~③,⑦	未考虑竖向钢筋作用,计算精度较为离散变异,且过于保守
全成华	①~⑦	精度有限,应用受限

续表 1.1

公式出处	涉及参数	算式存在的问题
MSJC 2002	①、③、④、⑦、⑧	未考虑塑性,对塑性主导的承载力计算精度不够精确
田瑞华	①~⑦	
NZS 4230:2004	②、④~⑧	
CSA Standard	②~④、⑦、⑨	未表现个别重要参数的影响,精度不够
Eurocode 6	②、④、⑦	半经验半理论的计算,精度不够且保守
Voon	②~④、⑥、⑦	重要参数(水平配筋)作用不明,精度不够
Psilla	①~④、⑦	精度不够,应用有限
潘东辉	④、⑥~⑧	对较大剪跨比情况,计算精度不够
王凤来	①、②、③、⑥、⑦、⑧	剪切承载力的塑性机理作用尚待明确
UDC 黑龙江地方标准－P(DB 23/T××××－2018)(报批稿)	①、②、③、④、⑦、⑧	承载力计算中主控参数还需探讨,精度仍然受限

注:①剪跨比;②约束砌体强度;③竖向轴压;④水平配筋强度;⑤竖向配筋强度;⑥水平和竖向配筋率;⑦高宽比;⑧压力区剪力;⑨塑性指数

综上所述:各种配筋砌体剪力墙极限状态具有不确定性,因此体现了不同的破坏形式,也没有共性的破坏特征,故而也就没有统一的、精确的承载力计算公式。

1.2.3 钢管混凝土短柱

钢管混凝土短柱本质上是一种"组合结构",具有较为复杂的工作机理,涉及的问题和研究方法也相对广泛,一般通过极限承载状态的机理性和试验分析建立破坏荷载预测公式,供设计使用。目前钢管混凝土短柱的研究可以概括为以下两点:一是问题多样且复杂,包括本构模型、屈曲非线性机理、破坏荷载、偏心受压机理、纯弯曲机理、柔性性能、轴压强度、横向撞击反应等;二是各种分析方法被采用,包括半经验、半理论的分析方法,即试验、模拟、机理性分析相结合的研究方法,在这些方法应用中,几乎都伴有试验分析,不仅积累了大量的试验数据,同时还累积了大量的数值模拟数据。这些研究成果丰富和发展了钢管混凝土短柱类型,极大地推动了钢管混凝土短柱在工程中的应用。但是,钢管混凝土短柱的研究和对破坏荷载的预测,多采用半经验半机理的方法,这导致设计荷载计算相当保守;同时,钢管混凝土短柱的试验数据并未得以充分利用,试验数据分析并未获得超越概念和经验判断的结果,目前还缺乏有效的方法揭示数据所蕴含的短柱未知工作规律。

1.2.4 弯梁桥结构

目前,对弯梁桥受力性能研究形成的理论已经相对成熟。St-Venan 最早在 1843 年提出了弯梁桥的分析设计理论,100 多年后 Vlasov 在 1965 年提出了薄壁杆件理论,发展了弯梁桥研究的理论基础。随着现代科技和经济的快速发展,高等级公路和城市立交桥大量建设,采用了各种形式的弯梁桥结构。最近几十年来,各国桥梁专家和学者针对弯梁桥的极限承载力、扭转响应、翘曲扭转响应、剪力滞效应等问题的研究取得了丰硕成果,建立了诸多弯梁桥分析理论,例如单纯扭转理论、翘曲扭转理论、梁格系理论、梁板组合理论等;相应地,给出了各种计算方法,例如有限单元法、有限条法等。但是,这些研究至今没有给出一个精确预测弯梁桥结构破坏荷载的公式,即未能给出弯梁桥工作失效的精确判定准则。同时,弯梁桥结构试验主要用来验证理论与模拟分析结果的真伪和精度,未能进一步揭示其中隐含的结构工作规律。

1.3　目前结构工程研究的范式和存在的问题

以上几种结构的研究现状表明,随着现代经济的飞速发展,世界各国的基础设施建设方兴未艾,各种构件、各种结构的研究不断拓展和深入,在分析理论与方法、试验手段与试验分析、模拟手段与数值分析等方面取得了丰硕成果,促进了结构工程的发展,逐渐形成了如图1.3所示的结构工程研究范式。

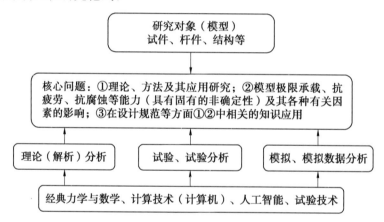

图1.3　结构工程研究范式

范式(Paradigm)的概念和理论是美国著名科学哲学家托马斯·库恩(Thomas Kuhn)提出并在《科学革命的结构》(*The Structure of Scientific Revolutions*)(1962年)中系统阐述的,意指常规科学所赖以运作的理论基础和实践规范,是从事某一科学的研究群体所共同遵从的世界观和行为方式,包括科学体系的基本模式、基本结构与基本功能等。范式概念是库恩范式理论的核心,而范式从本质上讲是一种理论体系。库恩指出:"按既定的用法,范式就是一种公认的模型或模式。"他采用这个术语是想说明,在科学实践中某些被公认的范例,包括定律、理论、方法以及试验仪器设备在内,为某种科学研究传统的出现提供了模型。在库恩看来,范式是一个研究群体所共同接受的一组假说、理论、准则和方法的总和,形成科学家的共同信念。瑞泽尔认为:"范式是存在于某一科学论域内关于研究对象的基本意向。它可以用来界定什么应该被研究、什么问题应该被提出、如何对问题进行质疑以及在解释我们获得的答案时该遵循什么样的规则。"

范式的特点:①范式在一定程度上具有公认性;②范式是一个由基本定律、理论、应用以及相关的仪器设备等构成的整体,它的存在给科学家提供了一个研究纲领;③范式还为科学研究提供了可模仿的、成功的先例。可以看出,在库恩的范式论里,范式归根到底是一种理论体系,范式的突破导致科学革命,从而使科学获得一个全新的面貌。据库恩范式的含义,经典理论与方法研究和应用(经典理论与方法形成的范式)已经延续了 300 余年,巨量的研究成果,或者说目前的研究范式(图 1.3),推动人类实现了工业化、现代化。但是,范式的形成必然伴随着研究瓶颈的形成,孕育着范式的转换。目前的结构分析体现一种"程式化"状态:研究的结构工作状态、目的和意图,使用的理论、试验方法、模拟方法,以及在一定程度上凭概念、经验判别就能预知的分析结果,成为一种"内容固定的流程"。这种"程式化"状态对科研意义而言,是研究瓶颈的体现,具体表现为以下几点:

(1)研究的基本点聚焦在结构或构件的极限或峰值状态,但该状态是不确定的,不能获得精确的材料强度和结构承载能力的测量与预测。目前的分析理论与方法应对各种结构、各种破坏形式都有其局限性,即应对结构复杂受力状态的功能各有所限,分析结果难以一致,致使以其为基础制定的设计准则不得不以经验性的、统计性的举措规避或最小化这种不确定性的负面效应,这样必然导致一定程度上不合理的、过度的材料使用。

(2)浩瀚的试验与模拟数据用途类似,试验、模拟分析结果和结论雷同。几乎所有研究都伴有试验或是主要是试验分析,积累了大量的试验数据,并伴有数值模拟做辅助性的参考,但目前的理论与方法都没有充分发挥试验数据的作用,试验数据仅仅服务于参数的拟合、计算结果的验证,特别对于浩瀚的应变测量数据更是没有发挥其应有的价值,隐含着巨大的浪费。

(3)长期未见具有突破性、颠覆性的理论与方法,进一步揭示经典理论与方法未能揭示的材料强度与结构工作规律。研究的创新性主要体现在新材料的应用、新结构形式的竞争性、跟随性、增量性研究,而材料、结构的工作规律、性能指标相对固化,已经长期未见新的发现和认知。

这些问题就是这种"程式化"瓶颈的后果或者负面效应的反映,同时这也孕育着突破这种"程式化"的意识和欲望。在科学意义上,研究瓶颈恰恰说明材料、结构仍然隐含着特有的、未知的规律,是丰富科学问题的载体,正是各个分析理论与方法发挥以及发展其特有功能的施展之地,更意味着需要新的理论与方法来揭示这些未知的结构工作规律。就科学与应用两个研究层次而言,在科学和工程之间的领域,还没有人试图去发现"桥梁级"的、科学与工程融合所呈现的"物理"规律。因此,目前研究的瓶颈问题,是库恩指明的"科学革命"(即"范式转换")的前提条件或科学发展的自然现象。作者认为,目前的范式将促进新的物理规律的发现和应用——新的范式形成,在公认的科学范式里,针对现有理论解决不了的"本质性、立场性"问题,尝试用创新性的理论予以解决,就可能更新原有范式。

总之,自牛顿定律问世以来,历经 3 个半世纪的应用和计算技术的进步,已经能够精确计算与测量结构在荷载作用下的响应。但是,至今仍然没有揭示出结构工作过程中的本质的、一般性的特征,即没有揭示出在荷载作用下结构响应演变物理定律。普遍的观点是不可能找到这样的定律,也就是不存在这样的物理定律,因为结构破坏过程及其极限承载状态问题本质上是不确定性的。这种意识无可非议,但正是这种意识衍生了潜在的"瓶颈"问题——致力于结构极限承载状态研究寻求结构设计准则,导致结构的承载能力设计"固化"在半经验性、半机理性,甚至就是经验性、统计性的状况。此外,由于这种状况实现了宏伟的工程成就,进一步弱化了探索结构状态演变中的物理定律来确定结构承载能力的愿望,甚至

"丧失了"这样的意识。

　　针对以上所阐述的研究瓶颈问题,作者以不同于目前结构分析的立场——结构极限承载状态,以自然世界的量质变规律为研究导向,应用对模型输出再建模分析方法对结构工作过程进行分析,形成了"结构受力状态理论"。该理论中概念的寓意、理论的内涵、方法的构成,以及该理论与方法的功能,为探索上述问题奠定了基础。应用结构受力状态分析方法,对各种结构的试验与模拟数据进行受力状态建模,并以所引用和建立的 Mann-Kendall 准则、相关性判定准则、斜率判定准则等,揭示了结构工作失效的共性特征,即结构工作失效或结构破坏过程的起点。根据自然界的量变到质变定律,结构工作失效的共性特征本质上是结构整个工作过程中,其受力状态从量变到质变的突变点,是自然界量变到质变定律的体现,因此,似可以称之为"结构失效定律"。通过以上研究,进而揭示了结构工作过程的"弹塑性分支点",该特征点是结构正常、安全工作的界点,可以直接作为结构的设计点,即将相应的荷载作为结构承载能力设计值,在一定意义上可以认为是结构失效定律衍生的结构设计原理。"结构受力状态理论"揭示的结构工作过程的两个特征点——结构破坏的起点和弹塑性分支点,解释了以上所阐述的瓶颈问题。同时,应用结构受力状态分析方法和试验、模拟数据,对测试材料强度的试件进行工作状态分析,揭示了无尺寸效应的材料强度("实质材料强度"),建立了强度公式(可能的"强度定律")。最后,集成以上研究成果,奠定了"高等结构设计"基础,构建了把以上研究成果付诸工程应用的平台。

本章参考文献

[1]KUHN T S. The Structure of Scientific Revolutions [M]. Chicago：The University of Chicago Press，1996.

[2]孙训方. 材料力学[M]. 北京：高等教育出版社,2009.

[3]刘鸿文. 高等材料力学[M]. 北京：高等教育出版社,1985.

[4]陈君. 低周往复荷载下 290 配筋砌块砌体剪切破坏模式试验研究[D]. 哈尔滨:哈尔滨工业大学,2013.

[5]SHING P B, SCHULLER M, HOSKERE V S, et al. Flexural and shear response of reinforced masonry shear walls [J]. ACI Journal, 1990, 87(6)：646-656.

[6]张彩虹. 混凝土小型砌块剪力墙抗剪承载力试验研究[D]. 哈尔滨:哈尔滨建筑工程学院,1993.

[7]姜洪斌. 配筋混凝土砌块砌体高层结构抗震性能研究[D]. 哈尔滨:哈尔滨建筑大学,2000.

[8]王腾,赵成文,阎宝民. 正压力和水平筋对砌块剪力墙抗剪性能的影响[J]. 沈阳建筑工程学院学报,1999,15(3):206-210.

[9]杨伟军,施楚贤.配筋砌块砌体剪力墙抗剪承载力研究[J]. 建筑结构学报,2001,31(9):25-27.

[10]张亮. 240 厚砌块整浇墙抗震性能试验研究[D]. 哈尔滨:哈尔滨工业大学,2010.

[11]全成华. 配筋砌块砌体剪力墙抗剪静动力性能研究[D]. 哈尔滨:哈尔滨工业大学,2002.

[12]田瑞华,颜桂云. 配筋混凝土小砌块抗震墙受剪承载力试验研究[J]. 建筑结构学报,

2003,33(4):7-13.

[13]李平. 配筋砌块砌体剪力墙非线性有限元分析[D]. 长沙:湖南大学,2005.

[14]孙恒军,周广强,程才渊. 混凝土小砌块配筋砌体墙片抗剪性能试验研究[J]. 山东建筑大学学报,2006,21(5):391-395.

[15]李利刚. 低周往复荷载下 290 厚砌块整浇墙弯曲破坏模式试验研究[D]. 哈尔滨:哈尔滨工业大学,2011.

[16]ACI-ASCE Committee 530. Building code requirements for masonry structures: ACI530-02 [S]. New York:ACI and American Society of Civil Engineers,2002.

[17]黑龙江省住房和城乡建设厅,黑龙江省质量技术监督局. 装配式配筋砌块砌体剪力墙结构技术规程:DB 23/T ××××—2018(报批稿)[S]. 哈尔滨:黑龙江省住房和城乡建设厅, 2018.

[18]王凤来,池斌,徐伟帆,等. 配筋砌块砌体剪力墙设计指标对比及受剪承载力分析[J]. 工业建筑, 2018, 48(8): 54-60.

[19]Standards New Zealand Committee. Design of reinforced concrete masonry structures:NZS 4230[S]. New Zealand:The New Zealand Standards Executive,2004.

[20]Canadian Standards Association. Design of masonry structures:CSA304. 1-04[S]. Toronto:Canadian Standards Association,2004.

[21]Dario Aristizabal-Ochoa. Designers' guide to Eurocode 6:Design of masonry structures:EN 1996-1-1[J]. Proceedings of the Institution of Civil Engineers,2012,165(3): 109.

[22]VOON K C,INGHAM J M. Design expression for the in-plane shear strength of reinforced concrete masonry [J]. Journal of Structural Engineering,2007,133(5):706-713.

[23]PSILLA N, TASSIOS T P. Design models of reinforced masonry walls under monotonic and cyclic loading[J]. Journal Engineering Structures, 2009, 31:935-945.

[24]潘东辉. 灌孔配筋砌体剪力墙受剪承载力软化剪压强度模型[J]. 建筑结构学报,2011, 32(6):135-140.

[25]SHI J, LI W T, ZHOU G C, et al. Experimental investigation into state-of-stress characteristics of large-curvature continuous steel box-girder bridge model[J]. Construction & Building Materials,2018, 178:574-583.

[26]马克思,恩格斯,列宁. 自然辩证法文选[M]. 北京:人民出版社,1980.

[27]LAM D, GARDNER L, BURDETT M. Behavior of axially loaded concrete filled stainless steel elliptical stub columns[J]. Advances in Structural Engineering, 2010, 13:493-500.

[28]UY B, TAO Z, HAN L H. Behavior of short and slender concrete-filled stainless steel tubular columns[J]. Journal of Constructional Steel Research, 2011, 67:360-378.

[29]BAMBACH M R. Design of hollow and concrete filled steel and stainless steel tubular columns for transverse impact loads[J]. Thin-Walled Structures, 2011, 49:1251-

1260.

[30]HAN L H, LI W, BJORHOVDE R. Developments and advanced applications of concrete-filled steel tubular (CFST) structures：Members[J]. Journal of Constructional Steel Research，2014，100：211-228.

[31] YOUNG B, ELLOBODY E. Experimental investigation of concrete-filled cold-formed high strength stainless steel tube columns[J]. Journal of Constructional Steel Research，2006，60：484-492.

[32]ELLOBODY E, MARIAM F G. Experimental investigation of eccentrically loaded fibred reinforced concrete-filled stainless steel tubular columns[J]. Journal of Constructional Steel Research，2012，76：167-176.

[33]WANG Y B, LIEW J Y R. Constitutive model for confined ultra-high strength concrete in steel tube[J]. Construction and Building Materials，2016，126：812-822.

[34]韩林海. 钢管混凝土结构：理论与实践[M]. 北京：科学出版社，2007.

[35]LIANG Q Q, UY B, LIEW J Y R. Nonlinear analysis of concrete-filled thin-walled steel box columns with local buckling effects[J]. Journal of Constructional Steel Research，2006，62(6)：581-591.

[36]LI W, HAN L H, ZHAO X L. Axial strength of concrete-filled double skin steel tubular (CFDST) columns with preload on steel tubes[J]. Thin Wall Structure，2012，56：9-20.

[37]LAM D, GARDNER L. Structural design of stainless steel concrete filled columns [J]. Journal of Constructional Steel Research，2008，64(11)：1275-1282.

[38]YANG Y F, HAN L H. Concrete filled steel tube (CFST) columns subjected to concentrically partial compression [J]. Thin Wall Structure，2012，50：147-156.

[39]ELCHALAKANI M, ZHAO X L, GRZEBIETA R H. Concrete-filled circular steel tubes subjected to pure bending[J]. Journal of Constructional Steel Research，2001，57(11)：1141-1168.

[40]HAN L H. Flexural behavior of concrete-filled steel tubes[J]. Journal of Constructional Steel Research，2004，60：313-337.

[41]HAN L H, LU H, YAO G H, et al. Further study on the flexural behavior of concrete-filled steel tubes[J]. Journal of Constructional Steel Research，2006，62：554-565.

[42]LU Y Y, LI N, LI S, et al. Behavior of steel fiber reinforced concrete-filled steel tube columns under axial compression[J]. Construction and Building Materials，2015，95：74-85.

[43]田俊. 不锈钢—低碳钢复合圆管约束混凝土柱偏压性能研究[D]. 哈尔滨：哈尔滨工业大学，2017.

[44]ELLOBODY E. Nonlinear behavior of eccentrically loaded FR concrete-filled stainless steel tubular columns[J]. Journal of Constructional Steel Research，2013，90(90)：1-12.

［45］GOPAL S R，MANOHARAN P D. Experimental behavior of eccentrically loaded slender circular hollow steel columns in-filled with fibred reinforced concrete［J］. Journal of Constructional Steel Research，2006，62(5):513-520.

［46］YOUNG B，ELLOBODY E. Column design of cold-formed stainless steel slender circular hollow sections［J］. Steel and Composite Structures，2006，6(4):285-302.

［47］LAM D，WONG K. Axial capacity of concrete filled stainless steel columns ［J］. ASCE Structures，2005:458-589.

［48］张志权，赵均海，张玉芬，等. 复合钢管混凝土柱轴压承载力的计算［J］. 长安大学学报，2010(1):67-70.

［49］蔡健，谢晓锋，杨春，等. 核心高强钢管混凝土柱轴压性能的试验研究［J］. 华南理工大学学报，2002，30(6):81-85.

［50］DBROWSKI R. Curved thin-walled girders: theory and analysis ［M］. London: Cement and Concrete Association，1972.

［51］邵容光. 混凝土弯梁桥［M］. 北京:人民交通出版社，1994.

［52］王卫锋，谢春琦. 等参有限元法在平面曲线梁桥中的应用［J］. 武汉理工大学学报，2006，28(10):82-85.

［53］谢旭，黄剑源. 薄壁箱形梁桥约束扭转下翘曲、畸变和剪滞效应的空间分析［J］. 土木工程学报，1995(4):3-14.

［54］李国豪. 大曲率薄壁箱梁的扭转和弯曲［J］. 土木工程学报，1987(1):67-77.

［55］李明昭. 断面可变形的矩形箱式薄壁圆弧曲杆静力分析法［J］. 同济大学学报，1982(2):42-55.

［56］夏淦. 变曲率曲梁挠曲扭转分析［J］. 土木工程学报，1991(2):68-74.

［57］MCNEIL S. Impact factors for curved continuous composite multiple-box girder bridges ［J］. Journal of Bridge Engineering，2007，12(1):80-88.

［58］PI Y L. Inelastic analysis and behavior of steel I-beams curved in plan［J］. Journal of Structural Engineering，2000，126(7):772-779.

［59］宪魁，杨昀，王磊，等. 我国混凝土弯梁桥的现状与发展［J］. 公路交通科技，2010，6(5):146-149.

［60］卢彭真，赵人达. 梁格分析理论的装配式简支梁桥整体结构分析［J］. 武汉理工大学学报，2010，3(2):52-55.

［61］HAMBLY E C，PENNELLS E. Grillage analysis applied to cellular bridge decks ［J］. Structural Engineer，1975，53.

［62］HAMBLY E C. Bridge deck behavior［M］. Boca Raton: CRC Press，1991.

［63］FUKUMOTO Y，NISHIDA S. Ultimate load behavior of curved I-beams ［J］. Journal of the Engineering Mechanics Division，1981，107(2):367-385.

［64］谢旭，黄剑源. 曲线箱梁桥结构分析的一种有限元计算方法［J］. 土木工程学报，2005，38(2):75-80.

［65］MEYER C，SCORDELIS A C. Analysis of curved folded plate structures ［J］. Journal of the Structural Division，1971，97:2459-2480.

[66]HONG-KUI L V, QUN-HUI A N, WANG Y. Analysis of offsetting causes and study of offsetting correction scheme of a sharp-radius continuous curved beam bridge [J]. World Bridges, 2013,41(2):80-83.

[67]NYSSEN C. An efficient and accurate iterative method, allowing large incremental steps, to solve elasto-plastic problems[J]. Computers & Structures, 1981, 13(1): 63-71.

[68]O'BRIEN E J, KEOGH D L. Upstand finite element analysis of slab bridges[J]. Computers & Structures, 1998, 69(6): 671-683.

[69]HODGES D H. Geometrically exact, intrinsic theory for dynamics of curved and twisted anisotropic beams[J]. Aiaa Journal, 2012, 41(6): 1131-1137.

[70]吴西伦. 弯梁桥设计[M]. 北京:人民交通出版社,1990.

[71]戴宏亮. 弹塑性力学[M]. 长沙:湖南大学出版社,2016.

[72]阮澍铭. 工程应用结构力学[M]. 北京:中国建材工业出版社,2004.

[73]恩格斯. 自然辩证法[M]. 北京:人民出版社,2018.

[74]李达顺. 自然辩证法原理[M]. 北京:高等教育出版社,1989.

[75]MANN H B. Nonparametric tests against trend[J]. Econometrica, 1945, 13(3): 245-259.

[76]HIRSCH R M, SLACK J R, SMITH R A. Techniques of trend analysis for monthly water quality data[J]. Water Resources Research, 1982, 18(1): 107-121.

[77]KENDALL M G, JEAN D G. Rank correlations methods[M]. New York: Oxford University Press, 1990.

[78]史俊. 基于结构受力状态分析理论的结构共性工作性能分析[D]. 哈尔滨:哈尔滨工业大学,2018.

[79]黄艳霞,张瑀,刘传卿,等. 预测砌体墙板破坏荷载的广义应变能密度方法[J]. 哈尔滨工业大学学报,2014,46(2):6-10.

[80]张明. 基于能量的网壳结构地震响应及失效准则研究[D]. 哈尔滨:哈尔滨工业大学,2014.

[81]李震. 不锈钢管混凝土短柱和钢管混凝土拱受力状态及失效准则研究[D]. 哈尔滨:哈尔滨工业大学,2017.

[82]李鹏程. 整体式桥台弯梁桥与连续体系弯梁桥模型受力状态分析[D]. 哈尔滨:哈尔滨工业大学,2019.

[83]SHI J, LI W T, LI P C, et al. Experimental investigation into stressing state characteristics of large-curvature continuous steel box-girder bridge model[J]. Construction & Building Materials, 2018, 178: 574-583.

[84]SHI J, LI P C, CHEN W Z, et al. Structural state of stress analysis of concrete-filled stainless steel tubular short columns[J]. Stahlbau, 2018, 87(6): 600-610.

[85]SHI J, XIAO H H, ZHENG K K, et al. Essential stressing state features of a large-curvature continuous steel box girder bridge model revealed by modeling experimental data[J]. Thin-Walled Structures, 2019, 143: 1-10.

[86]ZHOU G C, SHI J, YU M H, et al. Strength without size effect and formula of strength for concrete and natural marble[J]. Materials, 2019, 12: 2685.

[87]ZHOU G C, SHI J, LI P C, et al. Characteristics of structural state of stress for steel frame in progressive collapse [J]. Constructional Steel Research, 2019, 160: 444-456.

[88]SHI J, SHEN J Y, ZHOU G C, et al. Stressing state analysis of large curvature continuous prestressed concrete box-girder bridge model [J]. Civil Engineering and Management, 2019, 25(5): 411-421.

[89]SHI J, YANG K K, ZHENG K K, et al. An investigation into working behavior characteristics of parabolic CFST arches applying structural stressing state theory [J]. Civil Engineering and Management, 2019, 25(3): 215-227.

[90]SHI J, ZHENG K K, TAN Y Q, et al. Response simulating interpolation methods for expanding experimental data based on numerical shape functions [J]. Computers & Structures, 2019, 218: 1-8.

第2章　结构受力状态理论与方法

2.1　引　　言

理论通常基于特定的问题而建。目前结构分析在应用经典力学理论解决工程问题上已经取得丰硕成果,同时结构分析也丰富和发展了经典力学理论。但是,在结构分析领域的科学研究要探索什么、怎样探索,尚在萌芽状态。这种萌芽状态体现为一种期待,即期待着新的理论与方法告知我们:结构承载过程中还有什么未知的工作特征或工作规律要揭示,以释解以下令人困惑的问题:

(1)不同结构形式、不同结构破坏形式(例如压杆或结构的失稳、结构的强度破坏等)都有其适用的分析方法,这是常识也是规律,这意味着"不存在统一的结构失效判定准则",因此产生了各种各样的结构分析方法来应对各种具体结构和各种荷载工况。这是在目前理论与方法下的共识,但是如果建立某种新的理论与方法,是否就能揭示客观存在的各种结构形式、各种结构破坏形式共性的、规律性的特征,进而给出"统一的结构失效判定准则"呢?

(2)目前结构分析的立足点在结构破坏终点(极限破坏状态),并据此状态的研究结果来制定结构的设计准则。结构极限破坏状态具有不确定性的属性,在结构分析中可引入随机分析和可靠度来应对这种不确定性。但是,结构破坏是一个过程,这个过程的起点可能具有本质的确定性特征,为什么不探索结构破坏起点的位置及规律性特征,并据此制定结构失效判定准则呢?

(3)试验数据、模拟数据中一定隐含着未知的结构工作规律,虽然经典理论与方法、人工智能、大数据分析等也在进行数据的知识发现研究,但是分析所获得的结论仍然没有突破传统认知。例如,对材料性能试验及其试验数据的分析、结构试验及其破坏荷载数据分析,一直延续着传统的共识:试件尺寸效应是材料性能固有性质,结构破坏荷载具有不确定性特征等。因此,应该建立什么样的理论和方法来揭示结构试验数据中尚存的、未知的结构工作规律呢?

结构分析的这几点长期存在的问题,一方面隐喻了目前结构分析的局限性,另一方面预示着结构分析理论与方法的发展所在和动力。所以,这些问题的产生原因在于研究理念还没有"突破性"的更新,自然也就不会有分析理论与方法的突破,也就不会揭示隐含在巨量试验和模拟数据中的结构工作行为特征。因此,结构分析只有突破目前在研究理念、分析理论与方法上的局限性,才能进一步揭示结构工作规律,促进工程实践的进步。作者基于对结构分析成果逐渐积累的领悟与探讨,形成了结构受力状态理论的基本构架,即释解上述问题的系统化观点,以及关于这些问题的理解和论述。下面分别对结构受力状态理论中的结构受力状态的概念,结构受力状态理论的定义及要义,结构受力状态的表述、分析方法及基本特征予以阐述。

2.2　结构受力状态的概念

概念是对现象的抽象或是对某一事物属性的认知,概念的抽象性构成了理论的本质特性,是构成理论最基本的要素和"材料",是一门学科发展的重要标志之一。概念由精确的、确切的定义构成,这种定义以叙述性文字,或以数字或几何形式来表达概念所指向的现象。概念的衍生有两种基本方式:一是从有关理论中借用概念;二是从经验认知中提炼、归纳概念。下面介绍结构受力状态理论涉及的基本概念,其是研究结构工作状态与失效状态的基础,是产生结构失效判定准则(失效荷载、失效模式)的出发点和依据。

结构受力状态的概念在很大程度上是人们的共识,人们在交流讨论中对结构受力状态是什么形成了默契,人们似乎都知道它的含义。但是,结构受力状态却没有统一的、精确的定义,人们对结构受力状态概念的认知、理解、应用各有所悟。在此,根据结构工作过程所体现的变化特征,并参照经典力学所揭示的结构工作特征,尝试将结构受力状态概念定义为:在某一荷载工况下,一个结构整体,或者结构中的构件,或者结构的局部组成部分,或者节点和截面,以及内力的类型(弯矩、轴力、剪力)等,所体现的工作行为内在或外在的形态。结构受力状态可以由结构工作响应的数值模式来表示,称为结构受力状态模式,而表征结构受力状态模式的参数称为结构受力状态特征参数。可用结构动力学中结构的构造状态特征——振型和自振频率,对比地理解受力状态概念:在结构动力学中,一个结构具有 n 个自由度,就有 n 个振型,振型的特征参数是 n 个自振频率,这是结构构造状态特性的反映。类似地,我们将结构受力状态模式及其特征参数统称为结构受力状态特征对,来表示结构在承载过程中的本质特性,或者说用来体现结构受力状态的固有性质。那么,如果结构有 m 个荷载工况(如自由度),就一定有 m 个受力状态模式,即结构具有对应 m 个荷载工况的受力状态模式(如振型),进而一定具有 m 个反映受力状态模式特征的参数。那么这个反映受力状态模式特征(如自振频率)的参数是什么呢? 这就是下面介绍的结构受力状态的本质性特征参数——结构失效荷载、结构弹塑性分支点荷载。

2.3　结构受力状态理论定义及要义

结构受力状态概念为深入揭示结构工作性能和工作行为特征奠定了思想基础,自然地衍生了结构受力状态理论。结构受力状态理论,或者说结构受力状态学的定义:研究结构与材料工作性能一般规律的科学。该理论应用经典力学理论,结合经验性、统计性分析原理,对结构响应(诸如试验的和模拟的应变、位移等数据)进行建模分析,能够揭示结构受力状态共性的演变特征以及内在的工作机理,即能够揭示结构受力状态演变的一般规律。

结构受力状态理论的基本要义,或者说其中的基本原理,以及要揭示的结构普遍工作行为特征,是基于一个系统的工作行为遵循量变到质变的自然定律(也是哲学定律)。量变—质变规律是自然界任何事物发展演变遵循的普遍规律。对于结构工作行为而言,当结构承受荷载作用时,其工作行为特征随荷载幅度的增加(量变特征)一定会发生突变(质变特征),并且体现量变到质变的自然定律,例如:量变是质变的必要准备(结构受力状态模式形状不变、幅度改变),质变是量变的必然结果(荷载增大到一定值,结构受力状态模式发生突变);

质变不仅可以完成量变,而且为新的量变开辟道路(结构连续失效);总的量变中有部分质变,质变中有量变的特征(受力状态模式幅度成分和质变成分),等等。在结构工作过程中,由于结构工作行为一定遵循并体现量－质变规律,所以产生于结构工程领域的结构受力状态理论,它的一个主要功能或任务就是通过对结构的输出数据(应变、位移等)进行受力状态建模,并建立有关准则,判别结构在荷载作用下必然体现的受力状态演变特征。结构受力状态的量－质变特征是结构各种破坏形式的共同特征,是物理定律的体现,这为建立结构工作失效统一判定准则奠定了基础,使追求各种结构形式的统一设计准则成为可能,继而达成基于物理定律的、精确合理的结构设计规程。

结构受力状态理论的另一个内涵是:在结构工作过程中,结构内各个组成部分之间的协调工作状态也必然遵循量－质变自然定律,即某些结构组成部分呈现出受力状态突变或分支畸变特征。这样,结构的组成部分工作性能与结构整体工作性能就有了普遍一致的工作规律,使结构组成部分之间、结构组成部分与结构整体之间的协调工作性可以用受力状态特征来描述和分析。结构各个组成部分所承担的响应量,随荷载增加发生趋势性变化,并呈现各种演变特征,诸如均匀性、平衡性、自适应性或自调节性,以至自修复性的演变特征。因此,结构受力状态理论也为建立"结构协调工作分析理论"奠定了新的基础,必然加深对结构协调工作性能的认识,从而揭示结构协调工作原理,使结构设计更加合理。

2.4　结构受力状态的表述

结构受力状态模式及其特征参数的分析需要适合的表达方法,才能呈现出结构受力状态演变的量－质变规律。对结构响应的建模得到的结构受力状态特征对——结构受力状态模式及其特征参数,就是结构受力状态的数值表达形式。结构的响应通常包括应变、位移、内力及破坏图像等。因此,结构关键部位的应变、关键点的位移和关键截面的内力是结构受力状态最直接的表现,可以形成结构受力状态的数值模式。

2.4.1　广义应变能密度

结构的应变、位移本身就是结构在测点(结构局部)的受力状态值,可以用于表示结构受力状态模式和特征参数(特征对)。但是应变、位移具有方向性和物理意义的差别,并且方向随荷载增加而改变,用其表示结构受力状态模式和特征参数时,难以表达共性的、一般性的特征对,因此要寻求一种具有普遍意义的参量——状态变量来描述结构受力状态。显然,能量参数具有这样的普遍性,因此以广义应变能密度(Generalized Strain Energy Density,GSED)作为状态变量来描述结构受力状态特征对,以规避位移或应变的方向性效应及特殊性。参考材料力学应变能密度,广义应变能密度表示为

$$E_{ij} = \frac{1}{2}\sum_{k=1}^{j}\varepsilon_{ik}^2 \text{ 或 } E_{ij} = \int_0^{F_j}\varepsilon_i \mathrm{d}F \tag{2.1}$$

式中,E_{ij} 是第 i 个测点在第 j 个荷载值／步的广义应变能密度值,即 GSED 值;ε_{ik} 是第 i 个测点在第 k 个荷载作用下的应变值。这样,在结构上一个测点的响应量就表示为结构在此处的广义应变能密度值,以此构造的结构受力状态特征对就具有了一般性,不同受力状态特征就可以进行对比分析了。对于荷载作用部位的结构位移,以广义力的功(Generalized Work of Force,GWF)W_{ij} 来描述结构受力状态特征对:

$$W_{ij} = \sum_{k=1}^{j} F_{ik} d_{ik} \text{ 或 } W_{ij} = \int_{0}^{F_j} d_i \, \mathrm{d}F \tag{2.2}$$

式中,W_{ij} 是第 i 个测点在第 j 个荷载作用下的广义力的功,即 GWF 值;d_{ik} 是第 i 个测点在第 k 个荷载作用下的位移值;F_{ik} 是第 i 个测点的第 k 个荷载值。

需要说明的是:在此定义的广义应变能密度和广义力的功是借用经典力学的术语和寓意,不是严格的物理量。E_{ij} 中的应变可以是塑性应变,W_{ij} 中位移也可为非严格的力作用点的位移,这就是"广义"二字的含义。

2.4.2　结构受力状态数值模式

结构在某一荷载值(F_j)下受力状态数值模式可用各点的位移、应变、广义应变能密度、广义力的功来描述,这些数值统称为结构受力状态参变量,或者状态变量。结构受力状态数值模式可用向量、矩阵形式($\boldsymbol{S}_j$)来表示:

$$\boldsymbol{S}_j = \begin{bmatrix} s_1 & s_2 & \cdots & s_N \end{bmatrix}_j^{\mathrm{T}} \text{ 或 } \boldsymbol{S}_j = \begin{bmatrix} s_{11} & s_{12} & \cdots & s_{1N} \\ s_{21} & s_{22} & \cdots & s_{2N} \\ \vdots & \vdots & & \vdots \\ s_{M1} & s_{M2} & \cdots & s_{MN} \end{bmatrix}_j^{\mathrm{T}} \tag{2.3}$$

式中,s 是状态变量;M、N 表示状态值取值点数。但是,由于应变和位移的矢量性质(具有方向性),结构受力状态数值模式中各个状态值可能方向不一致,且可能随荷载而改变,因此一般用广义应变能密度或广义力的功表示结构受力状态数值模式。当然,应变、应力、位移、内力(弯矩、轴力、剪力等)及其他参数都可以用来构建各种物理意义下(或是针对所关注的问题)的结构受力状态模式,这将在之后的各种结构受力状态分析中予以展示。

结构受力状态模式 $\boldsymbol{S}_j$ 也可以采用归一化数值模式 $\overline{\boldsymbol{S}}_j$ 来表示,归一化方法可以将 $\boldsymbol{S}_j$ 中元素除以最大值,或者以最大值、最小值换算为 $0 \sim 1$ 之间的数值。在以后的各种结构受力状态分析中,可以从 $\boldsymbol{S}_j$ 随荷载的演变中观察结构工作的规律性特征。

2.4.3　结构受力状态子模式

2.2 节的结构受力状态概念必然衍生结构的分受力状态模式或结构受力状态子模式概念:在某一荷载下,节点和截面或结构中的构件或结构的局部组成部分应力分布的形态,相应的数值表达形式称为结构受力状态子模式或结构分受力状态模式。当然,对每一种结构受力状态子模式都可以给出相应的参数来表征该子模式的受力状态特征,即形成受力状态特征对。

怎样划分结构受力状态子模式,要由研究的问题和所关联的结构组成部分而定。在结构工作过程中,结构的受力状态子模式也可能呈现出与结构整体受力状态一致或不一致的特征,这取决于其对结构整体工作状态的影响程度。结构的受力状态子模式概念为研究结构各个组成部分、不同内力形式对结构整体工作行为特征的影响规律奠定了基础。

结构整体失效特征体现为结构受力状态模式的突变,但是结构受力状态子模式除体现突变特征外,受力状态子模式之间还可以体现分支畸变特征。因此,结构受力状态子模式概念也为研究结构中各个组成部分的协调工作规律奠定了基础。

2.4.4　结构受力状态特征参数

像振型与自振频率相辅相成的关系一样,表征结构受力状态模式的参数是什么,成为结构受力状态理论的要点。一般可以选择广义应变能密度和值,或者广义的功和值作为结构受力状态模式特征参数:

$$E_j = \sum_{i=1}^{N} E_{ij} ,\ W_j = \sum_{i=1}^{N} W_{ij} \tag{2.4}$$

式中,E_j 为第 j 个荷载作用下各点的广义应变能密度和值;W_j 为第 j 个荷载作用下各点的广义力的功和值。式(2.4)中所有关键点组(子部分)的 E_j、W_j 表征了结构在每个荷载步 j 处的受力状态,称为结构受力状态特征参数。这样,就构成了分析结构受力状态特征的 E_j-F_j 或 W_j-F_j 曲线,该曲线能体现出结构受力状态演变的特征,将在下面结构受力状态分析例子中予以展示。当然,还可以构造其他结构受力状态特征参数,如轴力、弯矩、转角、平均应变增量、平均位移增量、结构关键部位位移等,只要所提出的参数能够表征结构受力状态的演变过程即可。此外,为了突出表现结构受力状态一般性演变规律,可以对所提出的特征参数进行归一化处理,通常的处理方法为

$$\bar{E}_j = \frac{E_j}{\max\limits_{j=1}^{N}(E_{ij})} \ \text{或}\ \bar{E}_j = \frac{E_j - \min\limits_{j=1}^{N}(E_{ij})}{\max\limits_{j=1}^{N}(E_{ij}) - \min\limits_{j=1}^{N}(E_{ij})} \tag{2.5}$$

$$\bar{W}_j = \frac{W_j}{\max\limits_{j=1}^{N}(W_{ij})} \ \text{或}\ \bar{W}_j = \frac{W_j - \min\limits_{j=1}^{N}(W_{ij})}{\max\limits_{j=1}^{N}(W_{ij}) - \min\limits_{j=1}^{N}(W_{ij})} \tag{2.6}$$

2.4.5　广义应变能密度比

如上所述,结构总体的工作行为并不是各个组成部分工作行为的简单相加。在特定的条件下,结构中各部分之间通常存在相互作用,可以通过分析各个部分的广义应变能密度和值与结构整体的广义应变能密度和值的比值 ρ_i,来研究结构的协调工作性能。在第 j 个荷载步时,结构内第 l 个子部分(假如划分为 m 个子部分)的 ρ_{lj} 计算公式为

$$\rho_{lj} = \frac{E'_{lj}}{E'_j} ,\ E'_{lj} = \sum_{k=1}^{n_l} e_{lj}(k) ,\ E'_j = \sum_{l=1}^{m} E'_{lj} \tag{2.7}$$

式中,E'_{lj} 是第 l 子部分的广义应变能密度和;$e_{lj}(k)$ 是第 l 子部分中第 k 个测点的广义应变能密度值;E'_j 是结构的广义应变能密度和值;ρ_{lj} 可以表征各子部分间的协调工作能力,即体现如下结构的受力状态特征:

(1)ρ_{lj} 是刻画结构力学行为能量指标的直接拓展和延伸,反映了结构各个部分能量占"总能量"的大小,体现"总能量"在结构内各个子部分间的流动效应,便于寻找标志结构失效的关键部位。

(2)可以将结构子部分的 ρ_{ij}-F_j 随荷载的变化曲线绘制在一起,便于观察受载全过程中能量在结构内的相对分配水平,通过各部分承担能量大小的协同上升、此升彼降或共同维持特定水平等曲线,可将结构内各个部分的协调工作性能形象化、具体化,便于追踪结构失

效前后的能量"跃迁"和分布模式的突变。

（3）ρ_{ij} 所对应的结构各个组成部分的划分相当灵活，可以根据物理概念和力学机理，划分出各种所关注的部分和其组成的"总体"，不仅可以在结构层次上研究其各部分的能量流动规律，还可以在各部分层次上研究"亚子部分"的能量分配情况，类似拓扑效应，可以逐级、分层次地研究各个"子系统"之间和"子系统"内的协调工作性能。

2.5　结构受力状态分析方法

结构受力状态分析方法是应用经典力学理论和方法，结合经验性、统计性分析，对结构响应（试验和模拟的应变、位移等）数据进行建模分析的方法，意在揭示结构受力状态的演变特征，以及内在的工作机理。因此，结构受力状态分析方法的主要功能或任务就是通过对结构受力状态进行建模，并建立有关准则来准确判别这种结构受力状态的量变、质变特征，即呈现结构工作过程中的结构失效定律。进而，根据所揭示的结构受力状态的特征，建立各种结构失效的判定方法，即建立结构失效统一判定准则，使结构设计更趋精确与合理。此外，基于结构受力状态理论，可以建立结构协调工作分析方法，揭示结构协调工作规律并应用于结构设计。

2.5.1　结构受力状态跳跃特征的 Mann − Kendall 判定准则

对结构受力状态的分析，就是对结构受力状态建模，获得结构受力状态特征对，应用判定准则揭示结构受力状态特征对演变的规律性特征 —— 结构失效定律。为此，引入了世界气象组织推荐并广泛应用的 Mann−Kendall（M−K）非参数统计方法来判定结构受力状态演变特征。M−K 法能有效区分某一自然过程中存在的确定性变化趋势，而且对数据的分布特征没有硬性限制条件，具有广泛的适用性，表现为：① 无须对数据系列进行特定的分布检验，对于极端值也可参与趋势检验；② 允许数值系列有缺失值；③ 主要分析相对数量级而不是数字本身，这使得微量值或低于检测范围的值也可以参与分析；④ 在时间序列分析中，无须指定是否是线性趋势。

对于 2.4.4 节的结构受力状态特征曲线（$E_j − F_j$ 或 $W_j − F_j$ 曲线，简写为 $E' − F$ 曲线），M−K 法可以用来判定结构受力状态的跳跃特征。这里需要指出，M−K 法要求构成特征参数 E' 的数值序列 $\{E'(i)\}$（荷载步 $i = 1, 2, \cdots, n$）是统计独立的，而结构上各个测点的响应不是完全独立的。但是，对应不同的荷载步，结构受力状态的特征参数序列相关的成分与相互独立的成分在一定程度上是共存的。根据圣维南原理，彼此相距较远的结构部分在空间上几乎没有相关性或相互影响，导致了不同位置测点的试验数据（应变、位移等）中有相当大的独立性成分。此外，试验模型的初始缺陷也会削弱一些测点之间的关联性。重要地，结构各个测点之间的关联性与独立性成分是随荷载变化的，M−K 法所体现的结构响应量的独立性成分演变直接地反映了结构受力状态的演变。我们尝试将 M−K 方法分别应用于结构的模拟数据和试验数据，表明试验数据中的独立成分演变能反映出结构受力状态演变特征。此外，从 M−K 准则对于结构分析的有效性上，基于一种"结果导向"的考虑，也可以认为其能检测结构工作行为的突变。M−K 法应用过程如下：

第一步，在第 k 加载步定义随机变量 d_k，计算方法为

$$d_k = \sum_{i=1}^{k} m_i, 2 \leqslant k \leqslant n; m_i = \begin{cases} +1, & E_2'(i) > E_2'(j), 1 \leqslant j \leqslant i \\ 0, & \text{其他} \end{cases} \tag{2.7a}$$

式中，m_i 是样本的累积数；"+1"意味着如果在第 j 次比较中右侧的不等式得到满足，就在现有值的基础上再加 1。m_i 的平均值 $E(d_k)$ 和方差 $V(d_k)$ 按下式计算：

$$E(d_k) = \frac{k(k-1)}{4}, V(d_k) = \frac{k(k-1)(2k+5)}{72}, 2 \leqslant k \leqslant n \tag{2.7b}$$

然后，在假设 $\{E'(i)\}$ 序列是统计独立的情况下，定义了一个新的统计量 UF_k，按下式计算：

$$UF_k = \frac{d_k - E(d_k)}{\sqrt{V(d_k)}}, 2 \leqslant k \leqslant n \tag{2.7c}$$

这样，所有的 UF_k 数据可以形成一条 $UB - F_k$ 曲线。对 $\{E'(i)\}$ 的逆序列 $\{E'_2(i)\}$ 也进行类似的处理，其中

$$E'(i) = E_2'(n-i+1) \tag{2.7d}$$

式中，n 是样品容量。同样在第 k 荷载步定义一个统计变量 d_{2k}，其计算公式为

$$d_{2k} = \sum_{i=1}^{k} m_i, 2 \leqslant k \leqslant n; m_i = \begin{cases} +1, & E_2'(i) > E_2'(j), 1 \leqslant j \leqslant i \\ 0, & \text{其他} \end{cases} \tag{2.7e}$$

式中，m_i 是样本的累积数；"+1"意味着如果在第 j 次比较中右侧的不等式得到满足，就在现有值的基础上再加 1。d_{2k} 的平均值 $E(d_{2k})$ 和方差 $V(d_{2k})$ 可按下式计算：

$$E(d_{2k}) = \frac{k(k-1)}{4}, V(d_{2k}) = \frac{k(k-1)(2k+5)}{72}, 2 \leqslant k \leqslant n \tag{2.7f}$$

式中，d_{2k} 表示 $\{E_2'(i)\}$ 序列上升趋势的程度。

第二步，对初始序列 $\{E'(i)\}$ 进行逆序处理，重复第一步过程，对应的统计量 UB_k 应该采用相反的符号来表征逆序列的正确趋势。这样，一个新的统计量 UB_k' 由下式计算：

$$UB_k' = -\frac{d_{2k} - E(d_{2k})}{\sqrt{V(d_{2k})}}, 2 \leqslant k \leqslant n \tag{2.7g}$$

与原始加载步骤相对应的统计量 UB_k 按下式计算：

$$UB_k = UB_{n-k+1}' \tag{2.7h}$$

所有的 UB_k 数据可以形成 $UB_k - F$ 曲线。

第三步，在统一坐标系中绘出 UF_k 和 UB_k 两条曲线，可以得到两条曲线的交点，这就是 $E' - F$ 曲线的突变点。

这样就产生了鉴别结构受力状态跳跃点的 M－K 准则，所判别的特征点的物理意义将在 2.6 节予以介绍。要指出的是，M－K 准则不是判断结构受力状态模式突变的唯一准则，当结构受力状态变化平缓、质变跳跃不够明显时，M－K 准则确定的突变点不能直观地辨别确实是突变点，这时就需要考察结构受力状态模式在 M－K 准则辨别的突变点前后的变化情况，或采用其他辨别方法予以辅助验证。此外，还要指出的是：M－K 准则判别结构受力状态演变过程中的跳跃规律时，有时会由于受力状态特征参数曲线（初始序列 $\{E'(i)\}$）在跳跃点前后过于平缓，所判定的跳跃点有一定误差，这是正常的、常见的情形，可以对初始序列 $\{E'(i)\}$ 进行一定的处理，处理方法依据数据特性选择，例如，将数据转换为增量形式数据，或对数据进行维数空间转换，再应用判定准则就可以有效改进精度。

2.5.2　结构受力状态跳跃特征的相关性判定准则

结构各个测点之间的线性关联性与独立性成分是随荷载变化的,因此作者提出了结构受力状态跳跃特征的相关性判定准则。量变到质变自然定律表明,任何一个结构工作状态特征曲线一定存在突变特征点,所以在此突变点与前后两个相邻特征点的结构响应参数(应变、位移等)的相关性量值定会发生剧变,据此可以给出结构受力状态突变判定准则:

$$|\rho_{i,i-1} - \rho_{i,i+1}| \geqslant A \tag{2.8}$$

式中,$\rho_{i,i-1}$ 是第 i 个结构响应与第 $i-1$ 个结构响应的统计相关指数;$\rho_{i,i+1}$ 是第 i 个结构响应与第 $i+1$ 个结构响应的统计相关指数;A 是根据经验和统计分析给出的判定阈值。特征参数 $\rho_{i,i+1}$ 的计算公式见式(2.9)或式(2.10):

$$\rho_{i,i+1} = \frac{\sum_{k=1}^{N} \{[E_i(k) - \bar{E}_i][E_{i+1}(k) - \bar{E}_{i+1}]\}}{\sqrt{\sum_{k=1}^{N}[E_i(k) - \bar{E}_i]\sum_{k=1}^{N}[E_{i+1}(k) - \bar{E}_{i+1}]}} \tag{2.9}$$

$$\rho_{i,i+1} = \frac{\sum_{k=1}^{N} \{[\varepsilon_i(k) - \bar{\varepsilon}_i][\varepsilon_{i+1}(k) - \bar{\varepsilon}_{i+1}]\}}{\sqrt{\sum_{k=1}^{N}[\varepsilon_i(k) - \bar{\varepsilon}_i]\sum_{k=1}^{N}[\varepsilon_{i+1}(k) - \bar{\varepsilon}_{i+1}]}} \tag{2.10}$$

还可以对测点的应变测值 ε 或是广义应变能值 E 取自然对数,即将非线性空间数值线性近似转换,再应用式(2.8)来判定结构受力状态跳跃特征。

2.5.3　结构受力状态跳跃特征的增量斜率判定准则

就量变到质变自然定律而言,结构的受力状态特征参数随荷载增加的曲线将表现结构受力状态的突变特征。从数学角度讲,曲线的斜率能够反映曲线在任意一点的增减性变化的快慢程度,即曲线的斜率增量能够反映出曲线转折特征点。因此,引入了如下对结构受力状态特征参数曲线的斜率增量判定准则:

$$R_i = \frac{(E_i - E_1)\max(F_i)}{(F_i - F_1)\max(E_i)} \geqslant \delta \tag{2.11}$$

式中,R_i 是结构工作状态特征曲线在第 i 个荷载幅值 F_i 与第一个荷载幅值 F_1 作用下的斜率增量比值,被定义为结构的失效指数;E_i 与 E_1 分别是结构工作状态的第 i 个与第 1 个特征值;δ 是根据经验和统计分析给出的判定阈值,例如 $\delta = 1$。经验性的判断依据是任何一个结构工作状态特征曲线上确实存在突变特征点,判断此特征点的阈值需要进行验算加以确定。

2.6　结构受力状态的基本特征

应用结构受力状态跳跃特征判定方法或准则,一般会判定出结构受力状态(特征对)在结构整个工作过程中的跳跃点,此跳跃点体现了结构受力状态的量变到质变的变化。确切地说,结构受力状态演变过程中的跳跃点是结构工作规律的体现,所以结构受力状态模式和特征参数(特征对)的演变一定会呈现跳跃特征,只需要适当的方法就能予以辨别,甚至通过直观的判断就能甄别出来。下面通过一个钢弯梁桥模型的受力状态特征参数曲线(图2.1(a))、受力状态模式曲线(图2.1(b)),展示 M－K 准则判定的结构受力状态演变的特征点:结构的弹塑性分支点 P＝70 kN、结构失效荷载点 Q＝130 kN。而结构极限荷载点 U 为经验判定。

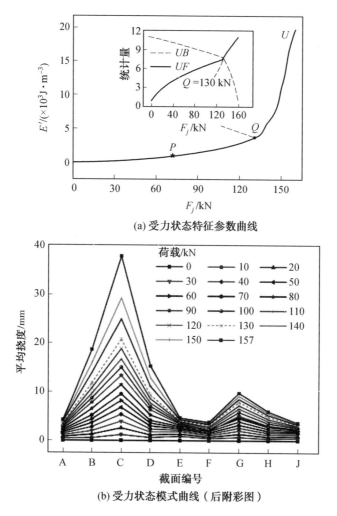

(a) 受力状态特征参数曲线

(b) 受力状态模式曲线(后附彩图)

图 2.1　钢弯梁桥模型受力状态特征对演变曲线与特征点

结构的弹塑性分支点 P:随荷载幅度的增加结构受力状态会呈现由"线性或弹性"的状态转入"弹塑性"的状态,对应的荷载点称为结构的弹塑性分支点荷载。结构的弹塑性状态与材料的弹塑性类似,也意味着卸掉荷载后,结构具有不可恢复的微小的"残余变形"。这里要指出的是:结构受力状态模式在"弹塑性"分支点前后,结构受力状态模式会呈现一定程度的量变特征,但是没有质的变迁,就是说在结构的弹塑性分支点之后的一定范围内,结构受力状态模式仍基本保持一致的形态,是量变的特征点,不是质变的特征点,结构受力状态模式会保持到下面介绍的结构失效荷载。

结构失效荷载 Q:结构受力状态模式随着荷载的逐渐增加将发生质的改变,对应的荷载称为结构的失效荷载。确切地说,结构的受力状态模式在一定的荷载值内保持模式不变,而幅度改变;但是,当荷载幅值增大到一定程度时,结构的受力状态模式发生突变,改变为另一种受力状态模式,称为结构的失效状态模式。显然,结构的失效状态模式出现在结构的"弹塑性"阶段。在结构失效荷载点 Q,结构受力状态模式发生突变,前后两个结构受力状态模式有质的区别。

这里所定义的结构失效荷载,不是通常的结构在极限承载状态的破坏荷载,而是结构破坏过程的起始荷载。结构失效荷载与结构的极限荷载之间的一个本质区别是:结构失效荷载是确定性的,仅取决于荷载工况、结构构造和材料性质,结构随机性的瑕疵和缺陷对其影响很小,在可以忽略的范围内;而结构极限荷载是变异的、不确定的,结构随机性的瑕疵和缺陷对其影响很大,不可忽略。从结构受力状态模式变化来看,结构失效荷载之前的结构受力状态模式基本保持固定的形态;但是,从结构失效荷载到极限荷载,结构受力状态模式不但与结构失效荷载前的受力状态模式本质不同,而且会不断变异,随机性逐渐加大,直到结构极限荷载时的带有极度不确定性的形态。这样,在结构破坏过程中,结构受力状态模式可能发生几次质的变迁或突变,则相应的荷载称为结构的连续失效荷载。

此外,在这里所指的失效荷载是导致结构工作失效的各种作用力,可视为狭义的失效荷载;而对于其他对结构的作用情况,例如温度、冻融、腐蚀导致的结构工作失效等,则视为广义失效荷载。至于已经公认的结构极限承载力,在这里不再赘述。

结构的设计荷载与结构的弹塑性分支点荷载:目前结构设计荷载是参照结构极限荷载或峰值荷载,以经验、统计方法进行适当折减而确定的。由于结构极限荷载或峰值荷载的不确定属性,许多规范引入了可靠度,故所确定的设计荷载是相对保守的。结构的受力状态分析表明,结构的弹塑性分支点荷载可能就是目前结构设计规范所期望的荷载,可以直接作为结构的承载能力设计值。理由是:① 结构的弹塑性分支点界定的是结构受力状态量变的跳跃点,弹塑性分支点荷载起始,结构有不可忽视的"塑性变形"累积,这是结构安全工作要求所不允许的。实际上,弹塑性分支点前,结构也有点微小的"塑性变形",这不但不会影响结构的正常受力状态和工作性能,反而可能会使结构各个部分的承载得以均匀和协调,进而提高结构承载能力。② 结构弹塑性分支点是物理规律的体现,是"结构失效定律"衍生的"结构弹塑性分支设计原理",是必然的、确定性的,以此作为结构承载能力设计值就自然摒弃了目前设计值的经验性、统计性所导致的误差和不尽合理的保守性。③ 以结构的弹塑性分支点荷载作为结构承载能力设计值自然获得两道安全裕度,第一道是从结构的弹塑性分支点到结构的失效点(确定性的),第二道是从结构失效点到结构极限点(半确定性的)。

结构协调工作特征与性能:结构的分受力状态模式使分析结构构件或结构的局部组成部分,或者节点和截面,以及内力(弯矩、轴力、剪力)之间的协调工作特征成为可能,或者说,使分析结构各个部分以及内力之间的相互作用效应成为可能。结构受力状态的 2 个特征点(结构失效起点与结构弹塑性分支点)是自然定律的体现,结构整体、结构各个组成部分、各个构件的工作特征是统一的,即它们都具有共同的失效特征和弹塑性分支特征。这样,对结构整体与结构内的各个部位的协调工作行为特征,诸如平衡性、均匀性、自适应性(或自调节性),以及自修复性,就能得以合理地分析、比较,并通过各个受力状态子模式之间的变化趋势、敏感性、相关性表现出来。结构协调工作特征的分析可加深对结构工作性能的认知,促成结构协调工作性能指标的制定,使结构设计更加合理。结构受力状态理论与方法奠定了结构协调工作行为分析的基础,可望成为结构受力状态研究领域的一个重要部分。

本章参考文献

[1]KUHN T S. The Structure of Scientific Revolutions [M]. Chicago: The University of Chicago Press,1996.

[2]史俊. 基于结构受力状态分析理论的结构共性工作性能分析[D]. 哈尔滨:哈尔滨工业大学,2018.

[3]黄艳霞,张瑀,刘传卿,等. 预测砌体墙板破坏荷载的广义应变能密度方法[J]. 哈尔滨工业大学学报,2014,46(2):6-10.

[4]张明. 基于能量的网壳结构地震响应及失效准则研究[D]. 哈尔滨:哈尔滨工业大学,2014.

[5]李震. 不锈钢管混凝土短柱和钢管混凝土拱受力状态及失效准则研究[D]. 哈尔滨:哈尔滨工业大学,2017.

[6]李鹏程. 整体式桥台弯梁桥与连续体系弯梁桥模型受力状态分析[D]. 哈尔滨:哈尔滨工业大学,2019.

[7]SHI J, LI W T, LI P C, et al. Experimental investigation into stressing state characteristics of large-curvature continuous steel box-girder bridge model [J]. Construction & Building Materials, 2018, 178: 574-583.

[8]SHI J, LI P C, CHEN W Z, et al. Structural state of stress analysis of concrete-filled stainless steel tubular short columns[J]. Stahlbau, 2018, 87(6): 600-610.

[9]SHI J, XIAO H H, ZHENG K K, et al. Essential stressing state features of a large-curvature continuous steel box girder bridge model revealed by modeling experimental data[J]. Thin-Walled Structures, 2019, 143: 1-10.

[10]ZHOU G C, SHI J, YU M H, et al. Strength without size effect and formula of strength for concrete and natural marble[J]. Materials, 2019, 12: 2685.

[11]ZHONG J F, SHI J, SHEN J Y, et al. Investigation on the failure behavior of engineered cementitious composites under freeze-thaw cycles[J]. Materials, 2019, 12: 1808.

[12]ZHOU G C, SHI J, LI P C, et al. Characteristics of structural state of stress for steel frame in progressive collapse [J]. Constructional Steel Research, 2019, 160: 444-456.

[13]SHI J, SHEN J Y, ZHOU G C, et al. Stressing state analysis of large curvature continuous prestressed concrete box-girder bridge model [J]. Civil Engineering and Management, 2019, 25(5): 411-421.

[14]SHI J, YANG K K, ZHENG K K, et al. An investigation into working behavior characteristics of parabolic CFST arches applying structural stressing state theory [J]. Civil Engineering and Management, 2019, 25(3): 215-227.

[15]SHI J, ZHENG K K, TAN Y Q, et al. Response simulating interpolation methods for expanding experimental data based on numerical shape functions [J]. Computers & Structures, 2019, 218: 1-8.

[16]ZHONG J F, SHEN J Y, WANG W, et al. Working state of ECC link slabs used in continuous bridge decks[J]. Applied Sciences, 2019, 9: 4667.

[17]孙训方. 材料力学[M]. 北京:高等教育出版社,2009.

[18]刘鸿文. 高等材料力学[M]. 北京:高等教育出版社,1985.

[19]马克思,恩格斯,列宁. 自然辩证法文选[M]. 北京:人民出版社, 1980.

[20]戴宏亮. 弹塑性力学[M]. 长沙:湖南大学出版社,2016.

[21]阮澍铭. 工程应用结构力学[M]. 北京:中国建材工业出版社,2004.

[22]恩格斯. 自然辩证法[M].北京:人民出版社,2018.

[23]李达顺. 自然辩证法原理[M]. 北京:高等教育出版社,1989.

[24]MANN H B. Nonparametric tests against trend [J]. Econometrica, 1945, 13(3): 245-259.

[25]HIRSCH R M, SLACK J R, SMITH R A. Techniques of trend analysis for monthly water quality data [J]. Water Resources Research, 1982, 18(1): 107-121.

[26]KENDALL M G, JEAN D G. Rank correlations methods [M]. New York: Oxford University Press, 1990.

[27]盛骤,谢式千,潘承毅. 概率论与数理统计[M]. 北京:高等教育出版社,2008.

[28]徐芝纶. 弹性力学[M]. 北京:高等教育出版社,2016.

[29]罗向荣. 钢筋混凝土结构[M]. 北京:高等教育出版社,2003.

[30]张耀春,周绪红. 钢结构设计原理[M]. 北京:高等教育出版社,2011.

[31]中华人民共和国住房和城乡建设部. 钢结构设计标准规范:GB 50017—2017[S]. 北京:中国建筑工业出版社, 2017.

[32]中华人民共和国住房和城乡建设部. 混凝土结构设计规范:GB 50010—2010[S]. 北京:中国建筑工业出版社, 2015.

[33]ACI Committee 318. Building Code Requirements for Structural Concrete: ACI 318-08 [S]. ACI: Farmington Hills, 2008.

[34]British Standards Institution BSI. Eurocode 2: Design of Concrete Structures—Gen-

eral Rules and Rules for Buildings：BS EN 1992-1. 1[S]. BSI：London，2004.

[35]YU M H. Unified Strength Theory and Its Application[S]. Berlin：Springer，2003.

[36]肯尼思·M·利特，汪家铭. 结构分析原理[M]. 董军，张大长，彭洋，等译. 北京：中国
水利电力出版社，2016.

第 3 章 结构失效定律与结构统一失效判定准则

3.1 引 言

各种结构破坏荷载与破坏形式各不相同,结构的承载能力是基于经验性、统计性分析确定的,没有共性的、统一的规律,这是目前结构分析领域的现状和共识。"结构受力状态理论"及其所发现的"结构失效定律",为打破了这种现状和共识奠定了基础。

3.2 结构失效定律与解读

结构失效定律为:在荷载逐级增大过程中,结构受力状态模式必然在一个确定的荷载幅度下发生突变,失去原有的受力状态模式而跳跃到另一个不同的受力状态模式。因为结构保持原有受力状态模式并履行其功能是结构正常使用或维持正常工作状态的基本条件,而一旦此基本条件不能维持,结构便进入非正常工作状态。为此,将结构受力状态模式转变的规律性特征简称为"结构失效",此时的荷载称为"结构失效荷载"。之所以将结构的共性受力状态突变特征称为结构失效定律,是因为这个特征体现的是自然哲学的三大定律之一,即"系统变化的量变到质变规律",体现的是各种结构、各种结构破坏形式共同的、规律性特征,既囊括结构特殊规律的一般规律。确切地说,结构失效定律具有以下一般性特征:

(1)各种类型的结构,例如桥梁结构、网壳结构、框架结构、梁、柱、墙板、地基基础,甚至测量强度的试件,在经历从零到极限荷载的过程中,一定存在结构受力状态模式量变、质变特征。

(2)结构的各种破坏类型,例如强度破坏、失稳破坏等,均体现在结构受力状态模式质的突变点,换句话说,结构受力状态模式质的突变是结构各种类型破坏形式的共性特征和一般规律。

(3)结构失效定律体现了结构破坏过程的起点,是确定性的,而"结构极限承载状态"是结构破坏的终点,是非确定性的。实际上,结构从失效荷载起,进入破坏程度逐渐发展的、随机因素逐渐放大的、结构受力状态模式变异的状态,直到结构的"结构极限承载状态"。

(4)从结构破坏的起点(失效荷载点)到结构破坏的终点(极限承力点),还可能出现受力状态模式质的跳跃,即结构连续失效特征,相应的荷载称为结构连续失效荷载。

(5)在结构失效荷载前,结构还有一个重要的跳跃点,但在这个跳跃点结构受力状态模式及特征参数呈现的是量变特征而非质变特征。我们借用材料性质的术语——弹塑性,将这个跳跃点称为"结构的弹塑性分支点"。未来的结构设计荷载似应定义在这个特征点上，因为此点之前的结构受力状态没有"结构塑性变形"的累积，恰是结构正常、安全工作状态所要求的。此外，要指出的是：体现在结构破坏起点的结构失效定律，其衍生的一个基本原理，可能就体现在结构的弹塑性分支点，期待在后继的研究中进行证实。

3.3　结构失效定律的表达式

以上对结构失效定律定义的解读，是定性的解读，显然需要一个量化的公式予以表述。那么，这个公式如何给出呢？结构失效定律涵盖着：①结构失效荷载；②结构的构造形式、约束、尺寸；③材料性质——弹性模量、强度。要用一个统一的公式形式表达这些内涵，就要寻求不同模型能够相互关联的方法。

系统工作行为的无量纲化分析具有这样几项功能：①能进行不同类型系统模型的比较；②能以大小(定量)进行系统状态的比较；③使系统模型定性分析简单易行；④减少系统模型参数数目。这些功能为结构失效定律的公式化表达提供了重要参考。从我们早期建立的预测结构破坏模式的类似区域匹配准则，以及进行的各种结构失效荷载公式尝试中，逐渐归纳出了一个表示结构失效定律的公式

$$\frac{F_u}{F_b} = \left(\frac{C_{u_1}}{C_{b_1}}\right)^{r_1} \left(\frac{C_{u_2}}{C_{b_2}}\right)^{r_2} \cdots \left(\frac{C_{u_n}}{C_{b_n}}\right)^{r_n} \tag{3.1}$$

式中，F 为结构的失效荷载；C 为结构构造、尺寸、材料性质参数；r 为可以由试验和模拟数据拟合出的指数；u 为要预测出其失效荷载的结构；b 为失效荷载已知的结构；n 为结构参数的数目。

式(3.1)在形式上适合于任何一种结构类型，以及相应的结构破坏形式。确切地说，任何一种结构类型及相应的结构破坏形式，其失效荷载关系均可以表示成这样的公式形式。从以上结构失效定律涵盖的内容来看，此公式包含了全部内容。

此外，可以验证，该公式还可以表达结构构造状态特征参数关系，例如，对于单自由度体系的自振频率就可以表示为

$$\frac{\omega_u}{\omega_b} = \left(\frac{k_u}{k_b}\right)^{0.5} \left(\frac{m_u}{m_b}\right)^{-0.5} \left(\frac{1-\xi_u}{1-\xi_b}\right)^{0.5} \tag{3.2}$$

式中，ω 是结构的自振频率；k 是结构刚度；m 是结构质量；ξ 是结构阻尼比。进而，对于自振频率相同的单自由度体系，有这样的关系：

$$\left(\frac{k_u}{k_b}\right)\left(\frac{m_b}{m_u}\right)\left(\frac{1-\xi_u}{1-\xi_b}\right) = 1 \tag{3.3}$$

但是，要强调一点，就是所建立的"结构失效定律"公式(3.1)是一个初步的公式，普适性尚需验证，是否还有更为恰当的表述"结构失效定律"的公式，尚需进一步的探讨。

3.4　结构统一失效判定准则

目前，各种结构失效判定准则是以结构极限承载力为基础，以半经验、半机理分析加统

计分析的结果,具有两个本质特征:

(1) 不同结构类型及其各种破坏形式,所获得的结构破坏荷载的判定准则和计算公式是不相同的。换句话说,不同结构类型在各种荷载工况下,体现各种特殊的破坏特征,所得到的破坏荷载计算公式在形式上、内涵上是不相同的。

(2) 由于结构极限承载力的变异性特征,使参照它得出的结构破坏荷载和设计荷载计算公式本质上是不确定的,即带有天然的随机性,故而引入可靠度来估算结构承载能力。

可见,目前各种结构失效判定准则不是基于结构工作中固有的规律性特征 —— 物理定律来建立的,才有这样的不确定性特征;反之,结构失效判定准则在形式上和内涵上就可能统一。这句话本身隐含了相当大的争议性,首先就有着不存在"结构失效定律"的定论,何谈进一步的"结构失效统一判定准则"。此外,若承认存在着"结构失效定律",实际上很大程度上颠覆了目前结构极限承载状态及其结构承载力计算研究的目标和内容。因此,领会并承认"结构失效定律"是能够建立并应用"结构失效统一判定准则"的首要前提条件。

作者建议的结构统一失效判定准则为:以结构失效定律为基础建立的结构失效判定准则在内涵和公式形式上可以达成统一。统一的内涵是:结构受力状态在其失效荷载处均发生定性的突变;统一的公式形式体现在结构失效定律的表达式(3.1)。建立在结构失效定律基础上的结构统一失效判定准则为精确计算结构设计荷载提供了参考。结构失效荷载是对结构受力状态模式及其特征参数随荷载变化的曲线,应用突变特征判定准则确定的,并可以通过试验和模拟来拟合出结构失效荷载计算公式。但是这个公式不能直接作为结构设计荷载,因为这是结构失效的起点,此时结构已经处于弹塑性状态,已经具有累积的塑性变形或是微小程度的开裂状态,只是刚刚达到结构正常工作不能允许的破坏状态,既结构受力状态模式刚刚发生质变的时候。一般而言,设计中规定的结构正常工作状态不允许有这样的破坏状态,即正常工作荷载下结构不能有塑性变形的累积或是扩展的开裂。但是,结构失效荷载的确定为结构设计荷载奠定了基础,可以对结构受力状态特征曲线,从曲线原点到失效荷载点再次应用判定准则,可以辨别出结构弹塑性分支点,对应这个分支点的荷载就可以直接用作结构承载能力设计值,因为此荷载之前,结构处于设计允许的安全工作状态,承载过程中没有明显的塑性变形或开裂累积。当然,作者叙述的只是在目前研究中的观察判断所见,还需要进一步的研究予以验证。

下面对图 3.1 所示的拉压、扭转、剪切、弯曲变形杆件或试件进行有限元数值模拟,以模拟获得的应变能、位移、应力应变等数据,进行杆件或试件的受力状态建模,鉴证基本变形杆件或试件受力状态演变的跳跃特征和失效荷载的普遍性与统一性。图中,q_k 为均布荷载集度,F_k 为集中荷载,σ_k 为压杆截面平均正应力,M_k 为扭矩。有限元模拟时基本构件参考尺寸(单位:m)为:压杆长 1(范围 0.1 ~ 1.0),正方形截面边长 0.01;扭转杆件长 1.2,半径 0.2;剪切试件宽 0.2,高 0.3,长 0.4;纯弯曲杆件长 1.0,正方形截面边长 0.2。

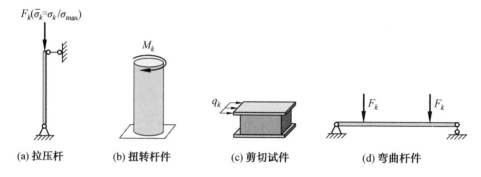

图 3.1　基本变形杆件或试件

3.5　压杆的受力状态分析与特征荷载

在经典力学里,轴压杆件有失稳与强度两种破坏形式,二者取决于压杆的长细比,即以长细比的一个阈值来定性地区别两种不同的破坏形式。压杆失稳破坏与结构构造(几何尺寸、约束类型)相关,而压杆强度破坏与材料性能参数(材料强度)有关,两种破坏形式物理性质不同,各有特点,分析的力学方法不同,不能相提并论。但是,结构失效定律表明,压杆的两种不同的、各自物理意义不同的破坏形式具有共同的物理特征,即结构受力状态从量变到质变的规律性特征,二者统一在结构失效荷载下,可以通过受力状态建模分析得到统一的公式计算压杆的失效荷载。

3.5.1　压杆响应的有限元模拟

压杆有限元模拟使用了 ABAQUS 程序,该程序描述大变形过程中截面面积的变化时,需要将名义应变和名义应力转换为实际应力和实际应变,转换公式为

$$\begin{cases} \varepsilon_{\mathrm{norm}} = \dfrac{\Delta l}{l}, \sigma_{\mathrm{norm}} = \dfrac{F}{A_0} \\ \varepsilon_{\mathrm{true}} = \displaystyle\int_0^{\varepsilon_{\mathrm{true}}} \mathrm{d}\varepsilon = \int_0^{\varepsilon_{\mathrm{true}}} \dfrac{\mathrm{d}l}{l} = \ln\left(\dfrac{l}{l_0}\right) = \ln(1 + \varepsilon_{\mathrm{norm}}) \\ \sigma_{\mathrm{true}} = \dfrac{F}{A} = \dfrac{F}{A_0 l_0 / l} = \sigma_{\mathrm{norm}}(1 + \varepsilon_{\mathrm{norm}}) \end{cases} \tag{3.4}$$

而真实应变 $\varepsilon_{\mathrm{true}}$ 由塑性应变和弹性应变两部分构成,在 ABAQUS 中定义塑性材料时需要使用塑性应变,其表达式为

$$\varepsilon_{\mathrm{pl}} = |\varepsilon_{\mathrm{true}}| - |\varepsilon_{\mathrm{d}}| = |\varepsilon_{\mathrm{true}}| - \dfrac{\sigma_{\mathrm{true}}}{E} \tag{3.5}$$

钢材本构采用了五段线模型曲线(图 3.2),弹性模量 $E = 2.05 \times 10^5$ MPa,弹性强度 $f_{\mathrm{p}} = 0.8 f_{\mathrm{y}}$,极限强度 $f_{\mathrm{u}} = 1.6 f_{\mathrm{y}}$,各阶段算式如下:

OA:线性阶段,$\sigma = E\varepsilon$,其中 $\varepsilon_{\mathrm{e}} = f_{\mathrm{p}}/E$;

AB:非线性弹性阶段,$\sigma = A\varepsilon^2 + B\varepsilon + C$,$\varepsilon_{\mathrm{el}} = 1.5\varepsilon_{\mathrm{e}}$;

BC:屈服阶段,$\sigma = f_{\mathrm{y}}$,$\varepsilon_{\mathrm{e2}} = 10\varepsilon_{\mathrm{e}}$;

CD:强化阶段,$\sigma = f_{\mathrm{y}}\left(1 + 0.6\dfrac{\varepsilon - \varepsilon_{\mathrm{el}}}{\varepsilon_{\mathrm{e2}} - \varepsilon_{\mathrm{el}}}\right)$,$\varepsilon_{\mathrm{e2}} = 10\varepsilon_{\mathrm{el}}$;

DE：平稳阶段，$\sigma = f_u$。

下面基本变形构件采用的是屈服强度为 235 MPa 的钢材。

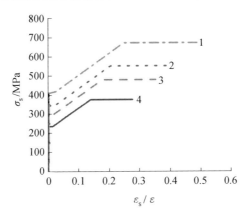

图 3.2　钢材的应力应变曲线

$1-f_y = 400$ MPa；$2-f_y = 345$ MPa；$3-f_y = 300$ MPa；$4-f_y = 235$ MPa

3.5.2　压杆的受力状态建模与判定的特征荷载

作为例子，对不同长细比、两端铰支、正方形截面压杆进行有限元模拟，构建的压杆有限元模型如图 3.3（a）所示。数值模拟获得了压杆反应数据：对应各个荷载的横向与纵向位移，截面转角，各个单元的应变、应力、应变能、应变能密度的数据。在此，选用各个单元的应变能（e_{ik}）数据建立描述压杆受力状态的特征对 —— 受力状态模式与特征参数，其受力状态模式与特征参数可以用以下矩阵 $\boldsymbol{S}_{mn}^k$ 和矩阵元素之和 E_k 表示：

$$\boldsymbol{S}_{mn}^k = \begin{bmatrix} e_{11}^k & e_{11}^k & \cdots & e_{1n}^k \\ e_{21}^k & e_{21}^k & \cdots & e_{2n}^k \\ \vdots & \vdots & & \vdots \\ e_{m1}^k & e_{m1}^k & \cdots & e_{mn}^k \end{bmatrix}, \quad E_k = \sum_i \sum_j e_{ij}^k \tag{3.6}$$

其中 k 表示荷载步，i、j 表示单元号。图 3.3（b）展示了三个不同长细比压杆的特征参数 E（对应各个压力的压杆总应变能）随压力变化的归一化曲线（$E_k - F_k$），横坐标表示的是归一化等效"荷载"，即归一化平均轴向应力 $\bar{\sigma}_k = \sigma_k / \sigma_{\max}$。进而，应用 M－K 准则，可以判别出三个压杆受力状态突变的特征点，相应的荷载即压杆失效荷载 F_{fl}（图 3.3（b）中圆点）。进而，对从 0 到 F_{fl} 点，再次应用 M－K 准则，判定出另一个跳跃点，相应的荷载即压杆弹塑性分支点荷载 F_{ep}（图 3.3（b）中方点）。

相应地，压杆受力状态模式 $\boldsymbol{S}_{mn}^k$ 必然在其失效荷载点发生幅度和形态的改变。以压杆有限元模拟数据构建几个典型长细比压杆的受力状态模式，观察在特征荷载 F_{ep}、F_{fl} 压杆受力状态的跳跃特征。下面展示以响应数据（应变能密度、位移、截面转角、截面应力、应变）构建的压杆受力状态特征对的演变特征。三个不同长细比（$\lambda = 60.1, 149.2, 219.2$）压杆的特征荷载：① 弹塑性分支点（$\sigma / \sigma_{\max} = 0.87, 0.88, 0.86$）；② 失效点（$\sigma / \sigma_{\max} = 0.99, 0.98, 0.96$）。

（1）直接以压杆顶点竖向位移 VD_{top}、杆中点水平位移 HD_{mid}、杆中点截面转角 φ 作为压

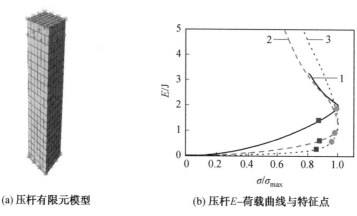

(a) 压杆有限元模型　　　(b) 压杆E–荷载曲线与特征点

图 3.3　压杆受力状态特征参数演变特征

1—$\lambda=60.1$;2—$\lambda=149.2$;3—$\lambda=219.2$

杆受力状态特征参数,绘制位移或转角与荷载(归一化等效荷载 $\sigma/\sigma_{\max}$) 的关系曲线,然后应用 M－K 准则判定出特征点:失效荷载点(圆点)、弹塑性分支点荷载(方点),如图 3.4 所示。可见,不同受力状态特征参数判定的特征荷载 F_{ep}、F_{fl} 是相同的。

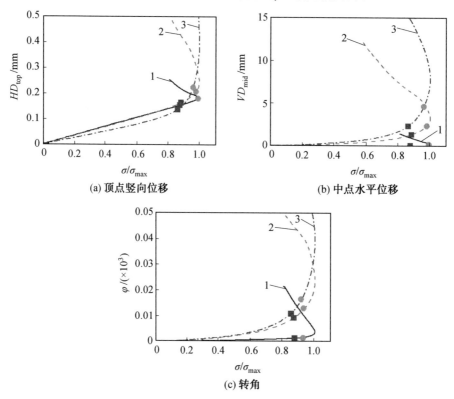

(a) 顶点竖向位移　　　(b) 中点水平位移

(c) 转角

图 3.4　压杆受力状态特征参数(位移与转角) 的特征点

1—$\lambda=60.1$;2—$\lambda=149.2$;3—$\lambda=219.2$

(2) 以各个截面应变能(E) 表示的压杆受力状态模式为:$\boldsymbol{E}_h^k = \begin{bmatrix} E_1^k & E_2^k & \cdots & E_h^k \end{bmatrix}^{\mathrm{T}}$,其中 h 是所选择的沿着压杆长度的横截面数目,k 是荷载步。这样,可绘出相应的 $\boldsymbol{E}_h^k - (F_k, h)$ 曲

线。也可以各个截面应变能增量来构建压杆受力状态模式：$\Delta\boldsymbol{E}_h^{k,k-1} = [\Delta E_1^{k,k-1} \quad \Delta E_2^{k,k-1} \quad \cdots \quad \Delta E_h^{k,k-1}]^{\mathrm{T}}$，相应的曲线为 $\Delta\boldsymbol{E}_h^{k,k-1} - (F_k,h)$；同时可以给出受力状态特征参数曲线：$\Delta\bar{E} - F_k$，其中 $\Delta\bar{E} = \dfrac{1}{h}\sum_i \Delta E_i^{k,k-1}$。图 3.5～3.7 展示了压杆受力状态特征参数与受力状态模式的演变曲线，以及 M－K 准则判定的特征点，即压杆受力状态跳跃点。可见，不同长细比压杆的受力状态参数 $\Delta\bar{E}$ 在判定的特征点均展示了转折特征，受力状态模式 $\boldsymbol{E}_h^k$ 与 $\Delta\boldsymbol{E}_h^{k,k-1}$ 在判定的特征点前后也体现了增量跳跃特征。

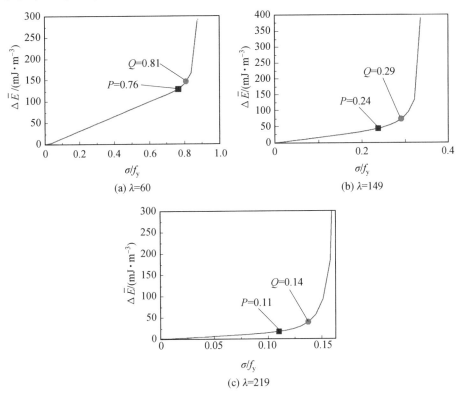

图 3.5　压杆受力状态特征参数（应变能密度增量和 $\Delta\bar{E}$）演变特征

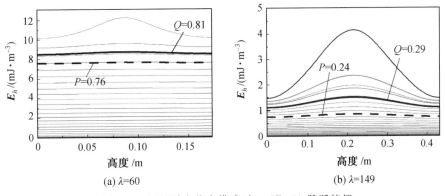

图 3.6　压杆受力状态模式 $\boldsymbol{E}_h^k - (F_k,h)$ 跳跃特征

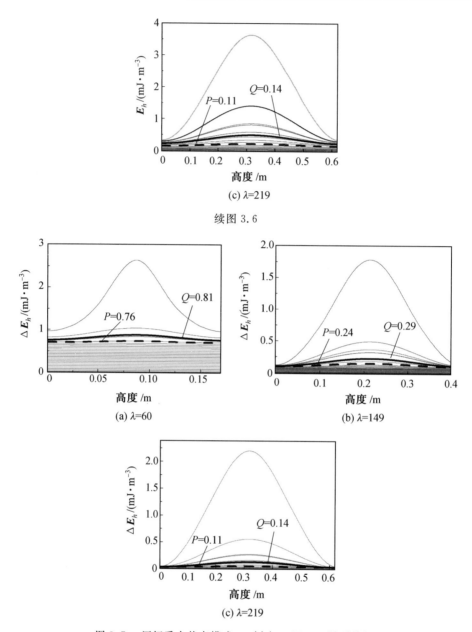

图 3.7　压杆受力状态模式 $\Delta E_h^{k,k-1}-(F_k,h)$ 跳跃特征

（3）以压杆沿着杆长各点水平位移增量和值（ΔHD）为受力状态特征参数,绘出 $\Delta HD-F_k$ 曲线。再以各点水平位移构建受力状态模式:$HD_h^k=\begin{bmatrix}HD_1^k & HD_2^k & \cdots & HD_h^k\end{bmatrix}^T$,其中 h 是所选择的沿着压杆长度的横截面数目、k 是荷载步。这样,可绘出相应的 $HD_h^k-(F_k,h)$ 曲线。 也可以各点水平位移增量来构建压杆受力状态模式:$\Delta HD_h^{k,k-1}=\begin{bmatrix}\Delta HD_1^{k,k-1} & \Delta HD_2^{k,k-1} & \cdots & \Delta HD_h^{k,k-1}\end{bmatrix}^T$,相应的曲线为:$\Delta HD_h^{k,k-1}-(F_k,h)$;同时可以给出受力状态特征参数曲线:$\Delta HD^{k,k-1}-F_k$,其中 $\Delta HD^{k,k-1}=\frac{1}{h}\sum_i\Delta HD_i^{k,k-1}$。图 3.8～3.10 展示了两端铰支压杆受力状态特征参数与受力状态模式的演变曲线,以及 M－K 准则判定

的特征点,即压杆受力状态跳跃点。可见,受力状态参数 ΔHD 在判定的特征点展示了转折特征,受力状态模式 $\pmb{HD}_h^k$ 与 $\Delta \pmb{HD}_h^{k,k-1}$ 在判定的特征点前后均体现了增量跳跃特征。

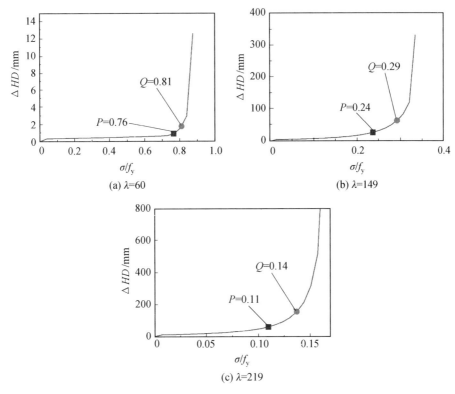

图 3.8   压杆受力状态特征参数 ΔHD 演变特征

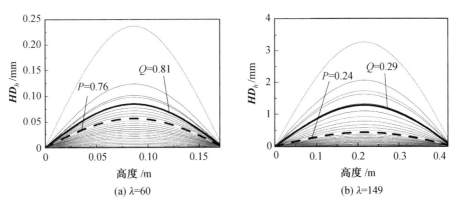

图 3.9   压杆受力状态模式 $\pmb{HD}_h^k - (F_k, h)$ 跳跃特征

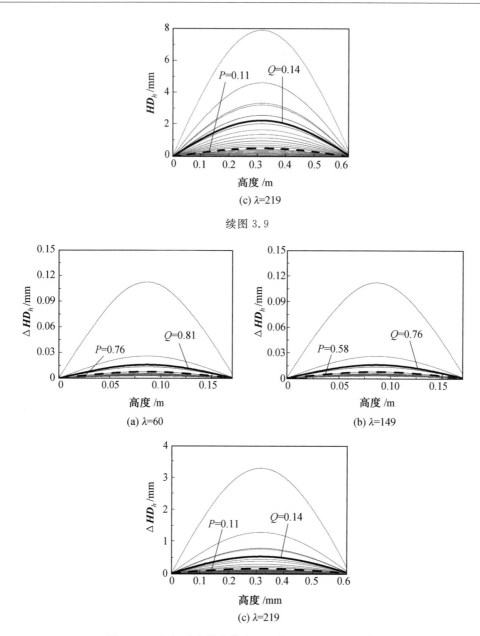

图 3.10　压杆受力状态模式 $\Delta HD_h^k - (F_k, h)$ 跳跃特征

　　（4）类似地，以压杆沿着杆长各点竖向位移增量和值（ΔVD）为压杆受力状态特征参数，绘出 $\Delta VD - F_k$ 曲线。再以各点竖向位移构建受力状态模式 VD_h^k，绘出其随荷载增加的曲线。也以各个截面竖向位移增量来构建压杆受力状态模式 $\Delta VD_h^{k,k-1}$，绘出其随荷载增加的曲线。图 3.11～3.13 展示了压杆受力状态特征参数与受力状态模式的演变曲线，以及 M—K 准则判定的特征点，即压杆受力状态跳跃点。可见，受力状态参数 ΔVD 在判定的特征点展示了转折特征，受力状态模式 VD_h^k 与 $\Delta VD_h^{k,k-1}$ 在判定的特征点前后均体现了增量跳跃特征。

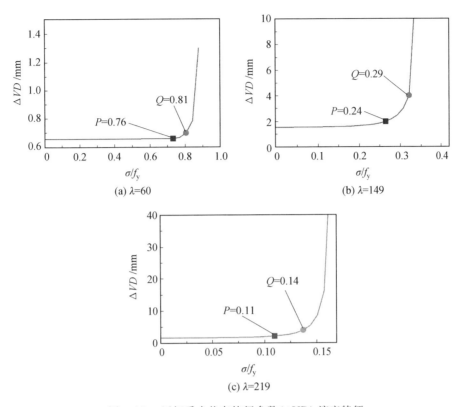

图 3.11　压杆受力状态特征参数(ΔVD)演变特征

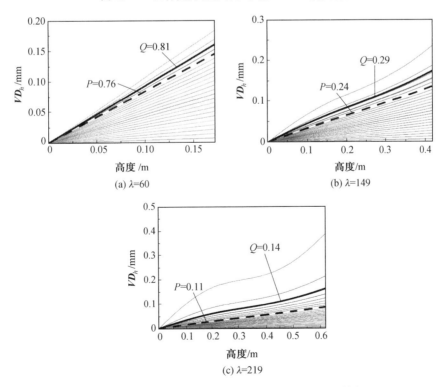

图 3.12　压杆受力状态模式 $\boldsymbol{VD}_h^k - (F_k, h)$ 跳跃特征

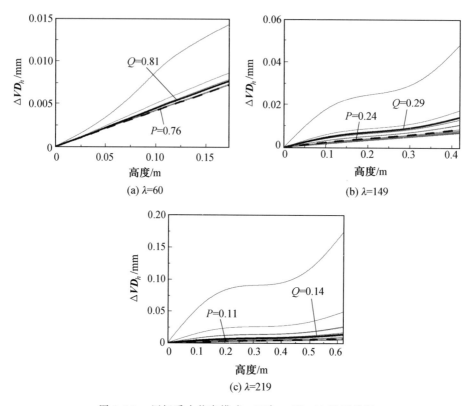

图 3.13　压杆受力状态模式 $\Delta VD_h^k - (F_k, h)$ 跳跃特征

（5）类似地,以压杆沿着杆长各截面转角增量和值（$\Delta\varphi$）为压杆受力状态特征参数,绘出其 $\Delta\varphi - F_k$ 曲线;再以各截面转角构建受力状态模式 $\boldsymbol{\varphi}_h^k$,绘出其随荷载增加的曲线;以各截面转角增量来构建压杆受力状态模式 $\Delta\boldsymbol{\varphi}_h^{k,k-1}$,绘出其随荷载增加的曲线。图 3.14 ～ 3.16 展示了压杆受力状态特征参数与受力状态模式的演变曲线,以及 M－K 准则判定的特征点,即压杆受力状态跳跃点。可见,受力状态参数 $\Delta\varphi$ 在判定的特征点展示了转折特征,受力状态模式 $\boldsymbol{\varphi}_h^k$ 与 $\Delta\boldsymbol{\varphi}_h^{k,k-1}$ 在判定的特征点前后均体现了增量跳跃特征。

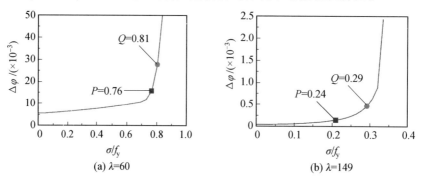

图 3.14　压杆受力状态特征参数（截面转角增量和值 $\Delta\varphi$）演变特征

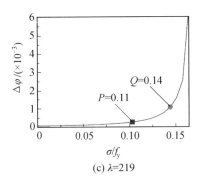

续图 3.14

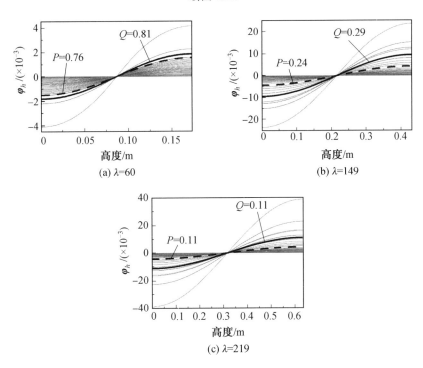

图 3.15　压杆受力状态模式 $\boldsymbol{\varphi}_h^k - (F_k, h)$ 跳跃特征

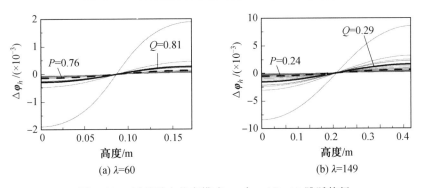

图 3.16　压杆受力状态模式 $\Delta \boldsymbol{\varphi}_h^k - (F_k, h)$ 跳跃特征

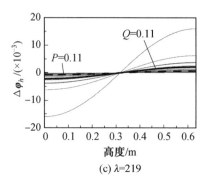

(c) $\lambda=219$

续图 3.16

（6）类似地，以压杆沿着杆长各截面竖向应力增量和值（$\Delta\sigma$）为压杆受力状态特征参数，绘出其 $\Delta\sigma - F_k$ 曲线；再以各截面竖向应力构建受力状态模式 σ_h^k，绘出其随荷载增加的曲线；以各截面竖向应力增量来构建压杆受力状态模式 $\Delta\sigma_h^{k,k-1}$，绘出其随荷载增加的曲线。图 3.17 ～ 3.19 展示了压杆受力状态特征参数与受力状态模式的演变曲线，以及 M－K 准则判定的特征点，即压杆受力状态跳跃点。可见，受力状态参数 $\Delta\sigma$ 在判定的特征点展示了转折特征，受力状态模式 σ_h^k 与 $\Delta\sigma_h^{k,k-1}$ 在判定的特征点前后均体现了明显的增量跳跃特征。

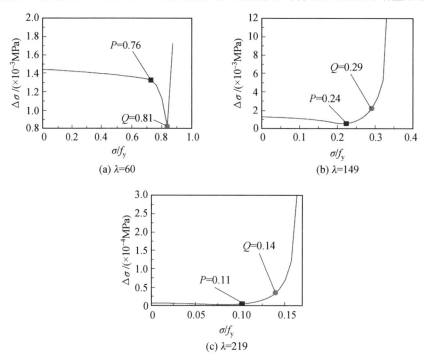

图 3.17　压杆受力状态特征参数（竖向应力增量和 $\Delta\sigma$）演变特征

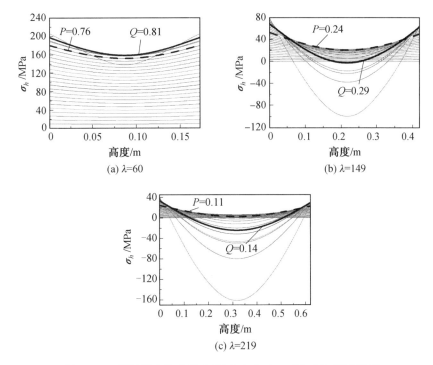

(a) λ=60　　　　　　　　　　　(b) λ=149

(c) λ=219

图 3.18　压杆受力状态模式(竖向应力 $\boldsymbol{\sigma}_h^k - (F_k, h)$) 演变特征

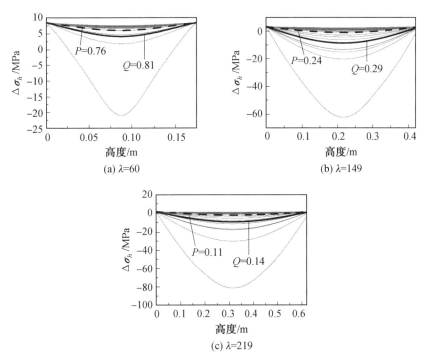

(a) λ=60　　　　　　　　　　　(b) λ=149

(c) λ=219

图 3.19　压杆受力状态模式(竖向应力增量 $\Delta \boldsymbol{\sigma}_h^k - (F_k, h)$) 演变特征

(7) 最后,以压杆沿着杆长各截面竖向应变增量和值($\Delta \varepsilon$)为压杆受力状态特征参数,绘出其 $\Delta \varepsilon - F_k$ 曲线;再以各截面竖向应变构建受力状态模式 ε_h^k,绘出其随荷载增加的曲线;以

各个截面竖向应变增量来构建压杆受力状态模式 $\Delta \varepsilon_h^{k,k-1}$，绘出其随荷载增加的曲线。图 3.20～3.22展示了压杆受力状态特征参数与受力状态模式的演变曲线，以及 M－K 准则判定的特征点，即压杆受力状态跳跃点。可见，受力状态参数 $\Delta \varepsilon$ 在判定的特征点展示了转折特征，受力状态模式 ε_h^k 与 $\Delta \varepsilon_h^{k,k-1}$ 在判定的特征点前后均体现了明显的增量跳跃特征。

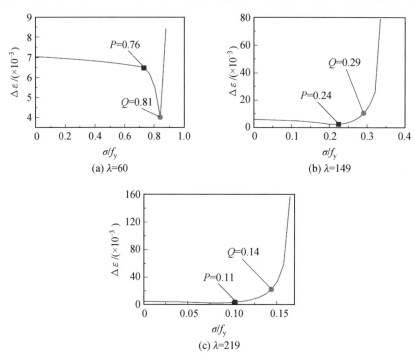

图 3.20 压杆受力状态特征参数(竖向应变增量和 $\Delta \varepsilon$)演变特征

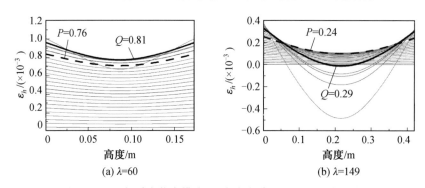

图 3.21 压杆受力状态模式(竖向应变 ε_h^k－(F_k,h))演变特征

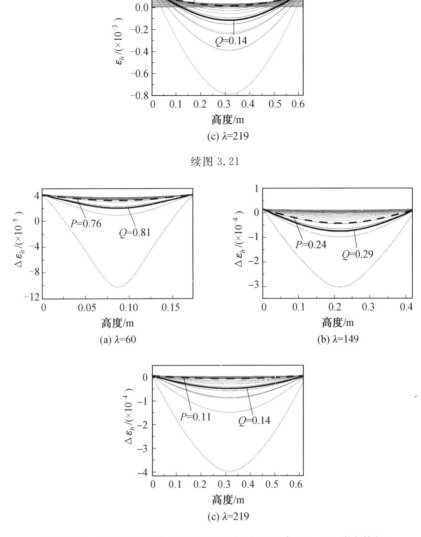

图 3.22　压杆受力状态模式(竖向应力增量 $\Delta \varepsilon_h^k\text{-}(F_k, h)$)演变特征

　　以上两端铰支压杆受力状态特征对体现了结构失效定律,即受力状态跳跃特征,对于压杆各种受力状态特征对随荷载的演变曲线,可以用适当的判定准则(例如 M－K 准则)判别出跳跃特征点。换句话说,从不同的角度描述压杆受力状态,均呈现了受力状态跳跃特征,可见这种跳跃特征是确定的、必然的,是压杆工作状态客观规律(结构失效定律)的体现。此外,根据受力状态理论,F_{ep} 点是压杆的弹塑性分支点,相应的荷载称之为弹塑性分支点荷载,该荷载前后压杆仍然处于正常、稳定的工作状态。从 F_{fl} 点起,压杆受力状态特征参数均发生了量值的突变,呈现出 P 点前不同的发展趋势 —— 定性的改变,P 点是压杆受力状态量变到质变的跳跃点,即压杆的失效荷载点。

3.5.3　压杆失效荷载与压杆失稳荷载

　　以上面两端铰支压杆为例,图 3.23(a)展示了失效荷载与不同长细比的曲线、欧拉公式计算的失稳荷载与长细比曲线、有限元法判定（收敛准则）的破坏荷载与长细比曲线、压杆弹性应变能与长细比曲线。图 3.23(b) 展示了目前压杆承载力／临界力经验公式对应的曲线，$\sigma_{cr} = a_1 - b_1\lambda^2$ 或 $P_{cr} = \sigma_{cr}A = (a_1 - b_1\lambda^2)A$，其中 a_1、b_1 为材料性质参数，可查阅有关设计规范确定。图 3.23(c) 展示了目前压杆承载力／临界力三线型经验公式对应的曲线。欧拉公式只在一定范围的长细比内有效，弹性应变能判定方法未能体现压杆塑性变形效应，所以有效范围与欧拉公式一致；有限元准则是计算的收敛准则，压杆的弹塑性根据长细比包含在压杆的响应中，但所确定的压杆破坏荷载是经验性、统计性的；基于压杆受力状态突变特征确定的压杆失效荷载，压杆的弹塑性自然地根据长细比包含在受力状态突变状态中。因此，压杆失效荷载体现了压杆承载能力的一般性特征。确切地，压杆失效荷载是根据结构失效定律决定的，具有普遍性、必然性和确定性。

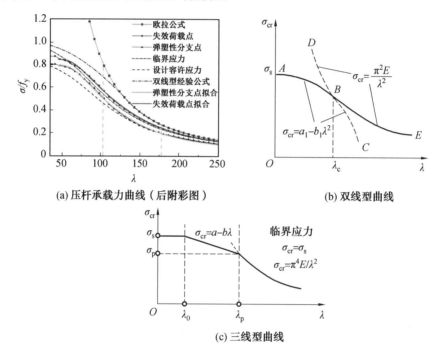

图 3.23 压杆各个特征荷载随长细比变化的曲线

目前压杆承载力／临界力经验公式对应的曲线为

$$\sigma = \begin{cases} \dfrac{\pi^2 E}{\lambda^2}, \lambda \geqslant \lambda_p \\[2mm] \sigma_s(1 - a\lambda^2), \lambda < \lambda_p \end{cases}$$

其中 $\sigma(\lambda_p) = \dfrac{\sigma_s}{2}$，因此得到 $\lambda_p = \sqrt{\dfrac{2\pi^2 E}{\sigma_s}}$，$a = \dfrac{\sigma_s}{4\pi^2 E}$。

对压杆失效荷载与弹塑性分支荷载（两端铰支压杆），可以拟合出公式：

$$y = \frac{a}{x^2} + \frac{b}{x} + cx + dx^2 + e \tag{3.7}$$

式中，$y = \ln(F_{fl}/F_y)$，$x = \ln(\lambda)$，有关系数见表 3.1 和表 3.2。

表 3.1　弹塑性分支点拟合系数

系数	值	置信下区间	置信上区间
a	2 357	1 912	2 803
b	− 2 159	− 2 568	− 1 472
c	− 104.9	− 126	− 83.83
d	5.442	4.258	6.626
e	724.6	584.9	864.4

表 3.2　失效荷载点拟合系数

系数	值	置信下区间	置信上区间
a	2 086	1 772	2 400
b	− 1 886	− 2 173	− 1 599
c	− 88.98	− 103.7	− 74.29
d	4.521	3.699	5.344
e	624.6	526.9	722.4

可见,压杆失效荷载统一了长细比界定的临界荷载计算公式:欧拉公式、抛物线公式 / 线性公式等,表明了结构失效定律是不同结构形式共性的、一致的承载能力特征;换句话说,各种荷载工况下,各种结构具有统一的工作失效特征,即由结构失效定律决定的特征。

现在,讨论压杆的设计问题,图 3.24 给出了杆件中截面临界应力、目前规范设计应力、失效荷载点应力、弹塑性分支点应力(建议的设计应力)随长细比变化曲线。从图中特征应力曲线可以看出:① 在压杆失稳、压杆强度两个方面有着明显的界限,为 $\lambda = (103,178)$。② 在纯失稳阶段,弹塑性分支点应力与设计允许应力几近相同,但弹塑性分支点应力仍然略高,说明目前压杆设计是保守的。③ 在纯杆件强度控制阶段,弹塑性分支点应力与设计允许应力相差较大,弹塑性分支点应力高于设计允许应力,说明目前设

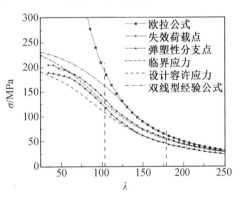

图 3.24　压杆各特征应力随长细比变化曲线

计承载力也是保守的。④ 失效荷载点应力与临界应力是相近的,表明经验性、统计性分析结果已经逼近结构失效定律所决定的杆件破坏起点,传统研究实际上也在追求精确的杆件破坏起点。

3.6　扭转杆的受力状态分析与特征荷载

作为例子,进行了一端固定一端自由、圆形截面扭转杆的有限元模拟,构建的扭转杆有限元模型如图 3.25(a)所示。数值模拟获得了扭转杆反应数据,包括对应各个扭矩荷载(T)

的截面应变能、转角、应变和应力数据。在此，选用各个单元的应变能与截面转角数据建立描述扭转杆受力状态的特征对——受力状态模式与特征参数。以各个单元应变能和值与截面转角分别作为扭转杆受力状态特征参数，绘出其与扭矩的关系曲线，如图3.25(b)(c)所示。用 M－K 准则辨别的特征点为：$T/T_y = 0.51$（弹塑性分支点荷载）与 $T/T_y = 0.67$（失效荷载），其中 T_y 是整个截面屈服时的扭矩。

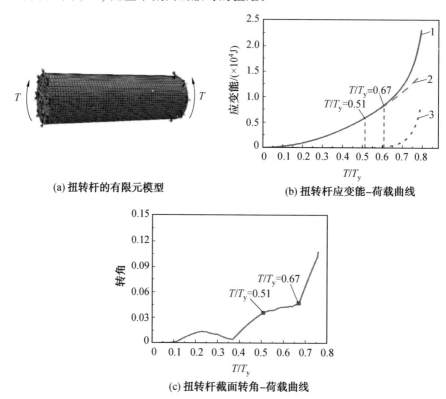

(a) 扭转杆的有限元模型

(b) 扭转杆应变能–荷载曲线

(c) 扭转杆截面转角–荷载曲线

图 3.25 扭转杆受力状态特征参数演变特征

1— 总应变能；2— 弹性应变能；3— 塑性应变能

根据各个截面剪应力、应变表示的扭转杆受力状态模式，绘出相应的受力状态模式随荷载增加的曲线，如图 3.26 所示。图 3.26 中，① 表示 Mises 准则得到的空间纯剪应力状态强度 $\sigma_1 = |-\sigma_2| = |-\sigma_2| = 0.5|\sigma|$ 或应变，即 $\sigma_1 = 117.5$ MPa、$\varepsilon_1 = 0.000\,575$；② 表示平面

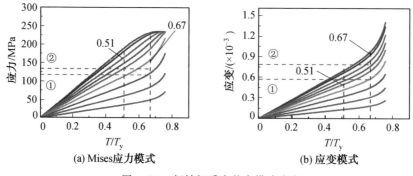

(a) Mises应力模式

(b) 应变模式

图 3.26 扭转杆受力状态模式演变

纯剪应力状态强度 $\sigma_1 = |-\sigma_3| = 0.577[\sigma](\sigma_2 = 0)$ 或应变,即 $\sigma_1 = 134.3$ MPa,$\varepsilon_1 = 0.000\ 656$。可见在弹塑性分支点与失效荷载点体现了受力状态理论指出的跳跃特征。此外,图 3.27 展示了扭转杆截面应力云图随荷载的演变,呈现了在失效荷载点前后云图色彩模式的不同,即受力状态模式的不同。

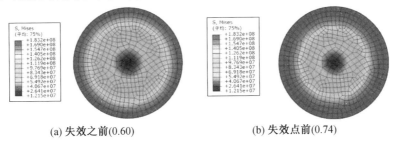

(a) 失效之前(0.60)　　　　(b) 失效点前(0.74)

图 3.27　扭转杆截面应力云图演变

3.7　剪切试件的受力状态分析与特征荷载

进行剪切试件的有限元模拟,构建的剪切试件有限元模型如图 3.28(a) 所示。数值模拟获得了剪切试件反应数据,包括:对应各个剪切荷载 $Q(Q = ql$,q 是作用在试件上边缘的均布荷载集度,l 是试件上边缘的长度) 的截面应变能、面内外位移、应变、应力数据。在此,选用各个单元的应变能和值作为试件受力状态特征参数,绘出其与力(Q/Q_y)的关系曲线,其中 Q_y 是截面屈服时的剪切荷载,如图 3.28(b) 所示。用 M－K 准则辨别的特征点为:$Q/Q_y = 0.53$(弹塑性分支点荷载) 与 $Q/Q_y = 0.85$(失效荷载)。可见,即使不用 M－K 准则,也能直观地辨别出两个跳跃点。同样,以各个截面剪应力、应变表示的试件受力状态模式,绘出相应的受力状态模式随荷载增加的曲线,如图 3.29 所示。图 3.29 中①、②与图 3.26 中寓意相同;③为钢材单轴强度 $\sigma_1 = [\sigma] = 235$ MPa,$\sigma_2 = \sigma_3 = 0$,应变 $\varepsilon_1 = 0.001\ 38$。同样,在弹塑性分支点处,试件内某些单元可能发生了剪切破坏,故而受力状态特征发生一定程度的改变。同样,在弹塑性分支点与失效荷载点体现了受力状态理论指出的跳跃特征。此外,图 3.30 展示了试件中间截面应力云图随荷载的演变,呈现了在失效荷载点前后云图色彩模式的不同,即受力状态模式的不同。

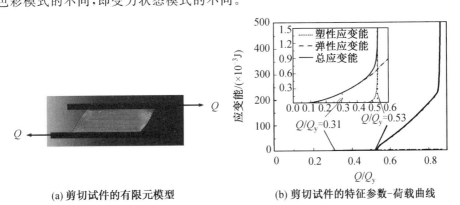

(a) 剪切试件的有限元模型　　(b) 剪切试件的特征参数-荷载曲线

图 3.28　剪切试件受力状态特征参数演变特征

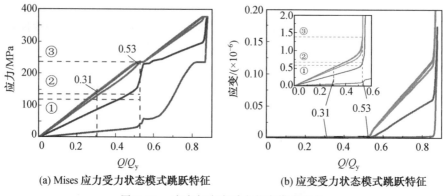

(a) Mises 应力受力状态模式跳跃特征　　　　(b) 应变受力状态模式跳跃特征

图 3.29　应力与应变受力状态模式演变

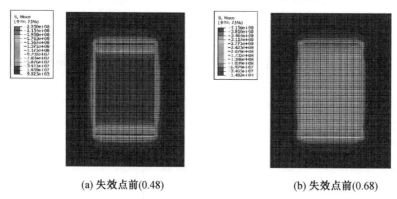

(a) 失效点前(0.48)　　　　　　　　(b) 失效点前(0.68)

图 3.30　试件中间截面应力云图演变

3.8　纯弯曲杆件的受力状态分析与特征荷载

进行纯弯曲杆件的有限元模拟,构建的弯曲构件有限元模型如图 3.31(a) 所示。数值模拟获得了杆件反应数据,包括:对应各个弯矩荷载 M 的截面应变能、竖向位移,各个截面的应变、应力数据。在此,选用各个单元的总应变能、杆中点竖向位移作为杆的受力状态特征参数,绘出其与弯矩(M / M_y)的关系曲线(M_y 是截面边缘屈服时的弯矩),如图 3.31(b) 所示。如图 3.31(c) 所示,用 M−K 准则辨别的特征点为:$M / M_y = 1.00$(弹塑性分支点荷载)与 $M/M_y = 1.16$(失效荷载)。可见,辨别的两个特征点附近呈现了跳跃或突变特征。同理,以截面应力、应变表示受力状态模式,绘出相应的受力状态模式随荷载增加的曲线,如图 3.32 所示。图 3.32 中,① ~ ③ 的含义与图 3.29 中相同。可见弹塑性分支点处,杆件内某些单元可能发生了剪切破坏,故而受力状态特征发生一定程度的改变。在失效点,截面各点正应力基本达到了屈服强度,而只有边缘处对应的应变接近屈服应变。可见在弹塑性分支点与失效荷载点体现了结构受力状态理论指出的跳跃或突变特征。此外,图 3.33 展示了杆中线截面应力云图随荷载的演变,呈现了在失效荷载点前后云图色彩模式的不同,即受力状态模式的不同。

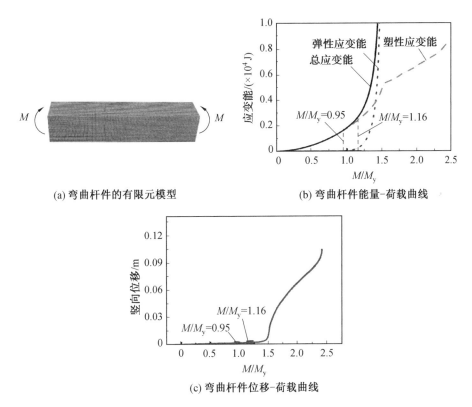

(a) 弯曲杆件的有限元模型　　　　　(b) 弯曲杆件能量-荷载曲线

(c) 弯曲杆件位移-荷载曲线

图 3.31　弯曲杆件受力状态特征参数演变特征

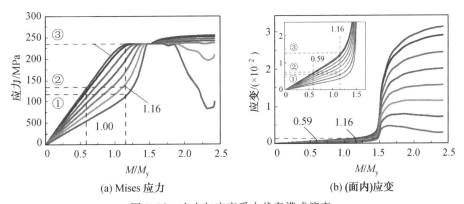

(a) Mises 应力　　　　　　　　(b) (面内)应变

图 3.32　应力与应变受力状态模式演变

　　以上对于基本变形构件数值模拟数据的受力状态分析表明,这些构件均呈现共性受力状态跳跃特征——失效起点和弹塑性分支点,即构件受力状态演变遵循结构失效定律。因此,构件的设计荷载应以这两个特征荷载为参考来确定,以改进目前设计荷载的不精确性和不合理的保守性。此外,要说明的是,本章构件的受力状态特征点是应用 M－K 准则判定的,与构件极限荷载有关。构件的极限荷载是通过程序收敛准则确定的,物理层面的精确性需要进一步探讨。参照这样的极限荷载判定的构件失效荷载与弹塑性分支点荷载,虽然精度受到影响,但仍然呈现了构件的受力状态演变规律。

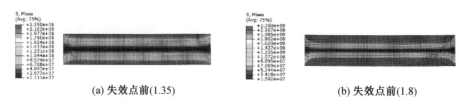

(a) 失效点前(1.35) (b) 失效点前(1.8)

图 3.33　杆中线截面应力云图演变

本章参考文献

[1]孙训方. 材料力学[M]. 北京:高等教育出版社,2009.

[2]刘鸿文. 高等材料力学[M]. 北京:高等教育出版社,1985.

[3]史俊. 基于结构受力状态分析理论的结构共性工作性能分析[D]. 哈尔滨:哈尔滨工业大学,2018.

[4]SHI J, LI W T, LI P C, et al. Experimental investigation into stressing state characteristics of large-curvature continuous steel box-girder bridge model [J]. Construction & Building Materials, 2018, 178: 574-583.

[5]SHI J, LI P C, CHEN W Z, et al. Structural state of stress analysis of concrete-filled stainless steel tubular short columns [J]. Stahlbau, 2018, 87(6): 600-610.

[6]SHI J, XIAO H H, ZHENG K K, et al. Essential stressing state features of a large-curvature continuous steel box girder bridge model revealed by modeling experimental data [J]. Thin-Walled Structures, 2019, 143: 1-10.

[7]ZHOU G C, SHI J, YU M H, et al. Strength without size effect and formula of strength for concrete and natural marble [J]. Materials, 2019, 12: 2685.

[8]SHI J, YANG K K, ZHENG K K, et al. An investigation into working behavior characteristics of parabolic CFST arches applying structural stressing state theory [J]. Civil Engineering and Management, 2019, 25(3): 215-227.

第4章 材料实质强度与强度公式

4.1 引 言

结构受力状态理论为破解两个经典材料力学问题奠定了基础。或者说,结构失效定律衍生了对材料力学两个传统共识的质疑:一是材料强度具有尺寸效应是材料强度的固有属性;二是只有针对不同材料、不同破坏形式的强度理论,没有适用于各种材料的强度定律。作者应用结构受力状态理论对不同尺寸、不同形状试件(测量强度的试件)的实测应变数据进行受力状态建模分析,揭示了单轴拉压试件受力状态的本质特征,即试件受力状态在某一确定荷载下发生跳跃,体现了自然的量质变规律。以试件的这个本质特征确定的材料强度即为实质材料强度,呈现了与试件的尺寸基本无关的性质。进而,对各种主应力组合作用下标准试件的试验数据进行受力状态建模分析,同样揭示了试件受力状态在某一确定荷载下发生从量变到质变的特征,并以此特征确定了对应实质强度的各种主应力组合。这样,通过拟合各种主应力组合与实质材料强度的关系式,发现了材料强度的统一表达式——强度公式,经初步验证可以涵盖目前各种强度理论,可能就是几百年来材料力学所向往的"强度定律"。可见,结构受力状态理论使两个经典的材料力学问题得以初步解决,为更精确、合理的材料使用奠定了基础。

4.2 两个经典的材料强度问题和质疑

在材料强度的历史进程中,逐渐形成了两个经典问题:一是材料强度的不确定性,试件尺寸、形状对材料强度均有影响,致使材料强度是一个相关试件尺寸效应(包括形状和尺寸)的、统计性的、经验判定的结果;二是复杂应力状态下材料的强度测定和算式是不一致的,数百年的强度研究已经提出了近百种不同材料、不同破坏原理的强度理论。这两个问题一直伴随着材料强度研究,其难度之大致使这两个问题最终被视为材料强度的固有属性和强度理论原理,不再有人质疑并寻求破解之道了。

4.2.1 材料强度的尺寸效应和质疑

本质上,材料强度的定义为材料单元体能够承受的最大单轴应力 σ。因此,不管什么样的荷载,也不管什么样的试件尺寸和形状,只要在试件中任何单元体上的单轴应力达到 σ,这个单元体就产生了强度破坏(断裂或屈服)。以此推断,此时这个单元体的强度破坏与试件尺寸和形状甚至荷载工况有关系吗? 如何解释试件对材料强度的尺寸效应呢? 尺寸效应是材料强度的固有性质,其内涵为不同的试件尺度和形状可产生不同的材料强度。然而,几乎所有解释这个固有性质的原因都没有指向试件内各个单元体的应力状态的非一致性。客观地说,一个精确的材料强度理应与试件尺寸和形状无关,问题是如何通过适当的试验分析方法确定。我们还可以通过材料的相对密度来旁证材料的强度理应与试件尺寸和形状无关:众所周知,对于一种材料构成的物体,无论物体的形状与体积如何,只要测得物体重量和体积,就能得到一个确定的、与物体体积和形状无关的材料相对密度,即单位体积的质量。同理,一种材料的强度是单位面积上应力的大小,也应是与试件尺寸和形状无关的,而目前的测定方法是有关的,说明测定的方法和测定的试件应力状态存在问题,没有精确反映材料强度客观要求的无尺寸效应性质,提取材料强度时的试件应力状态可能不在其极限承载状态,测试材料强度的理念与方法需要更新。

通过对混凝土强度试件试验情况的观察可见,提取混凝土强度时的试件处于极限承载状态,各个组成部分带有凌乱不一的开裂破碎特征,据此现象可以判知:此时试件内各个单元体已经不再是测试材料强度($\sigma_1 = F/A$)所需的一致的、单轴的应力状态($\sigma_1 \neq 0, \sigma_2 = 0$, $\sigma_3 = 0$),而是在复杂的、不一致的应力状态($\sigma_1 \neq 0, \sigma_2 \neq 0, \sigma_3 \neq 0$)。因此,可以得到三点认知:第一,在混凝土试件的极限承载状态确定材料强度可能是不合理的,似应在极限荷载之前、试件内各个单元体恰好丧失它们一致的、单轴的应力状态时来测定材料强度才是合理的;第二,在试件极限承载状态确定的混凝土材料强度,是一定程度上混淆了试件强度与材料强度的结果,不同尺寸试件当然有其各自不同的最大承载能力(试件强度),以其来确定材料强度必然会导致不同的结果,这就是目前混凝土材料强度具有试件尺寸效应的症结所在;第三,与试件随机性的初始缺陷紧密相关的试件极限承载状态必然具有随机特征,致使混凝土材料强度呈现不确定性特征(随机性),不得不以统计方法予以界定。然而,对试件试验的观察表明:对于由一种材料构成的各种试件而言,其材料的强度本质上是确定的、唯一的,试验和分析应该从试件受力过程探索出这个确定的、唯一的材料强度,而不是从试件极限承载状态来确定材料强度。此外,目前取自试件的极限承载状态的"材料强度"很大程度上应是试件本身承载能力的表征,至少在某种程度上"混淆了"试件强度与材料强度。

4.2.2 强度理论的多样性和质疑

在材料的实际应用中,一般情况下构件中各个单元体处于复杂应力状态,相应的材料强度问题是必须解决的问题。在过去的材料强度研究历程中,诸多学者们提出了近百种强度理论,用以定量地描述材料强度与复杂应力状态的关系。但是,这些强度理论一般是基于力学模型和数学方程,并针对各种材料破坏假设建立的,而不是完全地通过试验建立的。即使经典的、广泛使用的第一至第四强度理论,也是基于线弹性假设和材料破坏特点来描述非线性特征的材料强度。这样,就形成了一个共识,其中 Voit 和 Mises 二位学者的结论最具影响力,就是不存在适合各种材料的、统一的强度理论,是材料强度的基本原理。这个原理的本质含义是:不存在一个强度定律,只有针对不同性质材料的强度理论。但是,在 20 世纪 60 年代,我国学者俞茂宏提出了适合各种强度理论的统一表达式,即统一强度理论,其通过调整表达式中的参数表示各种强度理论,俞氏统一强度理论给出了重要预示:可能存在唯一的强度定律,不然怎么会有如此具有普遍性的俞氏统一强度理论呢?作者认为,强度定律就像"强度理论"皇冠上的明珠,俞氏统一强度理论已经触摸到这个明珠。但是,要摘下这颗明珠,需要运用新的理论和方法才能做到。

4.3　试件失效荷载与实质材料强度

测量材料强度的试件可以视为是由各个单元体构成的结构,加载过程中各个单元体应力构成的受力状态模式也会呈现失效特征,即承载过程中遵循结构失效定律。因此,可以对不同尺寸、不同形状试件(测量强度的试件)的实测应变数据进行受力状态建模分析,揭示单轴拉压试件受力状态的本质特征,即受力状态在某一确定荷载下发生从量变到质变的客观规律,进而以此特征荷载来确定材料强度。

4.3.1　测定材料强度试件和单轴材料强度试验

考虑到材料的典型意义、试验条件和试验成本,作者首先选择了混凝土进行材料强度试验。C40 混凝土材料按照《混凝土结构设计规范》(GB 50010—2010) 制备:含沙量为 0.31,水灰比为 0.32,水泥、沙子、石料配比为 1∶1.117∶1.863,养生条件为(20±2)℃,相对湿度大于90%,28 d。同时,考虑到目前测试材料强度试件的形状和尺度是学者们长期经验积累和试验的结晶,因此,试件的形状参照各国规范和一般材料强度研究所选取的形状:立方体、棱柱体和圆柱体,而试件尺寸在标准试件尺寸附近变化。表4.1 列出了所选择的混凝土试件的形状和尺寸。

表 4.1　单轴受压混凝土试件的形状和尺寸

立方体试件 /(mm×mm×mm) (长度×宽度×高度)	棱柱体试件 /(mm×mm×mm) (长度×宽度×高度)	圆柱体试件 /(mm×mm) (直径×高度)
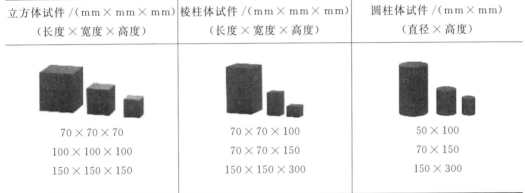		
70×70×70 100×100×100 150×150×150	70×70×100 70×70×150 150×150×300	50×100 70×150 150×300

在试件的单轴受压试验中,每个试件尺寸至少测试 3 个试件,试验以位移控制加载,加载速率为 1.0 mm/min,试验过程中记录了试件顶面位移和侧面的开裂情况。对 150 mm宽度棱柱体试件和150 mm 直径圆柱体试件,记录了试件侧面中间的竖向和横向应变。

4.3.2　单轴混凝土试件的受力状态分析

图 4.1(a) 展示了一棱柱体中间横截面 I—I 的应力状态和横向应变片(LS)与竖向应变片(VS)布置,作用在顶部的竖向荷载 F_i 是顶面均布荷载的合力,柱中横截面 I—I 的均布应力为 $\sigma_1 = F_i/A$(A 是横截面面积)。应用结构受力状态分析方法,对试件受力状态过程按以下步骤进行分析。

(1)将竖向应变测值换算为广义应变能密度(GSED),再求和得到在第 j 个荷载 F_j 作用下表征横截面应力状态的特征参数 E。这样,就可以绘出图 4.1(b)所示的 $E-F$ 关系曲线,即 $E-\sigma_1$ 曲线。方便起见,这里规定压应力为正,$E-\sigma_1$ 曲线的终点对应试件的极限承载力。

(2)应用 M-K 准则从特征曲线 $E-\sigma_1$ 辨别试件受力状态的变化特征,并观察横向应变与试件表面裂缝的产生扩展情况。这样,可以辨别出试件受力状态的 3 个特征点:试件从线弹性状态跳跃到弹性状态的特征点 σ_{1k};试件从弹性状态跳跃到弹塑性状态的特征点 σ_{1s};试件从弹塑性状态跳跃到破坏状态的特征点 Ω。

(3)考察试件在特征点 Ω 前后的受力状态变化。从图 4.1(b)中的横向应变—应力曲线 $\varepsilon-\sigma_1$ 可以看出:① 在 Ω 以前,横向应变基本保持较小幅度的线性增加,即使在特征点 σ_{1k} 与 σ_{1s} 也没有呈现明显的跳跃特征,这表明在此阶段试件基本处于正常的、稳定的单轴受力状态模式;确切地说,试件受力状态模式只是随荷载发生幅度上的(定量的)改变,而模式形状基本不变;② 但是,从 Ω 开始,横向应变突然急剧增加了,表明试件单轴受力状态模式发生了形状的(定性的)改变,即试件失去了正常的、稳定的单轴受力状态模式。从图 4.1(b)中的试件侧面开裂情况可以看出,在 Ω 以前试件只有细小的裂纹,但是在 Ω 以后裂纹迅速加大并展开,据此可以判知,试件在 Ω 前后,其单轴受力状态模式跳跃到复杂受力状态模式,即试件受力状态模式发生了从量变到质变的变化。依据结构受力状态理论,对应特征点 Ω 的荷载是试件工作状态的失效荷载,是结构失效定律的体现。

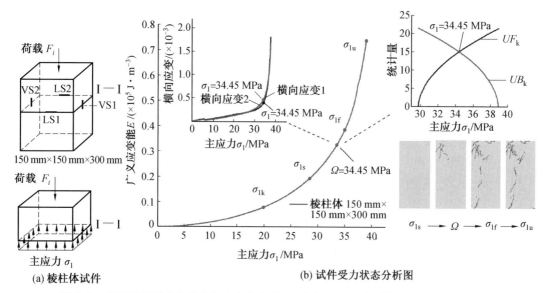

图 4.1　棱柱体试件应力状态和应变片布置,以及由 M-K 准则辨别的特征点与附图

类似地,可以绘出不同尺度立方体、棱柱体、圆柱体试件的 $E-\sigma_1$ 曲线,并应用 M-K 准则判别出各个试件受力状态从稳定单轴的模式到复杂模式的跳跃点,如图 4.2 所示。至此,可以用试件失效荷载除以试件横截面积,得到平均应力 Ω,可以得知:从不同尺度立方体、棱柱体、圆柱体试件的 $E-\sigma_1$ 曲线判别出的特征点 Ω 具有几乎相同的应力值($\Omega=35$ MPa),误差在 ± 0.5 MPa 之内。

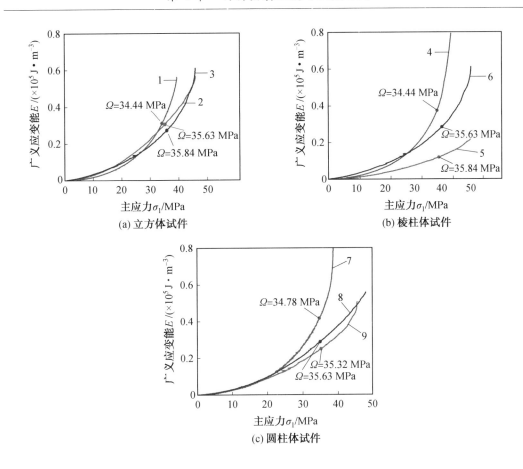

图 4.2　试件特征曲线 $E - \sigma_1$ 及其试件失效荷载点 Ω

1— 立方体(150 mm×150 mm×150 mm);2— 立方体(100 mm×100 mm×100 mm);

3— 立方体(70 mm×70 mm×70 mm);4— 棱柱体(150 mm×150 mm×300 mm);

5— 棱柱体(70 mm×70 mm×150 mm);6— 棱柱体(70 mm×70 mm×100 mm);

7— 圆柱体(150 mm×300 mm);8— 圆柱体(70 mm×150 mm);

9— 圆柱体(50 mm×100 mm)

4.4　实质材料强度及测定方法

以上对测定混凝土材料强度的试件进行的受力状态分析,揭示了试件受力状态从量变到质变演变的本质特征 —— 失效荷载,是结构失效定律的体现,这个本质特征为正确地测定材料强度奠定了基础。

4.4.1　混凝土的实质强度

现在来对比试件的受力状态和试件单元体所定义的材料强度。材料强度定义为材料单元体所能承受的单轴应力幅度和破坏形式。这个定义包含定量和定性(物理表现)两个方面。应力幅度定量地描述了材料强度的大小,物理表现定性地描述了材料强度的脆断破坏或屈服破坏特征。混凝土试件的受力状态分析表明,在试件失效荷载下,试件中的单元开始丧失它们一致的、基本相同的单轴应力状态模式。因此,当以此应力来确定一种材料强度的时候,材料强度不仅是恒定的,而且基本与试件的尺寸和形状无关,如图 4.2 所示,以此确定的混凝土强度 $\Omega = 35$ MPa。然而,传统的混凝土强度由标准试件极限承载力或经验给定的试件残余应变值来测定,此时试件内部各个单元体处于不一致的应力状态,即处于各自不同的复杂应力状态,不符合材料强度定义所要求的一致的、单轴的单元体应力状态,致使以此确定的材料强度携带试件的尺寸与形状效应,以及固有的变异性。确切地说,目前规定的混凝土材料强度,实际上是基于试件强度而确定的,试件是由单元体组成的结构,试件强度定义为试件的最大承载力,测定材料强度的混凝土试件在其最大承载状态处于随机的破坏状态,各个单元体处于不同的复杂应力状态,自然会对应着与试件尺寸和形状以及变异的初始缺陷相关的最大承载力,即试件的强度。可见,以试件的极限承载状态来确定材料强度不完全符合材料强度定义所要的条件,以此确定的材料强度实际上是一定程度上混淆了试件强度与材料强度的结果,这就是所谓材料强度的固有属性(尺寸效应)的症结所在。反映材料强度本质特征的试件应力状态不在试件的极限承载状态,而是在试件失效荷载所对应的应力状态;因此,我们把在试件失效荷载时确定的材料强度称为实质材料强度。

4.4.2　其他材料的实质强度

以上确定了典型的脆性材料(混凝土)的实质强度,这里选择了两种塑性材料——环氧树脂和退火铝材,做了不同形状、不同尺寸试件的受力状态分析,以确定实质强度。对环氧树脂试件进行的是单轴压力试验,对退火铝材试件进行的是单轴拉伸试验。试验条件和加载速率参照有关规范。同样,按照 4.3.2 节的分析过程对试件应变与位移测值进行受力状态建模分析,辨别出了试件的失效荷载,求得了实质材料强度,如图 4.3 所示。棱柱体尺寸表示为长度×宽度×高度,圆柱体尺寸表示为直径×高度。从图 4.3(a)(b)可见,棱柱体与圆柱体环氧树脂平均抗压强度基本不受尺寸影响,但是受试件形状影响,棱柱体与圆柱体环氧树脂平均抗压强度分别为:$\Omega_{\mathrm{cy}} = 113.30$ MPa、$\Omega_{\mathrm{pr}} = 94.28$ MPa,且棱柱体受压强度小于圆柱体受压强度。退火铝材受拉强度也具有类似特征。通过考察,材料的棱柱体强度与圆柱体强度可能有着近似的关系:

$$\Omega_{\mathrm{cy}} = \Omega_{\mathrm{pr}} + \Omega_{\mathrm{pr}}\left[1 - (A_{\mathrm{pr}}^{\mathrm{si}} / A_{\mathrm{pr}}^{\mathrm{se}})/(A_{\mathrm{cy}}^{\mathrm{si}} / A_{\mathrm{cy}}^{\mathrm{se}})\right] \tag{4.1}$$

式中,Ω_{pr} 与 Ω_{cy} 分别为材料的棱柱体强度与圆柱体强度;A 为试件横截面面积,符号 pr 与 cy 分别表示棱柱体与圆柱体,符号 si 与 se 分别表示试件侧面与横截面。这个关系需要进一步验证。

根据经验推测,材料的棱柱体强度与圆柱体强度这种近似的关系,很大程度上缘自它们不同的侧面积(如果棱柱体与圆柱体试件具有同样高度、同样大小横截面积),具有较大侧面积的棱柱体试件意味着具有较大的塑性开展区域,使试件变形程度较大,致使试件较早地失去一致单轴应力状态,这样材料棱柱体强度就会低于圆柱体强度。那么,究竟是材料的棱柱体强度更接近实质强度,还是圆柱体强度更接近实质强度?从棱柱体与圆柱体试件构造所决定的应力状态来看,棱柱体横截面单轴应力状态程度更高,因为其具有较大的横向变形区域,意味着横向应力会较小。因此,材料棱柱体强度似更接近无尺寸效应的实质强度。当然,这里的结论还需要进行各种材料的试验予以进一步的验证。作者十分期待有关学者能进行验证,纠正可能存在的谬误。

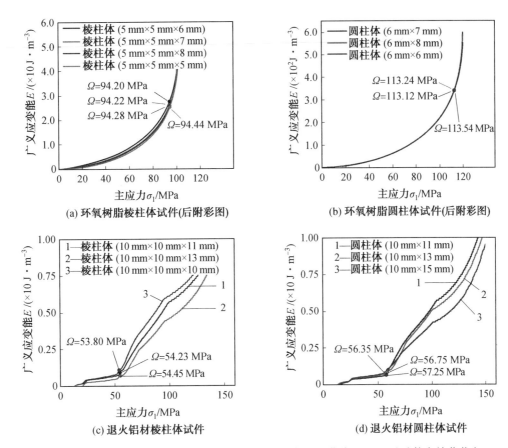

图 4.3　环氧树脂材料、退火铝材棱柱体、圆柱体试件特征曲线 $E-\sigma_1$ 及试件失效荷载点 Ω

4.4.3　实质材料强度测定建议

实质材料强度体现了材料强度具有无试件形状和尺寸效应的本质特性。实质材料强度更新了传统认知:材料强度具有试件尺寸效应的固有属性,并隐喻了这个固有属性是混淆了试件强度与材料强度的结果。实质材料强度的发现为在工程上更合理、经济地使用材料提供了科学依据。但是,如何测定材料的实质强度,特别是如何基于现有测定材料强度条件,需要给出简便易行的操作方法,才能使实质材料强度得以在工程应用。作者通过对混凝土等材料的实质强度的试验研究,结合目前试验条件和测试规程,给出以下测定实质材料强度的建议。

各种材料的实质强度需要分别进行试验测定,给出测定规程。但是,由于试件的失效荷载是物理定律的体现,试件的特征曲线跳跃特征是较为显著的,通过加载过程测量的位移或应变,就能通过判定准则(M－K 准则或其他判定准则)得到材料的实质强度。完全可以按照目前规范测定材料的实质强度,不需要附加任何其他试验设备,也不需要改变目前规范对试件数目的要求,只要适当地测出试件加载过程的位移或应变即可。以混凝土为例,原来测定强度的方法、试件尺寸规定不需要做任何改变,只需按 4.3.2 节对测量加载过程中试件的位移或应变进行特征化分析即可得到混凝土的实质强度。

当然,随着材料实质强度研究的深入,试件形状和尺度也可能稍作调整,加之在工程实践中的逐渐应用及测量仪器的不断更新,材料实质强度的测定将更为精确且操作更为简单易行。

4.5 均质各向同性材料的强度公式

作者应用结构受力状态理论与方法,对混凝土试件单轴受压试验数据进行分析,揭示了试件应力状态的突变特征。既然以试件的这个本质特征确定的实质材料强度呈现了与试件的尺寸基本无关的性质,那么对各种主应力组合作用下标准试件的试验数据进行受力状态建模分析,也就可能揭示试件受力状态在某一确定荷载下发生从量变到质变的客观规律,因为试件受力过程一定遵循结构失效定律。以此设想:如果以试件失效荷载确定各种主应力组合,就意味着这样提取的主应力组合对应着材料的实质强度,进而以各个主应力组合来拟合它们与实质材料强度的关系式,可否发现材料强度的统一的表达式呢?若可行,那么这个强度公式对所有材料而言应该是统一的,有可能取代目前的百种强度理论,即"强度定律"?据此想法,作者进行了如下尝试,初步证实了这些猜测。

4.5.1 双轴与三轴试件受力状态分析

与混凝土试件单轴受压试验一样,本节进行了同一批次混凝土(C40)标准立方体试件的双轴与三轴压力试验。试验意图是获得试件失效荷载下的各个组合主应力状态。混凝土标准试件为边长 10 cm 的立方体试件,加载速率与单轴试验相同,测量的数据主要为三向相对位移,双轴试验同时测量了侧面横向应变。加载机制为:先在试件两个侧面施加恒定荷载(围压)F_2 与 F_3,可以换算出第二和第三主应力 Ω_2、Ω_3;然后再对试件顶面逐级加载 F_1(作为 σ_1),直到试件的极限承载状态。应用受力状态分析方法,可以从试件的 $E-\sigma_1$ 曲线上辨别出试件的失效荷载,其对应的平均应力即是第一主应力 Ω_1。图 4.4(a) 列出了试验所给出的各种组合主应力(这里压应力为正):

(1) 双轴试验中,给定的第二主应力分别为 $\Omega_2 = 10$ MPa,14 MPa,$\cdots$,34 MPa;$\Omega_3 = 0$。

(2) 三轴试验中,给定的第二、第三主应力分别为 $\Omega_2 = 12$ MPa,16 MPa,$\cdots$,24 MPa;$\Omega_3 = 4$ MPa,8 MPa,$\cdots$,20 MPa;$\Omega_2 = \Omega_3 = 9$ MPa,13 MPa,$\cdots$,21 MPa。

为在 $E-\sigma_1$ 曲线上精确地辨别出试件的失效荷载,需要对试件三轴受压过程进行分析。由于试件的围压 F_2 与 F_3 是在施加 F_1 之前预加的,F_1 作为第一主应力的角色在一定的荷载时才能逐渐呈现出来,因此根据预加的 Ω_2 和 Ω_3 的最小值以及对 $E-\sigma_1$ 曲线的观察判断,应用 M-K 准则在 $E-\sigma_1$ 曲线上辨别试件失效荷载时,将 $\sigma_{1s} = 10$ MPa 作为判别曲线的起点。这样,对于双轴试验曲线,试件的极限荷载对应的平均应力 σ_{1u} 作为 $E-\sigma_1$ 曲线终点,图 4.4(b) 中的 $\varepsilon_1-\sigma_1$ 曲线展示了 σ_{1u} 对应的横向应变 ε_{1u} 以及应用 M-K 准则从 $E-\sigma_1$ 曲线上判别出试件的失效荷载,即可得到对应的第一主应力 Ω_1。图 4.4(b) 展示了 M-K 准则从双轴试验曲线 $E-\sigma_1$ 上判别的几个典型组合主应力中的第一主应力 Ω_1,此图中还展示了试件侧面在失效荷载前后的横向应变的突变特征,以及侧面开裂情况的明显差别,表明在 Ω_1 前后试件受力状态发生了从量变到质变的跳跃。对于三轴试验,预加围压 F_2 与 F_3 的设备,以及施加 F_1 的顶面设备对试件的破碎状态具有很强的约束作用,使试件即使破碎也能承受更多的顶面压力,因此三轴试件的极限承载力 σ_{1u} 是对比 $E-\sigma_1$ 曲线、$\varepsilon_2-\sigma_1$(横向应变

ε_2）或 $\varepsilon_3 - \sigma_1$（横向应变 ε_3）的最后阶段剧变特征，以及参考双轴试件相应特征曲线最后阶段特征而定的，而不是试验中能施加的最大荷载。图 4.4(c) 给出了根据双轴与三轴试件实测数据判定的 σ_{1u} 与 ε_{1u} 的对应关系图，从中可见：双轴试件对应 σ_{1u} 的应变 ε_{1u} 基本在 $0.003 \sim 0.004$ 区间内；三轴试件在 $\Omega_2 \neq \Omega_3$ 情况下对应 σ_{1u} 的应变 ε_{1u} 基本在 $0.004 \sim 0.005$ 区间内；三轴试件在 $\Omega_2 = \Omega_3$ 情况下对应 σ_{1u} 的应变 ε_{1u} 基本在 $0.005 \sim 0.006$ 区间内。这三个区间明显地反映了试件的实际约束程度，即

$$双轴工况的约束 < 三轴工况的约束（\Omega_2 \neq \Omega_3） < 三轴工况的约束（\Omega_2 = \Omega_3）$$

确定了 σ_{1u}，就可以应用 $M-K$ 准则从三轴试验曲线 $E-\sigma_1$ 上（σ_{1s} 至 σ_{1u} 线段）判别组合主应力中的第一主应力 Ω_1，图 4.4(d)(e) 展示了几个三轴试件的 Ω_1 判定例证。

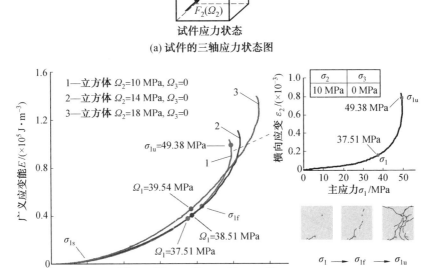

(a) 试件的三轴应力状态图

(b) 双轴试件的 $E-\sigma_1$ 曲线（$\Omega_2 \neq 0$, $\Omega_3 = 0$）与特征点 Ω_{1s}、Ω_1

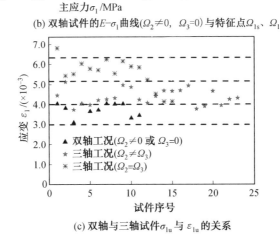

(c) 双轴与三轴试件 σ_{1u} 与 ε_{1u} 的关系

图 4.4　试件的双轴、三轴试验受力状态分析图

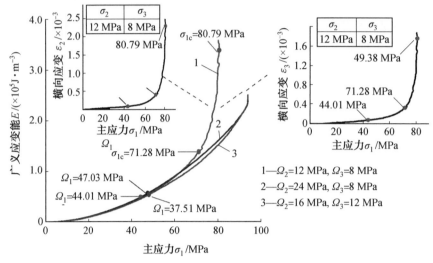

(d) 三轴试件的 E-σ_1 曲线($\Omega_2 \neq \Omega_3$) 与特征点 Ω_1

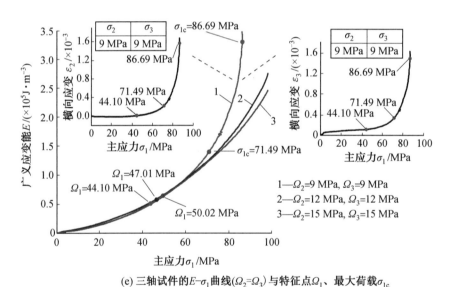

(e) 三轴试件的 E-σ_1 曲线($\Omega_2 = \Omega_3$) 与特征点 Ω_1、最大荷载 σ_{1c}

续图 4.4

这样,以图 4.4 展示的做法,就可以从双轴和三轴混凝土试件试验分析中提取到对应试件失效荷载的各个组合主应力(Ω_1, Ω_2, Ω_3),见表 4.2。

表 4.2　试验提取的组合主应力,以及备用验证数据

Ω_1/MPa	Ω_2/MPa	Ω_3/MPa	Ω_r/MPa	e_{fit}	Ω_1/MPa	Ω_2/MPa	Ω_3/MPa	Ω_r/MPa	e_{fit}
37.53	10	0	35.03	0.09%	44.08	24	4	35.08	0.23%
38.05	14	0	34.55	−1.29%	45.05	28	4	35.05	0.14%
39.00	18	0	34.5	−1.43%	45.05	16	8	35.05	0.14%
40.35	22	0	34.85	−0.43%	46.01	20	8	35.01	0.03%
41.97	26	0	35.47	1.34%	47.03	24	8	35.03	0.09%
41.95	30	0	34.45	−1.57%	52.04	20	16	35.04	0.11%
43.43	34	0	34.93	−0.20%	44.08	9	9	35.03	0.09%
40.03	8	4	35.03	0.09%	47.17	12	12	35.17	0.49%
41.41	12	4	35.41	1.17%	50.03	15	15	35.03	0.09%
42.04	16	4	35.04	0.11%	53.04	18	18	35.04	0.11%
43.03	20	4	35.03	0.09%	56.06	21	21	35.06	0.17%

　　注:$\Omega_r = \Omega_1 - \Omega_2/4 - 3\Omega_3/4$ 是式(4.3)中的当量应力(公式左侧);$e_{\text{fit}} = [(\Omega_r - \Omega)/\Omega] \times 100\%$ 是当量应力 Ω_r 与混凝土实质强度 $\Omega = 35\text{ MPa}$ 之间的误差;二者将在后面 4.5.2 节中给出并引用。

4.5.2　均质各向同性材料的统一强度公式

　　由于传统材料强度与试件的形状和尺寸有关,表明一种材料的强度不是唯一的,换句话说,单向应力作用的单元体强度不是唯一的。以此可以推断,在复杂应力状态下单元体强度也不是唯一的,因为单元体任何复杂应力状态都可以转换为组合主应力状态$(\sigma_1,\sigma_2,\sigma_3)$,以下就只以组合主应力来表示复杂应力。主应力的作用效应可以表示为沿着第一主应力 σ_1 的当量应力 $\sigma_r = f(\sigma_1,\sigma_2,\sigma_3)$,当 $\sigma_r = \sigma$(材料强度)时即是单元体组合主应力下的强度。数百年来的上百种强度理论就是寻求适合各种材料与各种强度破坏形式的表达式 $f(\sigma_1,\sigma_2,\sigma_3) = \sigma$,但是材料强度的固有属性(试件的形状与尺寸效应)不可能获得唯一的、适合各种材料和强度破坏形式的表达式,致使将此结论视为强度的基本原理。

　　然而,作者所揭示的均质各向同性材料实质强度 Ω 不再与试件的形状和尺寸有关,表明一种材料的强度是唯一的、确定性的,换句话说,单向应力作用的单元体强度 Ω 是唯一的。以此可以推论,在复杂应力$(\Omega_1,\Omega_2,\Omega_3)$状态下单元体强度也是唯一的,且当量应力 $\Omega_r = \Omega$,即 $f(\Omega_1,\Omega_2,\Omega_3) = \Omega$。通过混凝土试件的试验,得到了各种组合主应力$(\Omega_1,\Omega_2,\Omega_3)$和混凝土实质强度 Ω,见表 4.2。那么,是否可以从表 4.2 所提供的数据拟合出实质材料强度与组合主应力之间唯一的、确定性的关系式呢?参照俞茂宏教授的统一强度理论,其统一了各种强度理论的公式表达,组合主应力的当量应力与实质强度关系的表达式为

$$\Omega_1 - a\Omega_2 - b\Omega_3 = \Omega \qquad (4.2)$$

式中,a、b 为第一和第二主应力(Ω_1 与 Ω_2)对 Ω_1 方向当量应力 $\Omega_r = \Omega_1 - a\Omega_2 - b\Omega_3$ 贡献的权重系数;实质材料强度 Ω 与第一主应力 Ω_1 具有相同符号。当量应力 Ω_r 描述了各个主应力在 Ω_1 方向集成的效应。

　　对于式(4.2),要确定的是权重系数 a、b,那么把表 4.2 中的任何两组不同的组合主应力

代入式中,即可得到图4.5展示的一系列的a、b值。对于表4.2给出的22例组合主应力,可以拟合出231个a值与231个b值。从图4.5可见:a、b值分别落在$0.2 \sim 0.3$、$0.7 \sim 0.8$之间,均值为$a=1/4$、$b=3/4$,二者平均误差仅为-0.0032和0.0047。因此,可以得出结论:权重系数a、b是确定的常数,即$a=1/4$,$b=3/4$。

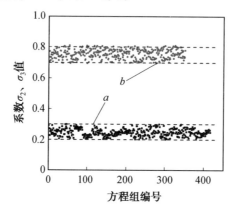

图4.5 通过表3.2拟合的权重系数a和b的值

至此,可以得到均质各向同性材料的唯一的、确定性的强度公式为

$$\Omega_1 - \frac{1}{4}\Omega_2 - \frac{3}{4}\Omega_3 = \Omega \qquad (4.3)$$

对于式(4.3),由于其通过拟合试验数据得到,不带有任何预先设定的假设条件,所以简单地称之为一种强度理论是不适当的,因为各种强度理论一定带有特指的假设条件才能成立。因此,在此先称之为"强度公式"。

式(4.3)中 Ω_1 与 Ω 可以同时为压应力或者为拉应力,取决于要计算的是材料的压力强度还是拉伸强度,相应的组合主应力$(\Omega_1, \Omega_2, \Omega_3)$排序规定为:要计算材料的压力强度,就规定压应力为正,拉应力为负;反之,要计算材料的拉伸强度,就规定压应力为负,拉应力为正;这样,两种情况下,主应力的排序均为 $\Omega_1 \geqslant \Omega_2 \geqslant \Omega_3$。

4.6 强度公式的验证

强度公式(4.3)的建立,与传统的强度理论相对照,呈现了颠覆性和挑战性,必然导致诸多的质疑,诸如:"不存在唯一的、确定的强度理论是基本原理"是不正确的吗? 难道数百年来众多著名学者提出的近百种强度理论用一个强度公式就可以取代吗? 不同材料性质(脆性、塑性)、不同的材料强度破坏形式(断裂、屈服)能统一吗? 强度公式中的权重系数为什么一定是$a=1/4$、$b=3/4$? 其他系数为什么不成立? 强度公式的成立必须回答这些质疑,否则就不会成立;但是,另一方面,若强度公式能回答这些质疑,就已经不是强度公式了,它就应该有资格被称为"强度定律"。

4.6.1 实质强度与剪切强度的确定性关系

众所周知,材料的强度有两种,一种是轴向(拉、压)强度,另一种是剪切强度。那么,式(4.3)对这两种基本强度形式是如何反映的呢? 在材料力学中,已经解决了纯剪切单元体、正应力与剪应力共存的单元体表示为组合主应力单元体的问题(摩尔理论)。但是,至今也没找到单轴强度 σ 与剪切强度 τ 之间确切的关系式,例如:对混凝土材料,规定为 $\tau = 0.056 - 0.091\sigma$;对钢材等典型的金属材料,规定为 $\tau = 0.65 - 1.00\sigma$。然而,从式(4.3)可以推导出实质材料强度 Ω 与对应的剪切强度 τ_Ω 之间的确定性关系式。

对于处于纯剪切应力状态的单元体,如果其切应力为 τ,那么相应的组合主应力为:$\sigma_1 = \tau$,$\sigma_2 = 0$,$\sigma_2 = -\tau$。将此组合主应力代入式(4.3)左边,得到当量应力 $\sigma_r = \sigma_1 - \frac{1}{4}\sigma_2 - \frac{3}{4}\sigma_3 = \frac{7\tau}{4}$。当 σ_r 达到 Ω 时,切应力 $\tau = \tau_\Omega$,τ_Ω 即是剪切强度。这样,就获得了实质材料强度 Ω 与对应的剪切强度 τ_Ω 之间的确定性关系式

$$\tau_\Omega = \frac{4}{7}\Omega \tag{4.4}$$

式(4.4)进一步体现了材料强度的两个基本特征:① 实质强度 Ω 与剪切强度 τ_Ω 可以相互表示,表明材料实质强度与剪切强度是统一的、一致的;② 剪切强度 τ_Ω 也是实质强度。因此,式(4.4)解决了经典的材料力学问题:材料单轴强度与剪切强度的关系不是唯一的,是非确定性的关系。

4.6.2　强度公式中权重系数的合理性

在式(4.3)中,权重系数 $a = 1/4$、$b = 3/4$ 相加等于1。这引出了两个问题:为什么权重系数 a 与 b 相加一定为1? 其次,为什么一定会 $a = 1/4$、$b = 3/4$? 下面予以解释。

式(4.3)左边的当量应力一般表达式为 $\Omega_r = \Omega_1 - a\Omega_2 - b\Omega_3$,反映的是各个主应力对 Ω_r 方向的作用效应或者对 Ω_r 的贡献。Ω_1 本身就在 Ω_r 方向上,所以 Ω_1 对 Ω_r 方向的作用量,或者说 Ω_1 对 Ω_r 的贡献就是其本身的幅值。Ω_2 与 Ω_3 对 Ω_r 贡献的权重之和只能是1,而不能大于1或小于1,这可以用几个物理特例予以验证:当 $\Omega_1 = \Omega_2 = \Omega_3$ 时,这个组合主应力的作用效应为0,即 $\Omega_r = 0$,且只能有唯一的 $a + b = 1$,才能反映出这种情况下材料不会发生强度破坏的物理规律。在拟合强度公式(4.3)的4.5.2节中,未做任何事先的假设,是试验数据(表4.2)拟合的结果,可见这是物理规律的自然体现,是物理规律与数学逻辑统一的体现。

验证了强度公式(4.3)中的权重系数必须 $a + b = 1$,接下来就是如何对 Ω_2 与 Ω_3 的权重系数 a 与 b 分配这个权数之和1了。Ω_2 与 Ω_3 对 Ω_r 贡献的权重分别为 $1/4$ 和 $3/4$,也是物理规律与数学逻辑统一、协调性的体现,可以用图 4.6 所示单元体组合主应力对当量应力的贡献示意图来展示。图 4.6 反映了 Ω_2 与 Ω_3 对 Ω_r 的贡献共有 4 项:①Ω_2 本身对 Ω_r 的贡献;②Ω_3 本身对 Ω_r 的贡献;③Ω_2 对 Ω_3 的作用效应对 Ω_r 的贡献;④Ω_3 对 Ω_2 的作用效应对 Ω_r 的贡献。此四项以均匀权重实现各自对 Ω_r 的贡献,即各自以 $1/4$ 权重实现各自对 Ω_r 的贡献。此外,Ω_2 与 Ω_3 相互作用效应的幅度均为 Ω_3,这是因为 Ω_2 大于 Ω_3,二者之差 $(\Omega_2 - \Omega_3)$ 部分不是相互作用部分,二者相互作用的"区间"应在 Ω_3 范围,或者二者的"接触面"是 Ω_3。因此,当量应力 Ω_r 的构成成分,即组合主应力各项的贡献为:$\Omega_r = \Omega_1$(第一主应力的贡献)$+$(贡献权重 $1/4$)Ω_2(第二主应力的贡献)$+$(贡献权重 $1/4$)Ω_3(第三主应力的贡献)$+$(贡献权重 $1/4$)Ω_3(第二主应力对第三主应力作用效应的贡献)$+$(贡献权重 $1/4$)Ω_3(第三主应力对

第二主应力作用效应的贡献);其中加号表明 Ω_2 或者 Ω_3 与 Ω_1 作用方向相反时,会加大当量应力 Ω_r,反之会减小当量应力 Ω_r。至此,有

$$\Omega_r = \Omega_1 - (1/4)\Omega_2 - (1/4)\Omega_3 - (1/4)\Omega_3 - (1/4)\Omega_3 \tag{4.5}$$

最后得到强度公式(4.3), $\Omega_1 - \dfrac{1}{4}\Omega_2 - \dfrac{3}{4}\Omega_3 = \Omega$。一个例证可以进一步表明式(4.3)中的权重系数反映了两个主应力 Ω_2 与 Ω_3 对当量应力 Ω_r 贡献的物理的、量化的合理性:当 $\Omega_2^+ = -\Omega_3^-$ 时(右上角标的正负符号分别表示拉、压主应力),这两个主应力对当量应力的贡献应该为零(一正一负),但是它们的相互作用对当量应力的贡献不为零,是 $\Omega_3^-/2$,强度公式(4.3)清晰地反映了这个物理现实。

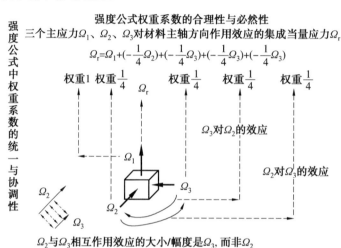

图 4.6　强度公式(4.3)中权重系数的统一与协调性

4.6.3　强度公式对脆性天然大理石材料的适用性

现在考察强度公式(4.3)是否适合于其他脆性材料。李小春教授对天然大理石材料进行了与第 4.2 节、第 4.4.1 节同样的单轴、三轴试验,试件尺寸为 50 mm × 50 mm × 100 mm。作者对试验测得的位移数据进行受力状态分析得到了天然大理石的实质强度 $\Omega = 130$ MPa,同时得到对应此强度的组合主应力,见表 4.3。把各个组合主应力(Ω_1,Ω_2,Ω_3)和 Ω 代入式(4.3),得到误差 e_{fit}。可见:即使对于具有很大不均匀性的天然大理石材料,强度公式仍表现了高度的精确性、适应性,平均误差仅为 -1.21%,最大误差仅为 3.35%。

表 4.3　天然大理石试验得到的组合主应力及其验证数据

Ω_1/MPa	Ω_2/MPa	Ω_3/MPa	Ω_r/MPa	e_{fit}	Ω_1/MPa	Ω_2/MPa	Ω_3/MPa	Ω_r/MPa	e_{fit}
136.9	10	10	126.90	-2.83%	165.15	60	30	127.65	-2.26%
149.92	40	10	132.42	1.39%	179.72	100	30	132.22	1.24%
154.86	80	10	127.36	-2.48%	186.77	150	30	126.77	-2.93%
163.73	120	10	126.23	-3.35%	171.30	45	45	126.30	-3.29%
171.62	150	10	126.62	-3.05%	191.31	100	45	132.56	1.50%
178.83	180	10	126.33	-3.27%	202.36	150	45	131.11	0.39%
148.92	20	20	128.92	-1.29%	214.97	200	45	131.22	0.47%
160.14	70	20	127.64	-2.27%	202.00	68	68	134.00	2.60%

4.6.4　强度公式塑性泡沫铝材料的适用性

现在考察强度公式(4.3)是否适合于塑性材料。选用周志伟等进行的泡沫铝材料单轴拉压、双轴纯剪切、双轴压剪、双轴拉剪试验数据,试件核心区域体现了相应的主应力状态,见表 4.4。作者对试验测得的位移数据进行受力状态分析得到了近似的泡沫铝材料实质压力强度 $\Omega = 1.53$ MPa,实质拉伸强度 $\Omega = 1.78$ MPa,同时得到对应此强度的组合主应力,见表 4.4。把各个组合主应力($\Omega_1,\Omega_2,\Omega_3$)和 Ω 代入式(4.3),得到误差 e_{fit}。可见:即使对于具有很大塑性的泡沫铝材料,强度公式仍表现了高度的精确性、适应性,平均误差仅为1.91%,两个纯剪切情况误差仅为 0.57% 和 2.94%。可见虽然式(4.3)源自脆性混凝土材料,却也适用于塑性材料。因此,强度公式(4.3)体现了一般的材料力学性质以及共同的应力状态与强度的关系。

表 4.4　泡沫铝材料试验装置、得到的组合主应力及其验证数据

改进的 Arcan 试验装置和测试的单元应力状态	试件应力状态	主应力 /MPa			拟合误差
		Ω_1	Ω_2	Ω_3	e_{fit}
	纯剪切 $\tau_\Omega = 4\Omega/7$	0.900	0	-0.900	-2.94%
		0.884	0	-0.884	0.57%
	双轴主应力状态	0.005	0	-1.458	1.11%
		1.811	0	-0.007	-1.60%
		1.920	0.397	0	-1.60%

注:$\Omega_r = \Omega_1 - \dfrac{1}{4}\Omega_2 - \dfrac{3}{4}\Omega_3$;$e_{\mathrm{fit}} = \dfrac{\Omega_r - \Omega}{\Omega} \times 100\%$;泡沫铝材料实质强度 $\Omega = 1.53$ MPa,压力压强(-),第1～3行;泡沫铝材料实质强度 $\Omega = 1.78$ MPa,拉伸强度(+),第 4,5 行

4.7　强度公式的定律特征

4.7.1　物理定律的特征

　　科学定律或者科学原理是一个范围内的自然现象的表现或预测,适用于自然科学所有领域及各种各样的用途。定律归纳并释解了试验所确认的大量的物理事实,对定律进行的能力所及的试验可以预测未来试验的结果。定律既可以通过事实,也可以通过数学推理加以揭示,但是必须由经验的证据来支持定律。总之,定律反映的是现实根本的因果关系,定律是可以发现的,但不能是发明的。定律反映了试验重复验证的科学知识。定律的精确性不会因新的理论的提出而改变,只能是其适用范围的进一步认知,而表达定律的方程不变。随着科学认知的深入,即有定律并非如数学原理或者数学同一性那样一成不变,定律总是可能被未来的实测所颠覆。定律通常可以由数学方程表示,并且能够在定律适用的条件下预测试验的结果。定律不是假设和想当然的主张,而是衍生于试验和观测的验证过程中。虽然假设和主张可以推动定律的发现,但是由于它们没有在寓意层面上的验证,且可能普遍性不够,所以假设和主张不是定律。定律是从诸多重现的试验中提取的精华,是对这种精华固化的、正式的表述。定律比科学理论范围要小,因为一个科学理论可以包括一个以上定律。科学从事实识别出定律或形成理论,把定律称为事实乃是狭义的,甚至片面的表述。虽然定律的本质是哲理的议题,或是基于数学表述自然规律,但是定律是科学方法达成的实践的结论;定律的寓意既不是存在论的载体,也不是绝对的逻辑表述。根据科学本意,所有定律基本归属物理定律,就是说,在非物理科学领域的定律,最终归宿是物理定律。通常,从数学角度而言,万物是从科学定律那里不断呈现出来的。

　　一个物理或科学定律是一种理论的表述,这种表述体现在对特定事实的推理,适用于确定的物象类别或等级;确切地说,在同样的、确定的条件下,总会呈现特有的物理现象。物理定律是基于长期的、反复的科学实验和观察得出的具有广泛共识性的结论。科学的最根本目的就是以定律来表述物理世界。物理定律具有以下共性特征:

　　(1)真实性。在定律成立的(有效)范围内,定律总是真实地体现,不会有任何有悖于定律的实例。

　　(2)一般性。定律适用于自然世界的任何所在。

　　(3)简单化。定律一般仅用一个简单的数学方程即可表达出来。

　　(4)绝对性。定律在自然世界一般不受任何其他因素影响。

　　(5)稳定性。定律可能有一定的近似性,但是不会改变其反映的基本规律。

　　(6)权威性。定律所统治的自然世界的事物,任何情况下都按定律运行。

　　(7)守恒性。定律所指向的自然世界运行规律在定量意义上是守恒的。

　　(8)均衡性。在时空上,定律表现均匀、对称、平衡、同质等特征。

　　(9)充分性。虽然时间是单向且不可逆的,但是定律在理论上是可逆的。

　　马克思与恩格斯的哲学三大定律(即对立统一规律、否定之否定规律、量变到质变规律),典型的经典力学定律(即被呈现在著名科学著作"自然哲学的数学原理"中的牛顿定律),还有爱因斯坦的相对论等,均具有以上定律的 9 大共性特征。

4.7.2　强度公式的本质特征

至此,从以上对强度公式(4.3)的各种验证,可以对照 4.6 节所述的物理定律的特征,来鉴证该公式是否具有作为物理定律的资格:

(1)强度公式是直接从试测数据拟合得到的,没有强度理论那样的假设,只有一个材料的适用性前提——均质各向同性材料。因此,强度公式是材料强度真实物理性质的表述,确切地说,是对材料强度客观规律这个事实的表述。

(2)由于试件受力状态的突变特征符合普遍的量变到质变的自然定律,所以实质材料强度和强度公式自然体现了适合于各种材料的统治性、普遍性与一般性,这已经由混凝土、钢材、环氧树脂、天然大理石、泡沫铝等材料得以证实。

(3)强度公式中的权重系数体现了主应力对当量应力的均匀性和对称性,在 4.5.2 节给出了详细的叙述。

(4)当量应力恰在强度公式左边,没有任何待定系数或者特指材料破坏形式的参数,而强度公式右边的实质材料强度不带有试件尺寸效应,体现了简单明了的确定性特征。

(5)强度公式在量级上是守恒的,保持稳定的等式关系,即当量应力达到实质材料强度时,二者一定相等。

(6)此外,强度公式满足必要性、充分性条件,即公式成立时,当量应力等于实质材料强度;反之,当量应力与实质材料强度相等时,强度公式必然成立。

总之,均质各向同性材料的强度公式(4.3)体现了作为一个物理定律的所有本质特征,但是之所以暂不称之为"强度定律",而称之为"强度公式",是因为还需要进一步的验证。

4.7.3　强度公式的理论基础与理论归属

强度公式的发现是典型的交叉学科成果,是俞茂宏教授统一强度理论与本文结构受力状态理论的集成结果。统一强度理论给出了最接近强度本质的表达式,实际上已经预示了强度理论的终极目标(强度定律)是可能存在的,只是其存在的前提(实质材料强度)还没有揭示。结构受力状态理论的建立揭示了实质材料强度,突破了材料强度尺寸效应的束缚,实现了统一强度理论的终极目标。因此,强度公式应归属于统一强度理论,而结构受力状态理论是其在强度理论领域内的应用,其促成了强度公式的发现。

4.8　实质强度与强度公式的意义

实质强度和强度公式表征了均质各向同性材料强度的共性特征,使材料强度接近了真实取值,统一了目前近百种强度理论的表达式,期待在涉及材料强度问题的研究和材料强度的应用中,解决诸多纠结的问题,使材料强度的应用更为合理,其强度功能得以充分发挥,实现应有的科技与经济价值。

在有关材料强度问题的研究中,例如断裂、屈服、疲劳、温度效应等,是以试件的试验与模拟数据为基础,以单元体应力或应变状态来表征的。这样研究的结果有着天然的不确定性,就是说其应力状态表达式不能精确、完全地反映试件试验的结果。原因归结为试件与试验的缺陷,即材料内部不均匀瑕疵、制作的误差、试验误差等。但是,从材料实质强度与强度

公式的发现过程来看,材料性能的获取有两点问题应该注意:

（1）材料性能的不确定性可能是由获取材料性能研究的立足点问题所导致的,不应从试件峰值或者极限状态寻求表征材料的有关性能,而应该按照结构失效定律确定试件的受力状态（试件失效荷载点）,并以此推断所求的材料性能。这里失效荷载应是广义的,是指针对所要研究的材料性能对试件施加的相应作用,例如力、温度、侵蚀等作用。

（2）由于材料性能是以试件的试验与模拟来获取的,因此一定程度上会导致"试件工作性能"与"材料性能"的混淆,而这种混淆不可避免地存在于在试件峰值或极限状态寻求表征材料的有关性能。试件峰值或极限状态是表征试件整体（作为结构）工作性能的参数。表征材料性能的是试件内代表性单元体的应力或应变状态,但是试件处于峰值或者极限状态时,其内部单元处于状态不一、受初始缺陷影响的不确定状态,其平均化参数不能精确表征材料性能,而这样做的结果就必然使材料性能带有不可忽略的试件性能成分。

实质材料强度解释了这两点问题,精确的材料性能指标必然能在更合理的安全裕度下节省工程材料。以混凝土为例,与目前的混凝土强度指标相比,粗略地估算,使用实质强度可能平均节省 4.5% 的混凝土用量,而且没有使用目前混凝土强度指标所具有的不确定性风险。可见,实质强度不仅在物理规律方面,也在材料应用方面释解了这两个问题,而且试件的随机初始缺陷对实质强度与强度公式的影响很小,表明了物理规律的精确性和稳定性。

此外,实质强度和强度公式为以试件的数值模拟来获取和验证材料的性能提供了新的基础,期待着能从这样的数值模拟中获得对材料性能的新的认知。

本章参考文献

[1] YU M H. Unified strength theory and its application [M]. Berlin: Springer, 2003.

[2] YU M H. Advances in strength theories for materials under complex stress state in the 20th Century [J]. Adv. Mech. , 2004, 34, 529-560.

[3] ACI Committee 318. Building code requirements for structural concrete: ACI 318-08 [S]. ACI: Farmington Hills, 2008.

[4] British Standards Institution. Eurocode 2: design of concrete structures—general rules and rules for buildings: BS EN 1992-1.1 [S]. London: BSI, 2004.

[5] 中华人民共和国住房和城市建设部. 普通混凝土混合比设计规程: JGJ 55—2011 [S]. 北京: 中国建筑工业出版社, 2011.

[6] VOIGT W. Lehrbuch der Kristallphysik [M]. Leipzig: Teubner Verlag, 1928.

[7] RICHART F E, BRANDTZAEG A, BROWN R L. A study of the failure of concrete under combined compressive stresses [J]. University of Illinois: Champaign, 1928: 185.

[8] PANDA B, LIM J H, TAN M L. Mechanical properties and deformation behaviour of early age concrete in the context of digital construction [J]. Compos. Part B Eng. , 2019, 165, 563-571.

[9] HANCOCK E L. Results of tests on materials subjected to combined stress [J]. Phil. Mag. , 1906, 11: 275.

[10] TANG L, SANG H, JING S, et al. Mechanical model for failure modes of rock and

soil under compression [J]. Transactions of Nonferrous Metals Society of China，2016，26：2711-2723.

[11]RANKINE W JM. Manual of Applied Mechanics[M]. London：C. Gri_n, 1921.

[12]MARIOTTE E. Trait édu mouvement des eaux[M]. Paris：Chez Claude-Jombert，1686.

[13]DE SAINT-VENANT B. Memoire sur l'establissement des equations di_erentielles des movement interieurs operes dans les corps solides ductiles au dela des limites ou l'elasticite pourrait les ramener a leur premier etat[J]. De Mathématiques Pures et Appliquées，1870，70：473-480.

[14]TRESCA H. Sur L'ecoulement des Corps Solides Soumis a des Fortes Pression[J]. Gauthier-Villars，1864，59：754-758.

[15]VON MISES R. Mechanik der festen Körper im plastisch deformablen Zustand[J]. Nachr. Ges. Wiss. Gott. Math. Phys. Kl，1913：582-592.

[16]YU M H, HE L N. A new model and theory on yield and failure of materials under the complex stress state [J]. Mech. Behav. Mater. VI，1992：841-846.

[17]NADAI A. Theories of strength [J]. J. Appl. Mech. ，1993，1：111-129.

[18]MARIN J. Failure theories of materials subjected to combined stresses [J]. Proc. ASCE，1935，61：851-867.

[19]BRESLER B, PISTER K S. Strength of concrete under combined stresses [J]. Proc. ACI J. ，1958，55：321-346.

[20]PAUL B. A modification of the Coulomb-Mohr theory of fracture [J]. J. Appl. Mech. ，1961，28：259-268.

[21]BEER F P, JONSTON E R. Mechanics of Materials [M]. New York：McGraw Hill，2006.

[22]HIBBELER R C. Statics and Mechanics of Materials [M]. Englewood：Prentice-Hall，2004.

[23]ROBISON G S. Behavior of concrete in biaxial compression [J]. J. Struct. Div. ，1967，93：71-86.

[24]WU H C. Dual failure criterion for plain concrete [J]. J. Eng. Mech. ，1974，100，1167-1181.

[25]BAZANT Z P. Size effect in blunt fracture：concrete，rock metal [J]. J. Eng. Mech. ，1984，110：518-535.

[26]MANN H B. Non-parametric tests against trend [J]. Econometrical，1945，13：163-171.

[27]KENDALL M G. Rank Correlation Methods [M]. London：Charles Griffin, 1975.

[28]HIRSCH R M, SLACK J R, SMITH R A. Techniques of trend analysis for monthly water quality data [J]. J. of Water Resources Research，1982，18(1)：107-121.

[29]史俊. 基于结构受力状态分析理论的结构共性工作性能分析[D]. 哈尔滨：哈尔滨工业大学，2018.

[30]周志伟,王志华,赵隆茂,等. 复合应力下泡沫铝屈服行为实验研究[J]. 高压物理学报,
2012,26(2): 171-176.

[31]ERNEST N. 5. Experimental laws and theories[C]//The structure of science problems in the logic of scientific explanation. Indianapolis: Hackett, 1984.

[32]RICHARD F. The character of physical law [M]. New York: Modern Library, 1994.

[33]BIKE H. Laws, natural or scientific[C]//Oxford Companion to Philosophy. Oxford: Oxford University Press, 1995.

[34]PAUL D. The mind of God: the scientific basis for a rational world [M]. New York: Simon & Schuster, 2005.

[35]黄艳霞,张瑀,刘传卿,等. 预测砌体墙板破坏荷载的广义应变能密度方法[J]. 哈尔滨工业大学学报,2014,46(2):6-10.

[36]张明. 基于能量的网壳结构地震响应及失效准则研究[D]. 哈尔滨:哈尔滨工业大学, 2014.

[37]SHI J, LI W T, LI P C, et al. Experimental investigation into stressing state characteristics of large-curvature continuous steel box-girder bridge model [J]. Construction & Building Materials, 2018, 178: 574-583.

[38]SHI J, LI P C, CHEN W Z, et al. Structural state of stress analysis of concrete-filled stainless steel tubular short columns[J]. Stahlbau, 2018, 87(6): 600-610.

第 5 章 钢管混凝土短柱受力状态分析

5.1 引 言

本章基于试验和数值模拟数据对钢管混凝土(CFST)短柱的轴压受力状态进行如下分析：

(1)对柱体局部(或称之为点)应变数据进行受力状态建模，给出了广义应变能密度和值－荷载关系曲线，应用 M－K 准则判别了短柱受力状态跳跃点。进而，应用试验应变数据构成短柱受力状态模式，进一步验证了短柱受力状态跳跃特征。受力状态跳跃点揭示了短柱破坏的起点和弹塑性分支点，并以此更新了短柱失效荷载定义、定义了短柱弹塑性分支点荷载。

(2) 用 ABAQUS 有限元程序对短柱进行数值模拟，然后基于模拟数据对短柱进行受力状态分析，得到失效荷载及极限荷载，进而拟合出短柱失效荷载及极限荷载的计算公式，并以试验数据验证了公式的精确性。

(3)探讨了如何参考失效荷载、弹塑性分支点荷载来改进短柱承载力设计值的合理性。

5.2 钢管混凝土短柱试验简介

5.2.1 短柱试验装置和测量

图 5.1 展示了无约束和有约束不锈钢管混凝土短柱(CFST 和 CCFST)的试验装置、短柱模型构造和尺寸及应变测点。千斤顶用来施加压力荷载(图 5.1(a))，四个 LVDT 位移计安装在短柱的顶板和底板来测量短柱的竖向变形。在五个等间隔的横截面外环上安装的应变片如图 5.1(b)(c)所示。

5.2.2 短柱模型

此试验的钢管混凝土短柱模型包括六种形式：非约束普通钢管混凝土短柱(CFST)、约束普通钢管混凝土短柱(CCFST)、非约束不锈钢管混凝土短柱(CFSST)、约束不锈钢管混凝土短柱(CCFSST)、复合非约束钢管混凝土短柱(C-CFST)、复合约束钢管混凝土短柱(C-CCFST)。表 5.1 给出了短柱高度 H、直径 D、钢管厚度 t、直径与厚度比值 D/t；在短柱编号中的 D 和 a 表示名义直径和组别。

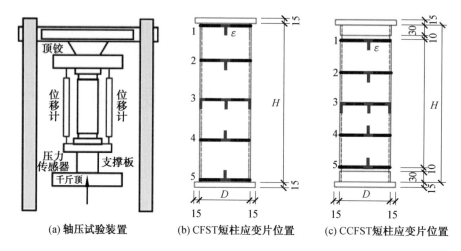

(a) 轴压试验装置　　　(b) CFST短柱应变片位置　　　(c) CCFST短柱应变片位置

图 5.1　CFST 和 CCFST 短柱的试验装置和应变片布置

表 5.1　短柱的编号和尺寸

短柱编号	H/mm	D/mm	t/mm	D/t	短柱编号	H/mm	D/mm	t/mm	D/t
D125-CCFST-a	375.1	125.3	2.32	54	D150-CFSST-a	444.8	150.1	1.68	89
D125- CCFST-b	374.8	125.3	2.35	53	D150-CFSST-b	445.2	150.2	1.67	90
D125- CCFST-c	375.0	124.8	2.37	53	D150-CFSST-c	444.9	149.8	1.65	91
D125-CFST-a	374.6	125.0	2.32	54	D180-CCFSST-a	540.4	180.8	1.68	108
D125-CFST-b	374.8	125.0	2.35	53	D180-CCFSST-b	540.5	180.6	1.65	109
D150-CCFST-a	450.2	150.3	2.37	63	D180-CCFSST-c	539.8	180.7	1.67	108
D150-CCFST-b	450.2	150.7	2.43	62	D180-CFSST-a	539.7	180.7	1.69	107
D150-CCFST-c	449.3	150.3	2.39	63	D180-CFSST-b	540.4	180.7	1.70	106
D150-CFST-a	449.7	150.7	2.40	63	D125-C-CCFST-a	375.1	125.3	3.57	35
D150-CFST-b	449.9	151.0	2.35	64	D125-C-CCFST-b	374.8	125.3	3.54	35
D150-CFST-c	450.3	150.7	2.43	62	D125-C-CCFST-c	375.0	124.8	3.53	35
D180-CCFST-a	540.1	181.4	2.27	80	D125-C-CFST-a	374.6	125.0	3.55	35
D180-CCFST-b	538.8	180.5	2.29	79	D125-C-CFST-b	374.8	125.0	3.54	35
D180-CCFST-c	540.0	179.3	2.39	75	D150-C-CCFST-a	449.8	150.1	3.57	42
D180-CFST-a	540.3	181.3	2.32	78	D150-C-CCFST-b	449.9	150.3	3.61	42
D180-CFST-b	540.3	181.4	2.29	79	D150-C-CCFST-c	449.7	149.9	3.61	42
D125-CCFSST-a	374.5	125.3	1.29	97	D150-C-CFST-a	449.7	150.3	3.53	43
D125-CCFSST-b	374.9	124.8	1.25	100	D150-C-CFST-b	449.9	150.3	3.61	42
D125-CCFSST-c	374.8	124.5	1.33	94	D150-C-CFST-c	449.7	150.1	3.60	42
D125-CFSST-a	375.3	124.8	1.31	95	D180-C-CCFST-a	541.0	180.4	3.74	48
D125-CFSST-b	374.5	125.3	1.30	96	D180-C-CCFST-b	540.2	180.6	3.73	48
D150-CCFSST-a	444.9	149.7	1.63	92	D180-C-CCFST-c	540.0	180.3	3.71	49
D150-CCFSST-b	444.8	149.8	1.67	90	D180-C-CFST-a	540.3	179.1	3.71	48
D150-CCFSST-c	445.1	150.2	1.67	90	D180-C-CFST-b	540.0	180.3	3.71	49

5.3　基于试验数据的钢管混凝土短柱受力状态分析

本节以应变数据来建立短柱受力状态模式和特征参数,进而应用 M－K 准则判别短柱受力状态突变特征。

5.3.1　短柱受力状态参数及其突变特征

短柱的受力状态建模过程为:① 应用式(2.1)将短柱在各个荷载值(F_j)的应变测值转化为广义应变能密度(GSED);② 以广义应变能密度和值($\sum E_{ij}$)表征短柱在 F_j 的受力状态,并进行归一化处理,得到短柱受力状态特征参数 $E_{j,\mathrm{norm}} = \sum E_{ij}/E_{\max}$($E_{\max}$ 是所有 E_{ij} 的最大值);③ 绘出各个短柱的 $E_j － F_j$ 曲线,图 5.2～5.4 展示了不同类型短柱的 $E_j － F_j$ 曲线;④ 应用 M－K 准则,判别出 $E_j － F_j$ 曲线中的跳跃点,将相应的荷载值标示在曲线上。

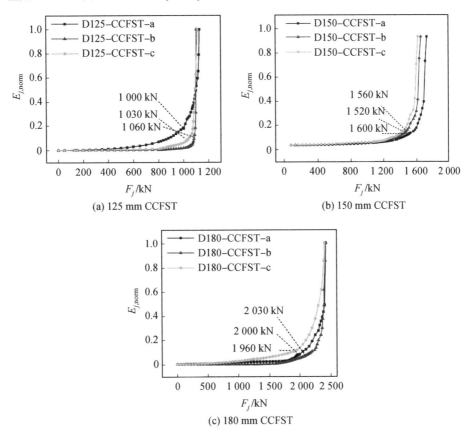

(a) 125 mm CCFST

(b) 150 mm CCFST

(c) 180 mm CCFST

图 5.2　CCFST 短柱的 $E_{j,\mathrm{norm}} － F_j$ 曲线和跳跃点

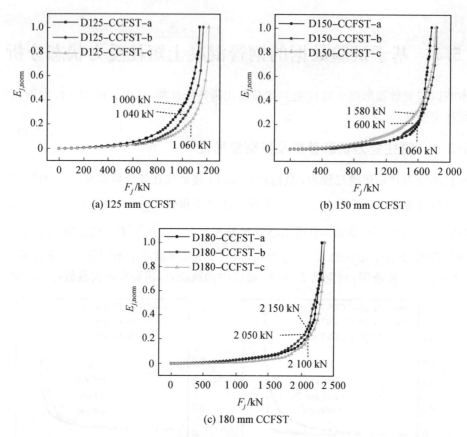

图 5.3　CCFSST 短柱的 $E_{j,\mathrm{norm}} - F_j$ 曲线和跳跃点

　　从图 5.2 ~ 5.4 可以看出,跳跃点之前,曲线呈现稳定且缓慢地向上延伸;但当越过跳跃点后,曲线急剧向上发展,直到短柱的极限荷载。这种现象表明,M－K 准则所判别的跳跃点,是短柱受力状态模式定性的突变点,该点前后短柱受力状态发生了质的变化,突变后的剧变受力状态模式与突变前的稳定不变的受力状态模式截然不同。确切地说,从跳跃点开始,短柱进入破坏状态直到最终的极限破坏状态,跳跃点界定了短柱破坏过程的起点。因此,应以这个受力状态发生质的改变的跳跃点来定义短柱的失效荷载。这样,原来定义在结构极限承载状态的结构失效荷载,就更新为在此揭示的结构的破坏的起点。本书下文所述的失效荷载就是短柱破坏的起始荷载,而不是短柱的峰值荷载或是极限荷载。

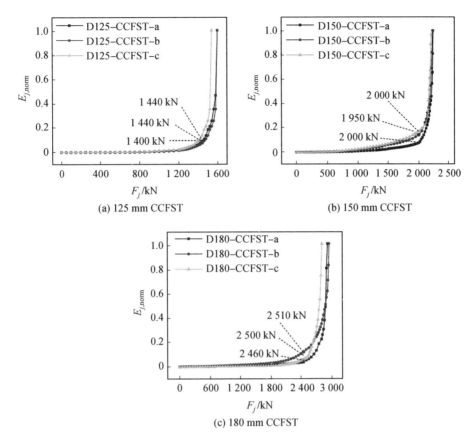

图 5.4　C-CFST 短柱的 $E_{j,\mathrm{norm}} - F_j$ 曲线和跳跃点

5.3.2　短柱受力状态模式及其突变特征

现在来验证短柱失效荷载是否可以作为与短柱受力状态模式相辅相成的特征参数。为直观起见,直接采用应变测值和应变增量均值来表示短柱的受力状态模式,考察短柱受力状态模式随荷载的变化情况。以短柱 D125-CCFST-a 为例来看短柱受力状态模式在承载过程中的变化。 以五个截面环线上的平均横向应变作为短柱受力状态模式 $S_j = \begin{bmatrix} \bar{\varepsilon}_1 & \bar{\varepsilon}_2 & \cdots & \bar{\varepsilon}_5 \end{bmatrix}^{\mathrm{T}}$,图 5.5(a) 展示了该受力状态模式随荷载的变化,也就是各个截面环线上的平均横向应变 $\bar{\varepsilon}_i (i = 1,2,3,4,5)$ 随荷载 F_j 变化的曲线 $\Delta \bar{\varepsilon}_i - F_j$。表征短柱受力状态模式 S_j 变化的方法还可采用 $\bar{\varepsilon}_i - i$ 曲线形式,或者增量形式 $\Delta \bar{\varepsilon}_i - F_j$ 曲线,如图 5.5(a)(b) 所示。图中虚线对应由 M－K 准则确定的失效荷载 1 000 kN。可见,三种描述受力状态模式变化的曲线在失效荷载处均反映了短柱受力状态模式 S_j 的突变特征。同时,图 5.5(c) 反映了短柱自失效荷载 1 000 kN 起进入破坏状态,直到短柱的丧失承载能力(极限状态)。相应地,短柱 D125-CCFSST-a 与 D125-C-CCFST-a 的受力状态模式变化曲线如图 5.6 和图 5.7 所示,均表现了与短柱 D125-CCFST-a 同样的变化特征。

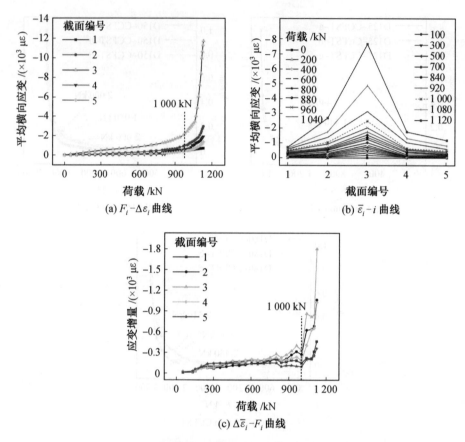

图 5.5　D125-CCFST-a 短柱的受力状态模式变化曲线(后附彩图)

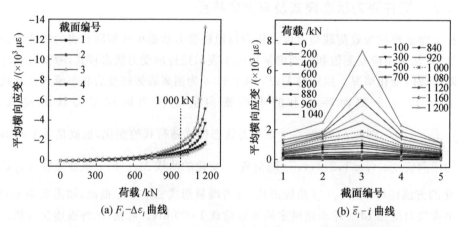

图 5.6　D125-CCFSST-a 短柱的受力状态模式变化曲线(后附彩图)

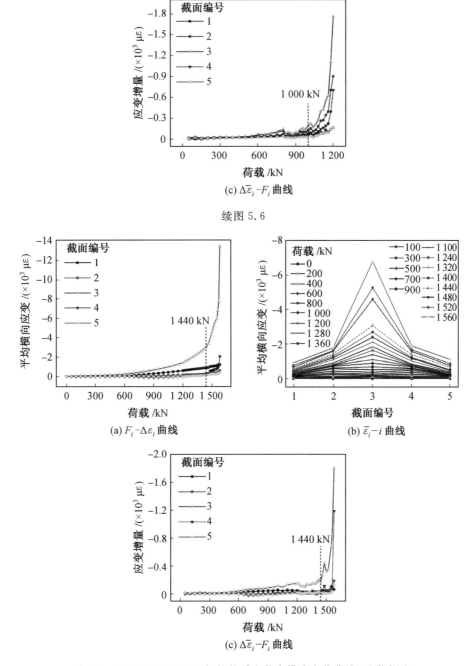

(c) $\Delta\bar{\varepsilon}_i$-$F_i$ 曲线

续图 5.6

(a) F_i-$\Delta\varepsilon_i$ 曲线

(b) $\bar{\varepsilon}_i$-i 曲线

(c) $\Delta\bar{\varepsilon}_i$-$F_i$ 曲线

图 5.7　D125-C-CCFST-a 短柱的受力状态模式变化曲线(后附彩图)

5.4　钢管混凝土短柱数值模拟及受力状态分析

应用结构受力状态理论和准则确定了各个类型短柱的失效荷载后,作者尝试建立预测短柱失效荷载与极限荷载公式,但是试验样本有限,不足以支持建立预测公式所需要的各种构造参数数据。因此,作者采用 ABAQUS 有限元程序模拟短柱承载试验,即通过数值模拟来扩充拟合数据。

5.4.1　短柱有限元模型

图 5.8(a)(b) 分别展示了无约束(CFST)、有约束(CCFST)两种钢管混凝土短柱的有限元模型。有限元模型的有效性由试验数据验证。然后,有限元模型用来获取短柱直径、钢管壁厚、混凝土等级、钢材屈服强度和约束等参数数据。

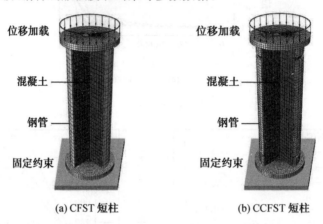

(a) CFST 短柱　　　　　　(b) CCFST 短柱

图 5.8　CFST 和 CCFST 短柱的有限元模型

5.4.2　不锈钢本构关系

澳大利亚学者 Rasmusse 将 Ramberg-Osgood 提出的不锈钢三参数模型进行了修正,给出的表达式为

$$\varepsilon = \begin{cases} \dfrac{\sigma}{E_0} + 0.002 \left(\dfrac{\sigma}{\sigma_{0.2}} \right)^n, \sigma \leqslant \sigma_{0.2} \\ \dfrac{\sigma - \sigma_{0.2}}{E_{0.2}} + \varepsilon_u \left(\dfrac{\sigma - \sigma_{0.2}}{\sigma_u - \sigma_{0.2}} \right)^m + \varepsilon_{0.2}, \sigma > \sigma_{0.2} \end{cases} \tag{5.1}$$

式中,ε 和 σ 为不锈钢的应变、应力;E_0(MPa)为不锈钢的初始弹性模量;$\sigma_{0.2}$(MPa)为不锈钢的名义屈服强度,即残余应变为 0.002 时对应的应力;n 是应变硬化系数,由 $n = \dfrac{\ln 20}{\ln(\sigma_{0.2}/\sigma_{0.01})}$ 确定;$E_{0.2}$ 是名义屈服点所对应的弹性模量,由式 $E_{0.2} = \dfrac{E_0}{1 + 0.002n/e}$ 确定;ε_u 和 σ_u 是不锈钢的极限应变、极限强度;m 是由 $m = 1 + 3.5\dfrac{\sigma_{0.2}}{\sigma_u}$ 确定的系数;$\varepsilon_{0.2}$ 是残余变形为 0.002 时应力对应的应变,即 $\varepsilon_{0.2} = 0.002 + \sigma_{0.2}/E_0$;$e$ 是由 $\dfrac{\sigma_{0.2}}{E_0}$ 确定的系数。通过参数 E_0、$\sigma_{0.2}$ 和 n 来计算不锈钢的极限强度和极限应变,即

$$\begin{cases} \sigma_u = \sigma_{0.2} \times \dfrac{1 - 0.037(n - 5)}{0.2 + 185e} \\ \varepsilon_u = 1 - \dfrac{\sigma_{0.2}}{\sigma_u} \end{cases} \tag{5.2}$$

根据式(5.2)所得到的不锈钢本构模型并没有下降段。对于钢材的 ABAQUS 处理可以选取第一段弹性段的终点即弹塑性分支点的应力为 50 MPa,后面塑性段按 ABAQUS 的

输入方法计算。

5.4.3　普通钢的本构关系

钢材的应力应变关系采用五段式本构模型。如图 5.9 所示,五个阶段分别为弹性段(oa)、弹塑性段(ab)、塑性段(bc)、强化段(cd)及二次塑流段(de)。其中弹性段 a 点应变 ε_e 可由下式得到:

$$\varepsilon_e = f_p / E_s \tag{5.3}$$

式中,f_p 为钢材比例极限,$f_p = 0.8 f_y$;f_y 为钢材屈服强度;E_s 为钢材弹性模量。

弹塑性段,b 点处应变 $\varepsilon_{e1} = 1.5 \varepsilon_e$,钢材切线模量由下式得到:

$$E_s^t = \frac{(f_y - \sigma_s) \sigma_s}{(f_y - f_p) f_p} E_s \tag{5.4}$$

式中,σ_s 为钢材屈服应力。

对塑性阶段,c 点处应变 $\varepsilon_{e2} = 10 \varepsilon_{e1}$。

对强化阶段,d 点处应力为钢材抗拉强度极限 f_u,由 $f_u / f_y = 1.6$ 计算,d 点处应变为 $\varepsilon_{e3} = 100 \varepsilon_{e1}$。

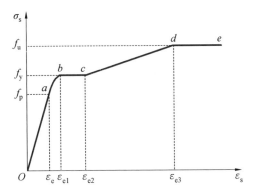

图 5.9　钢的应力－应变曲线

5.4.4　混凝土本构关系

钢管约束混凝土短柱轴压承载力的关键影响因素是钢管与混凝土之间相对变形的大小。在钢管约束混凝土中,混凝土的应力应变关系受钢管约束效果的影响十分显著,钢管约束效果愈好,核心混凝土的峰值应变会愈大且峰值后下降段愈发趋于平缓。我国《混凝土结构设计规范》(GB 50010—2010) 中建议是单轴受压素混凝土本构关系,其峰值应变小于约束混凝土,因此利用这种本构模拟出来的轴压承载力偏低。韩林海利用大量的试验数据和模拟数据对单轴受压的素混凝土本构进行了调整,提出了适用于 ABAQUS 软件分析的修正后的混凝土本构关系,引入套箍系数 ξ 放大混凝土的变形量,同时调整了混凝土的下降段。后经大量试验效果验证,模型可靠,其公式如下:

$$\sigma_c = \begin{cases} \sigma_0 \left[A \dfrac{\varepsilon_c}{\varepsilon_0} - B \left(\dfrac{\varepsilon_c}{\varepsilon_0} \right)^2 \right], \varepsilon_c < \varepsilon_0 \\ \sigma_0 (1-q) + \sigma_0 q \left(\dfrac{\varepsilon_c}{\varepsilon_0} \right)^{0.1\xi}, \xi \geqslant 1.2, \varepsilon_c \geqslant \varepsilon_0 \\ \sigma_0 \left(\dfrac{\varepsilon_c}{\varepsilon_0} \right) \Big/ \left[\beta \left(\dfrac{\varepsilon_c}{\varepsilon_0} - 1 \right)^2 + \dfrac{\varepsilon_c}{\varepsilon_0} \right], \xi < 1.2, \varepsilon_c \geqslant \varepsilon_0 \end{cases} \tag{5.5}$$

式中，ξ 为约束效应系数，$\xi = \dfrac{A_s f_y}{A_c f_{ck}} = \alpha_s \dfrac{f_y}{f_{ck}}$；$\alpha_s$ 为含钢率；A_s 为钢管横截面面积，$A_s = \dfrac{\pi}{4}(d_s^2 - d_c^2)$；$A_c$ 为混凝土横截面面积，$A_s = \dfrac{\pi}{4} d_c^2$；$d_s$ 为钢管外直径；d_c 为混凝土直径，$d_c = d_s - t$；f_y 为钢材屈服强度极限；f_{cu} 为 150 mm 立方体轴心抗压强度，即混凝土等级；f_{ck} 为混凝土抗压强度标准值，$f_{ck} \approx 0.67 f_{cu}$；$f_c'$ 为圆柱体轴心抗压强度，$f_c' \approx 0.79 f_{cu}$；其他参数的算式为

$$\sigma_0 = f_{ck} \left[1.194 + \left(\frac{13}{f_{ck}} \right)^{0.45} (-0.074\,85 \xi^2 + 0.789\xi) \right]$$

$$\varepsilon_0 = \varepsilon_{cc} + \left[1400 + 800 \frac{(f_{ck} - 20)}{20} \right] \xi^{0.2} \times 10^{-6}$$

$$\varepsilon_{cc} = (1300 + 14.93 f_{ck}) \times 10^{-6}; A = 2 - k, \ B = 1 - k, \ k = 0.1 \xi^{0.745}$$

$$\beta = (2.36 \times 10^{-5})^{\left[0.25 + (\xi - 0.5)^7 \right]} \times f_{ck}^2 \times 5 \times 10^{-4}$$

根据混凝土单向受压实验结果及对钢管混凝土轴压实验的试算，提出了核心混凝土泊松比 μ_c 的计算公式，即

$$\mu_c = \begin{cases} 0.173, \sigma_0 \leqslant 0.55 + 0.25 \left(\dfrac{f_{ck} - 33.5}{33.5} \right) \\ 0.173 + \left[0.7036 \left(\dfrac{\sigma}{\sigma_0} - 0.4 \right)^{1.5} \left(\dfrac{20}{f_{ck}} \right) \right], \sigma_0 > 0.55 + 0.25 \left(\dfrac{f_{ck} - 33.5}{33.5} \right) \end{cases} \tag{5.6}$$

混凝土受拉的本构模型的单轴受拉应力应变关系的模型公式如下：

$$y = \begin{cases} 1.2x - 0.2x^6, x \leqslant 1 \\ \dfrac{x}{\alpha_t (x-1)^{1.7} + x}, x > 1 \end{cases} \tag{5.7}$$

式中，$x = \dfrac{\varepsilon}{\varepsilon_{tp}}$，$y = \dfrac{\sigma}{\sigma_{tp}}$，$\sigma_{tp} = f_t$；$f_t$ 为混凝土轴心抗拉强度，计算公式为 $f_t = 0.26 f_{cu}^{2/3}$；ε_{tp} 为混凝土峰值应变，计算公式为 $\varepsilon_{tp} = 31.4 f_{cu}^{0.36} \times 10^{-6} = 65 f_t^{0.54} \times 10^{-6}$；系数 α_t 计算公式为 $\alpha_t = 0.312 f_t^2$。

5.4.5　ABAQUS 中混凝土材料本构模型

本模型采用有限元软件 ABAQUS 中的损伤塑性模型，弹性模量取 ACI 318 − 05(2005) 中混凝土弹性模量的计算方法，即取

$$E = 4\,700 \ (f_c')^{1/2} \tag{5.8}$$

式中，f_c' 为混凝土圆柱体轴心抗压强度，其近似值可以取 $f_c' = 0.79 f_{cu}$，f_{cu} 为混凝土的立方体轴心抗压强度标准值；对于泊松比此模型统一选取为 0.2。

损伤塑性模型的塑性参数选取：膨胀角统一选取 40°；偏心率为 0.1；双轴等压混凝土强

度与单轴等压混凝土强度比值 f_{b_0}/f_{c_0} 为 1.16；拉压子午线上第二应力不变量比值 K 采用 0.666 7，黏性参数取一个很小的值，这里统一选取为 0.000 5 即可。

受压情形采用上文的模型，选取 $0.4f'_c$ 为弹塑性分支点，即弹塑性分支点的应变为此方程的解

$$\sigma_0\left[A\frac{\varepsilon_c}{\varepsilon_0}-B\left(\frac{\varepsilon_c}{\varepsilon_0}\right)^2\right]=0.4f'_c \tag{5.9}$$

解此方程便可以得到弹塑性分支点对应的应变 ε_{ep}，以及对应的应力 σ_{ep}。随后对弹塑性段的应力应变进行修正，即按下式进行计算：

$$\varepsilon_{true}=\ln(1+\varepsilon_{norm}),\sigma_{true}=\sigma_{norm}\ln(1+\varepsilon_{norm}) \tag{5.10}$$

真实应变 ε_{true} 由塑性应变和弹性应变两部分构成的，在 ABAQUS 中定义塑性材料时需要使用塑性应变，其表达式为

$$\varepsilon_{pl}=|\varepsilon_{true}|-|\varepsilon_d|=|\varepsilon_{true}|-\frac{\sigma_{true}}{E} \tag{5.11}$$

对于混凝土受拉性能的模拟，ABAQUS 提供了三种定义混凝土受拉软化性能的方法：① 混凝土受拉的应力－应变关系；② 采用混凝土应力－裂缝宽度关系；③ 混凝土破坏能量准则即应力－断裂能关系。三者对应的分别为 strain、displacement、gfi。其中采用能量具有更好的收敛性，对于 C20 混凝土，其断裂能为 40 N/m，对于 C40 混凝土，取 120 N/m，其余采用中间插值计算。开裂的应力近似按下式确定：

$$\sigma_c=0.26f_{cu}^{2/3} \tag{5.12}$$

本模型定义了混凝土的受拉的应力应变曲线，也需要类似受压的处理将其转换为真实应力和真实应变，随后确定其塑性应变。

5.4.6　接触面相互作用模型

接触面的相互作用包括两部分：一部分是接触面之间的法向作用，另一部分是接触面之间的切向作用。切向作用包括接触面之间的相对滑动和可能存在的摩擦剪应力。两个表面分开的距离称为间隙。在接触问题的公式中，对接触面之间可以传递的接触压力的量值并未做任何限制。当接触面之间的接触压力变位是 0 或是负值时，两个接触面分离，并且约束被移开，这种行为称为硬接触，两接触面之间传递的法向压力不受限制，但是不能传递拉应力。对于切向作用，混凝土和钢管之间存在摩擦力，摩擦公式采用 ABAQUS 中自带的"法函数"。

核心混凝土和钢管之间的摩擦系数通常取 0.2～0.6，本书中对于普通钢管和复合钢管，摩擦系数取 0.4。不锈钢复合管的外层不锈钢管与内层普通钢管之间的接触和核心混凝土和钢管之间的相互作用类似：对于法向作用，普通钢管和不锈钢采用硬接触；对于切向作用，摩擦系数取 0.2。

5.4.7　设置边界条件

直角坐标系的 X、Y 和 Z 轴在 ABAQUS 中被分别命名为 1、2 和 3 轴，因此平动自由度分别为 U_1、U_2 和 U_3，绕 1、2、3 轴的转动自由度分别为 UR_1、UR_2 和 UR_3。在不锈钢钢管混凝土短柱有限元模型的上下端，将柱端面与柱上下端中心位置的参考点建立刚性耦合，直接对

参考点施加约束即可。对于实验的轴压短柱,其上下端盖板在加载过程中与加载板紧密接触,并不会发生平动和转动,因此约束底端的 6 个自由度,即 $U_1 = U_2 = U_3 = 0$,$UR_1 = UR_2 = UR_3 = 0$。对于顶端,释放 3 轴平动的约束即可,即 $U_1 = U_2$,$UR_1 = UR_2 = UR_3 = 0$。这里采用位移加载,柱顶最大位移为柱高的 1/20。

5.4.8   网格划分

核心混凝土和两端盖板采用实体单元 C3D8R,钢管采用实体单元 S4R。网格划分的精度对数值分析结果影响较大,划分过大会导致计算结果误差大,划分的过于精细则会大幅度增加计算量,也可能导致单元产生畸变而引起模型计算不收敛,故有必要进行对比分析确定合理的网格尺寸。通过对比分析,将各部件采用沿高度方向划分为 30 段,沿直径划分为 12 段,沿圆周方向划分为 32 段;对于盖板划分为两层网格;对于混凝土和两端盖板采用以六面体为主的扫掠网格划分,对于钢管采用默认的六面体扫掠网格。

5.4.9   加载与求解

本书的钢管混凝土柱分析为非线性静力分析,为了保证模型到达峰值荷载时收敛,因此采用位移加载模式,而采用力收敛准则。计算方法采用默认的 Newton — Raphson 迭代方法,打开大变形开关。

5.4.10   参数分析

为了进行参数分析,这里统一选取与柱高度为 0.375 m、外径为 0.125 m、径厚比为 200、混凝土强度为 C50 和钢材强度为 335 MPa 的计算模型进行比较,其余与此相比仅仅只改变其中一项,即柱高度为 0.3 ~ 0.6 m,外径为 0.1 ~ 0.2 m,径厚比为 30 ~ 200,混凝土强度等级为 C20 ~ C80,钢材屈服强度为 275 ~ 496 MPa。

5.4.11   基于模拟数据的短柱受力状态分析

简单起见,这里只展示 CFSST 短柱各个参数与失效荷载的关系曲线(图 5.10)。图 5.10(a) 表明 CFSST 短柱直径在 100 ~ 175 mm 范围内,失效荷载与其呈平方关系;图 5.10(b) 表明 CFSST 短柱径厚比 D/t 在 30 ~ 180 范围内,失效荷载与其呈线性减小关系;图 5.10(c) 表明 CFSST 短柱混凝土强度级别在 C40 ~ C80 范围内,失效荷载与其呈线性增大关系;图 5.10(d) 表明 CFSST 短柱钢材屈服强度为 205 MPa、275 MPa、412 MPa 时,失效荷载与其大约呈线性增大关系。总之,CFSST 短柱失效荷载与直径、混凝土强度等级、钢材屈服强度呈正比关系,与径厚比呈反比关系。这样,就可以拟合钢管混凝土短柱失效荷载计算公式。

本书所定义的钢管混凝土短柱失效荷载可以作为工程实践的设计荷载,原因是:① 失效荷载是短柱本质的、固有的工作行为特征,但是目前短柱的设计荷载却是参照具有不可忽视的、天然随机性的短柱极限荷载来确定的,必然导致计算公式的较大误差。② 就工程设计而言,结构服役期间须在正常的、安全的工作状态,可能发生的小的塑性变形不会改变结构受力状态模式。失效荷载揭示了结构正常的、安全的受力状态的终点,或者说结构破坏过程的起点,正好满足结构设计对结构受力状态的基本要求。③ 结构破坏过程的起点(失效荷载）到结构破坏的终点（极限荷载），结构保持着逐渐减少的安全裕度，因此以失效荷载作为设计荷载，结构已经具有一定的安全裕度。

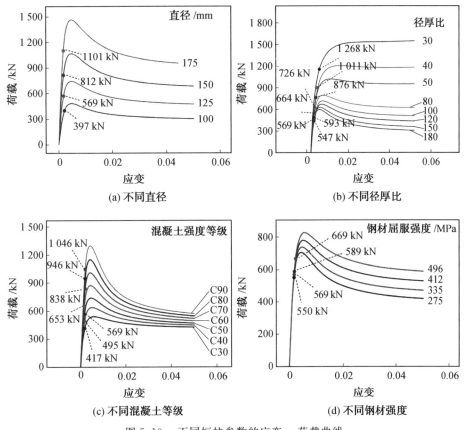

图 5.10　不同短柱参数的应变－荷载曲线

5.5　钢管混凝土短柱失效与极限荷载预测公式

目前，采用失效荷载作为设计荷载还需要进一步的验证，但是失效荷载至少为目前的结构设计提供了重要参考。为此，本书应用试验和模拟数据，拟合出了各类型钢管混凝土短柱失效荷载算式，并通过调整参数使之也能计算钢管混凝土短柱极限荷载。

5.5.1　短柱失效荷载预测公式

鉴于建立短柱极限荷载算式的经验，把 CFST 短柱分为钢管和混凝土两个部分，这样参考众多研究人员的研究结果，给出了式（5.13）：

$$N_f = f_{sc} A_{sc} \tag{5.13}$$

式中，N_f 为 CFST 短柱失效荷载；f_{sc} 为混凝土和钢材的组合强度；A_{sc} 为 CFST 短柱横截面积。为计算 f_{sc}，引入参数 θ 和 α_{sc} 表示短柱约束指数和钢量比：

$$\theta = \alpha_{sc} \frac{f_y}{f'_c}, \quad \alpha_{sc} = \frac{A_s}{A_c} \tag{5.14}$$

式中，f_y 为短柱的钢材屈服强度，$f_y = (f_{y1} A_{s1} + f_{y2} A_{s2}) / (A_{s1} + A_{s2})$ 为两种 C-CFST 短柱

的名义屈服强度;f_{y1} 和 f_{y2} 为不锈钢和普通钢的屈服强度;A_{s1} 和 A_{s2} 为不锈钢管和普通钢管的横截面积;A_s 为钢管的横截面积;A_c 为混凝土的横截面积;f_{sc} 为混凝土圆柱体轴压强度的二次函数,即

$$f_{sc} = f'_c(A + B\theta + C\theta^2) \tag{5.15}$$

式中,f'_c 为混凝土圆柱体轴压强度;A 为针对不同类型 CFST 短柱拟合的不同常数:$A = 1.10(\text{CFST})$、$A = 1.00(\text{CFSST})$、$A = 0.97(\text{C-CFST})$;B 和 C 为截面形状影响系数,其拟合结果为:

$$\begin{cases} \text{CFST}: B = 0.76 + 0.14\dfrac{f_y}{213}, C = 0.21 - 0.30\dfrac{f_y}{14.40} \\[2mm] \text{CFSST}: B = 1.10 + 0.49\dfrac{f_y}{213}, C = 0.32 - 0.10\dfrac{f_c}{14.40} \\[2mm] \text{C-CFST}: B = 1.10 + 0.027\dfrac{f_y}{213}, C = -0.29 - 0.06\dfrac{f_c}{14.40} \end{cases} \tag{5.16}$$

类似地,可以给出预测 CCFST 短柱失效荷载的公式。由于此类短柱上下两端留有缝隙,所以钢管只提供对混凝土的约束作用。这样,预测 CCFST 短柱失效荷载 N_f 的公式简单地为修正的约束混凝土轴压强度与短柱横截面积的乘积,即有

$$N_f = f_{cc}A_c \tag{5.17}$$

显然,钢管的约束应力 f_r 将贡献于短柱的承载能力,这引发了直接把约束力转换为广义混凝土轴压强度的想法,即有

$$f_{cc} = Ef'_c + Ff_r \tag{5.18}$$

式中,E 和 F 为不同类型短柱的拟合常数:$E = 1.00$、$F = 4.00(\text{CCFST})$,$E = 0.91$、$F = 4.35(\text{CCFSST})$,$E = 0.95$、$F = 4.15(\text{C-CCFST})$;f'_c 为混凝土圆柱体轴压强度。此外,f_r 与当量环向应力 σ_h 可以应用材料力学理论推导得到,即有

$$f_r = \frac{2t\sigma_h}{D - 2t}, \sigma_h = 0.87f_y \tag{5.19}$$

式中,t 为钢管壁厚;D 为短柱直径;f_y 为 CCFST 和 CCFSST 短柱的钢管屈服强度;$f_y = (f_{y_1}A_{s_1} + f_{y_2}A_{s_2})/(A_{s_1} + A_{s_2})$ 为 CCFST 和 CCFSST 短柱中钢管的名义屈服强度。

5.5.2 短柱极限荷载预测公式

以上面预测钢管混凝土短柱失效荷载公式为参考,将有关参数作为待定,用短柱试验和模拟的极限荷载数据进行拟合,得到相应的预测 CFST 短柱极限荷载 N_u 的公式如下:

$$N_u = f'_c(G + J\theta + K\theta^2)A_{sc} \tag{5.20}$$

$$\theta = \alpha_{sc}\frac{f_y}{f'_c}, \alpha_{sc} = \frac{A_s}{A_c} \tag{5.21}$$

式中,f'_c 为混凝土圆柱体轴压强度;G 为对不同 CFST 短柱类型拟合常数:$G = 1.35(\text{CFST})$,$G = 1.24(\text{CFSST})$,$G = 1.21(\text{C-CFST})$;J 和 K 为截面形状影响系数,拟合的常数为

$$\begin{cases} \text{CFST}: \quad J = 0.94 + 0.14\dfrac{f_y}{213}, K = 0.39 - 0.11\dfrac{f_c}{14.40} \\[2mm] \text{CFSST}: \quad J = 1.45 + 0.09\dfrac{f_y}{213}, K = 0.40 - 0.116\dfrac{f_c}{14.40} \\[2mm] \text{C-CFST}: \quad J = 1.51 - 0.01\dfrac{f_y}{213}, K = -0.30 - 0.07\dfrac{f_c}{14.40} \end{cases} \tag{5.22}$$

式中，A_{sc} 为 CFST 短柱的横截面积；θ 为 CFST 短柱的约束指数；f_y 为 CFST 和 CFSST 短柱钢管屈服刚度；$f_y = (f_{y_1} A_{s_1} + f_{y_2} A_{s_2})/(A_{s_1} + A_{s_2})$ 为 C-CFST 短柱两种钢管的名义屈服刚度；α_{sc} 为 CFST 短柱的含钢比；A_c 为混凝土面积；A_s 为钢管面积。

对于预测 CCFST 短柱极限荷载 N_u 的公式如下：

$$N_u = (Lf'_c + Mf_r)A_c \tag{5.23}$$

$$f_r = \frac{2t\sigma_h}{D - 2t}, \sigma_h = 0.87f_y \tag{5.24}$$

式中，L 和 M 为不同类型混凝土短柱的拟合常数，$L = 1.15$、$M = 9.98$（CCFST），$L = 1.29$、$M = 9.04$（CCFSST），$L = 1.21$、$M = 9.50$（C-CCFSST）；A_c 为混凝土面积；f'_c 为混凝土圆柱体轴压强度；f_r 为钢管的约束力；t 为钢管壁厚；D 为 C-CFST 短柱直径；σ_h 为钢管的当量横向应力；f_y 为 CCFST 和 CCFSST 短柱钢管屈服刚度；C-CCFST 短柱钢管的名义屈服刚度为 $f_y = (f_{y_1} A_{s_1} + f_{y_2} A_{s_2})/(A_{s_1} + A_{s_2})$。

5.5.3　短柱失效荷载与极限荷载预测公式精度

表 5.2 给出了预测钢管混凝土短柱失效荷载公式（式（5.14）和式（5.16））与极限荷载公式（式（5.21）和式（5.24））的计算结果与相应试验结果的比较，平均误差和标准差均在非常小的范围内，表明预测公式有效、精确地反映了钢管混凝土短柱的工作行为特征，也表明了结构受力状态分析理论与方法的有效性、适用性。此外，公式预测的钢管混凝土短柱失效荷载总是低于极限荷载约 $10\% \sim 20\%$，但是高于目前设计规范确定的设计荷载。因此，如果以本书的失效荷载作为设计荷载，将在合理的安全裕度下节省工程材料，取得可观的经济效益。要强调的是，这是遵循结构工作行为客观规律基础上精确的、确定性的节省，而非经验的、统计性的节省。

表 5.2　失效荷载与极限荷载预测公式的精度

短柱类型	CFST	CFSST	C-CFST	CCFST	CCFSST	C-CCFST
失效荷载公式	$N_f = f_{sc}A_{sc}$			$N_f = f_{cc}A_c$		
平均误差 /%	2.73	2.96	3.01	2.80	3.08	2.81
标准差 /%	2.21	3.08	3.08	2.14	2.08	1.97
极限荷载公式	$N_u = f'_c(G + J\theta + K\theta^2)A_{sc}$			$N_u = (Lf'_c + Mf_r)A_c$		
平均误差 /%	2.54	3.54	1.64	2.62	3.06	2.85
标准差 /%	1.69	2.45	1.18	1.68	1.86	1.90

5.6　钢管混凝土短柱设计荷载探讨

表 5.3 列出了部分短柱的特征荷载：弹塑性分支点荷载（F1）、失效荷载（F2）、试验极限荷载（F3）、目前设计荷载（F4）、线性与弹性界点（F0）。为便于比较，图 5.11 绘出了各短柱的 4 种特征荷载曲线（F1 ～ F4）。

（1）短柱破坏起点（F2）是结构失效定律的体现，为短柱承载能力的认知提供了新的参

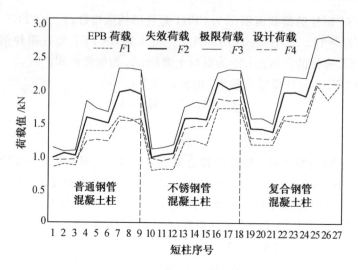

图 5.11　短柱的 4 种特征荷载曲线

考。表 5.3 展示了短柱破坏过程幅度：短柱失效荷载（F_2）比极限荷载（F_3）平均低 213.33 kN，即短柱破坏起点与破坏终点平均相差 213.33 kN，或者失效荷载较极限荷载平均低10.86%。这为短柱承载能力的精确评估提供了参考。

（2）短柱弹塑性分支点荷载（F_1）与失效荷载（F_2）平均相差 308.52 kN，可见此类结构的弹塑性持续发展的荷载幅度比结构破坏过程持续荷载（213.33 kN）大。

（3）以短柱弹塑性分支点荷载（F_1）直接作为承载力设计值，与目前规范计算的承载力设计值（F_4）进行比较，平均相差 83.96 kN，但有少数 $F_1 > F_4$。以短柱安全工作概念（结构服役状态）而言，短柱不能处于弹塑性状态，因为短柱在此状态塑性变形以不可忽视的量级进行累积。而在弹塑性荷载之前，短柱虽然可以有塑性变形，但其相对微小，符合现在的设计理念要求。所以，以弹塑性分支点荷载直接作为短柱承载力设计值才是合理的，且具有两个安全裕度：从 F_1 到 F_2（确定性的）、从 F_2 到 F_3（非确定性的，因 F_3 是非确定的）。可见，目前钢管混凝土短柱承载力设计值是不合理的，有时不够安全。

（4）可以设想，弹塑性分支点荷载与失效荷载提供了承载力设计值的下限与上限参考。

（5）此外，要指出的是：结构整体与结构各个组成部分的结构受力状态、承载能力的描述与判定是统一的，这为结构各个组成部分的协调工作分析奠定了一个理论基础，并提供了分析方法，为更合理的结构设计开辟了一个新的途径。

表 5.3　钢管混凝土短柱的特征荷载　　　　　　　　　　　N

短柱编号	F_0	F_1	F_2	F_3	F_4
D125-CCFST-a	720	860	1 000	1 140	958.93
D125-CCFST-b	700	900	1 060	1 090	967.33
D125-CCFST-c	710	880	1 030	1 100	967.81
D150-CCFST-a	820	1 400	1 600	1 850	1 240.30
D150-CCFST-b	810	1 400	1 560	1 740	1 265.19
D150-CCFST-c	800	1 400	1 520	1 690	1 247.09
D180-CCFST-a	1 000	1 620	2 000	2 350	1 563.09
D180-CCFST-b	1 000	1 580	2 030	2 350	1 560.54

续表 5.3

短柱编号	$F0$	$F1$	$F2$	$F3$	$F4$
D180-CCFST-c	990	1 500	1 960	2 330	1 587.06
D125-CCFSST-a	600	800	1 000	1 120	976.01
D125-CCFSST-b	640	820	1 040	1 150	950.00
D125-CCFSST-c	650	820	1 060	1 200	988.74
D150-CCFSST-a	790	1 250	1 600	1 780	1 448.80
D150-CCFSST-b	800	1 250	1 600	1 840	1 475.10
D150-CCFSST-c	800	1 200	1 580	1 820	1 480.19
D180-CCFSST-a	1 010	1 750	2 150	2 290	1 894.38
D180-CCFSST-b	1 020	1 750	2 050	2 340	1 868.80
D180-CCFSST-c	1 050	1 750	2 100	2 340	1 885.39
D125-C-CCFST-a	800	1 200	1 440	1 600	1 301.87
D125-C-CCFST-b	800	1 200	1 440	1 600	1 293.80
D125-C-CCFST-c	790	1 200	1 400	1 520	1 284.60
D150-C-CCFST-a	1 100	1 580	2 000	2 240	1 638.53
D150-C-CCFST-b	1 050	1 550	2 000	2 240	1 654.48
D150-C-CCFST-c	1 030	1 550	1 950	2 220	1 648.83
D180-C-CCFST-a	1 250	2 100	2 460	2 820	2 148.20
D180-C-CCFST-b	1 260	1 900	2 510	2 860	2 147.300
D180-C-CCFST-c	1 200	2 100	2 500	2 780	2 134.660

本章参考文献

[1]ROUFEGARINEJAD A，UY B，BRADFORD M A. Behaviors and design of concrete filled steel columns utilizing stainless steel cross sections under combined actions[C] //Proceedings of the 18th Australasian conference on the mechanics of structures and materials. Perth：Western Australia，2004：59-148.

[2]YOUNG B，ELLOBODY E. Column design of cold-formed stainless steel slender circular hollow sections[J]. Steel and Composite Structures，2006，6(4)：285-302.

[3]LAM D，WONG K. Axial capacity of concrete filled stainless steel columns [J]. ASCE Structures，2005：458-589.

[4]EHAB E. Nonlinear behavior of concrete-filled stainless steel stiffened slender tube columns [J]. Thin-Walled Structures，2007，45(3)：249-278.

[5]DABAON M A，EI-BOGHDADI M H，HASSANEIN M F. Experimental investigation on concrete-filled stainless steel stiffened tubular tube columns[J]. Engineering Structures，2009，31：300-307.

[6]LIAO F Y，TAO Z. The state-of-the-art of concrete-filled stainless steel tubular structures[J]. Industrial Construction，2009，2：56-67.

[7] 胡成玺. 不锈钢管混凝土柱承载力分析 [M]. 西安:西安建筑科技大学,2010.

[8]SHU G, ZHENG B, SHEN X. Experimental and theoretical study on the behavior of cold-formed stainless steel stub columns[J]. International Journal of Steel Structures, 2013, 13(1): 141-153.

[9]CHEN Y, LI F X, WANG J. Experimental study on axial compressive behavior of concrete filled thermoforming stainless steel tubular stub columns[J]. Journal of Building Structures, 2013, 2: 57-68.

[10]MA G L. Studies on compressive and flexural performance of recycled aggregate concrete filled stainless steel Tube[D]. Dalian: Dalian University of Technology, 2013.

[11]GANESH P G, SUNDARRAJA M C. Behavior of concrete filled steel tubular (CFST) short columns externally reinforced using CFRP strips composite[J]. Construction and Building Materials, 2013, 47: 1362-1371.

[12]WANG W H, HAN L H, et al. Behavior of concrete-filled steel tubular stub columns and beams using dune sand as part of fine aggregate[J]. Construction and Building Materials, 2014, 51: 352-363.

[13]PATEL V, LIANG Q Q, HADI M N S. Nonlinear analysis of axially loaded circular concrete-filled stainless steel tubular short columns[J]. Journal of Constructional Steel Research, 2014, 101: 9-18.

[14]TAM V W, WANG Z B, TAO Z. Behavior of recycled aggregate concrete filled stainless steel stub columns[J]. Materials and Structures, 2014, 47(1-2): 293-310.

[15]LU Y Y, LI N. Behavior of steel fiber reinforced concrete-filled steel tube columns under axial compression[J]. Construction and Building Materials, 2015, 95: 74-85.

[16]WANG Y B, RICHARD L J Y. Constitutive model for confined ultra-high strength concrete in steel tube[J]. Construction and Building Materials, 2016, 126: 812-822.

[17]高文才. 不锈钢圆管约束混凝土短柱轴压性能研究 [M]. 哈尔滨:哈尔滨工业大学, 2017.

[18]WANG H W, WU C Q. Experimental study of large sized concrete filled steel tube columns under blast load[J]. Construction and Building Materials, 2017, 134: 131-141.

[19] 陈峰. 大跨径钢管混凝土拱桥非线性静风稳定性分析 [M]. 西安:长安大学,2003.

[20] 韩林海. 钢管混凝土结构:理论与实践 [M]. 北京:科学出版社,2004

[21] 过镇海. 混凝土的强度和本构关系:原理与应用 [M]. 北京:中国建筑工业出版社, 2007.

[22]LAM D, GARDNER L, BURDETT M. Behavior of axially loaded concrete filled stainless steel elliptical stub columns [J]. Advances in Structural Engineering, 2010, 13:493-500.

[23]UY B, TAO Z, HAN L H. Behavior of short and slender concrete-filled stainless steel tubular columns [J]. Journal of Constructional Steel Research, 2011, 67: 360-378.

[24]BAMBACH M R. Design of hollow and concrete filled steel and stainless steel tubular

columns for transverse impact loads [J]. Thin-Walled Structures，2011，49：1251-1260.

[25]HAN L H, LI W, BJORHOVDE R. Developments and advanced applications of concrete-filled steel tubular (CFST) structures: Members [J]. Journal of Constructional Steel Research，2014，100：211-228.

[26] YOUNG B, ELLOBODY E. Experimental investigation of concrete-filled cold-formed high strength stainless steel tube columns [J]. Journal of Constructional Steel Research，2006，60：484-492.

[27]ELLOBODY E, MARIAM F. GHAZY. Experimental investigation of eccentrically loaded fibred reinforced concrete-filled stainless steel tubular columns [J]. Journal of Constructional Steel Research，2012，76：167-176.

[28]WANG Y B, LIEW J Y R. Constitutive model for confined ultra-high strength concrete in steel tube [J]. Construction and Building Materials，2016，126：812-822.

[29]LIANG Q Q, UY B, LIEW J Y R. Nonlinear analysis of concrete-filled thin-walled steel box columns with local buckling effects [J]. Journal of Constructional Steel Research，2006，62(6)：581-591.

[30]LI W, HAN L H, ZHAO X L. Axial strength of concrete-filled double skin steel tubular (CFDST) columns with preload on steel tubes [J]. Thin Wall Structure，2012，56：9-20.

[31]LAM D, GARDNER L. Structural design of stainless steel concrete filled columns [J]. Journal of Constructional Steel Research，2008，64(11)：1275-1282.

[32]YANG Y F, HAN L H. Concrete filled steel tube (CFST) columns subjected to concentrically partial compression [J]. Thin Wall Structure，2012，50：147-156.

[33]ELCHALAKANI M, ZHAO X L, GRZEBIETA R H. Concrete-filled circular steel tubes subjected to pure bending [J]. Journal of Constructional Steel Research，2001，57(11)：1141-1168.

[34]HAN L H. Flexural behavior of concrete-filled steel tubes [J]. Journal of Constructional Steel Research，2004，60：313-337.

[35]HAN L H, LU H, YAO G H, et al. Further study on the flexural behavior of concrete-filled steel tubes [J]. Journal of Constructional Steel Research，2006，62：554-565.

[36]徐蕾，孙战伟，王文达. 内配圆钢管的 SRC 轴心受压短柱的力学性能[J]. 自然灾害学报，2013，22(3)：205-212.

[37]LU Y Y, LI N, LI S, et al. Behavior of steel fiber reinforced concrete-filled steel tube columns under axial compression [J]. Construction and Building Materials，2015，95：74-85.

[38]田俊. 不锈钢－低碳钢复合圆管约束混凝土柱偏压性能研究[D]. 哈尔滨：哈尔滨工业大学，2017.

[39]ELLOBODY E. Nonlinear behavior of eccentrically loaded FR concrete-filled stainless

steel tubular columns [J]. Journal of Constructional Steel Research，2013，90：1-12.

[40]GOPAL S R, MANOHARAN P D. Experimental behavior of eccentrically loaded slender circular hollow steel columns in-filled with fibred reinforced concrete [J]. Journal of Constructional Steel Research，2006，62(5)：513-520.

[41]YOUNG B, ELLOBODY E. Column design of cold-formed stainless steel slender circular hollow sections [J]. Steel and Composite Structures，2006，6(4)：285-302.

[42]LAM D, WONG K. Axial Capacity of concrete Filled Stainless Steel Columns [J]. ASCE Structures，2005：458-589.

[43]张志权，赵均海，张玉芬，等. 复合钢管混凝土柱轴压承载力的计算 [J]. 长安大学学报：自然科学版，2010，1：67-70.

[44]蔡健，谢晓锋，杨春，等. 核心高强钢管混凝土柱轴压性能的试验研究 [J]. 华南理工大学学报：自然科学版，2002，30(6)：81-85.

[45]方明山. 20 世纪桥梁工程发展历程回顾及展望 [J]. 桥梁建设，1999，2(1)：58-60.

[46]JOHNSON R P. Composite structures of steel and concrete[M]. London：Granade Publishing，LTD，1975.

[47]聂建国. 钢－混凝土组合结构桥梁 [M]. 北京：人民交通出版社，2011.

[48]钟善桐. 钢管混凝土结构在我国的应用和发展 [J]. 建筑技术，2001，32(2)：80-82.

[49]ZHENG J, WANG J. Concrete-filled steel tube arch bridges in China [J]. Engineering，2017，4(1)：143-155.

[50]钟善桐. 钢管混凝土结构 [M]. 北京：清华大学出版社，2003.

[51]史俊. 基于结构受力状态分析理论的结构共性工作性能分析 [D]. 哈尔滨：哈尔滨工业大学，2018.

[52]李震. 不锈钢管混凝土短柱和钢管混凝土拱受力状态及失效准则研究 [D]. 哈尔滨：哈尔滨工业大学，2017.

[53]SHI J, LI W T, LI P C, et al. Experimental investigation into stressing state characteristics of large-curvature continuous steel box-girder bridge model [J]. Construction & Building Materials，2018，178：574-583.

[54]SHI J, LI P C, CHEN W Z, et al. Structural state of stress analysis of concrete-filled stainless steel tubular short columns [J]. Stahlbau，2018，87(6)：600-610.

[55]SHI J, YANG K K, ZHENG K K, et al. An investigation into working behavior characteristics of parabolic CFST arches applying structural stressing state theory [J]. Civil Engineering and Management，2019，25(3)：215-227.

[56]SHI J, ZHENG K K, TAN Y Q, et al. Response simulating interpolation methods for expanding experimental data based on numerical shape functions [J]. Computers & Structures，2019，218：1-8.

第6章　钢管混凝土拱模型受力状态分析

6.1　引　　言

钢管混凝土单管拱是广泛采用的拱桥结构,其一般承受平面内竖向荷载,拱内主要内力为轴向压力,因此面内失稳是拱式结构破坏的主要特征。目前对于钢管混凝土拱的平面内承载能力分析,通常将钢管混凝土拱进行简化等效处理,以相同长细比的轴心受压柱来进行拱的平面内稳定分析及设计。本章用结构受力状态分析理论,基于试验与模拟数据,对钢管混凝土拱式结构在面内荷载作用下的受力状态及失效准则进行分析:

(1)将钢管混凝土拱模型应变数据转化为广义应变能密度值(状态变量),构建受力状态特征值 $E_{j,norm}$,绘出 $E_{j,norm} - F_j$ 曲线图,用 M－K 准则判别受力状态跳跃点。

(2)用广义应变能密度值构建拱结构的分受力状态模式,验证受力状态跳跃特征,进而定义拱结构失效荷载与弹塑性分支点荷载。

(3)进行拱结构的有限元模拟,以输出应变能密度值进行受力状态建模,以 M－K 准则判别受力状态跳跃点。

(4)利用模拟得到的数据拟合钢管混凝土拱的失效荷载及极限承载力的计算公式。

(5)探讨基于结构受力状态特征的钢管混凝土拱结构的承载能力设计。

6.2　钢管混凝土拱模型试验简介

6.2.1　拱模型简介

本节采用李晓倩所做的面内荷载钢管混凝土拱模型试验,意在分析面内竖向荷载作用下,矢跨比对钢管混凝土抛物线拱面内稳定性的影响。在钢管混凝土抛物线拱常用的矢跨比范围(1/10 ～ 1/4)内,制作了三种不同矢跨比(1/4.5,1/6,1/9)的模型。钢管混凝土拱模型跨度均为 9 m,钢管直径及壁厚分别为159 mm 及 4.5 mm,含钢率为 0.12。加载方案为常见的平面内荷载工况:拱顶集中荷载、四分点单点集中荷载、均布荷载。拱的编号与参数见表 6.1。

表 6.1 钢管混凝土试验拱的参数值

工况	试件编号	矢高 /m	矢跨比	长细比
	A	2.0	1/4.5	91
工况 1	B	1.5	1/6	87
	C	1.0	1/9	84
	D	2.0	1/4.5	91
工况 2	E	1.5	1/6	87
	F	1.0	1/9	84
	G	2.0	1/4.5	91
工况 3	H	1.5	1/6	87
	I	1.0	1/9	84

6.2.2 试验装置

如图 6.1 所示,试验装置主要包含 5 个部分:拱座、拉杆、过渡段、加载装置及侧向约束装置。其中,过渡段的作用是连接试验拱和拱座;地锚将拱座固定在地面上;拱座间的拉杆用来平衡拱脚的水平推力;加载装置由加荷载的千斤顶和进行荷载控制的传感器两部分组成;侧向约束装置的作用是约束拱的平面外变形。分析表明,五点同步加载的平面内性能与均布荷载下较为相似,因此采用五个独立控制的千斤顶针对工况 3 进行加载来模拟均布荷载的情形。

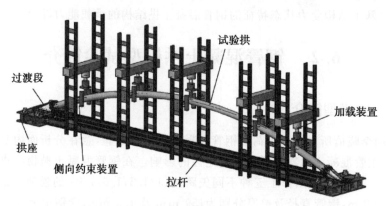

图 6.1 试验装置示意图

6.2.3 测点布置

在工况 1 和工况 2 的加载情况下,位移传感器和应变片沿拱跨的分布如图 6.2(a) 所示。其中位移传感器设置在沿拱跨 $L/8$、$L/4$、$3L/8$、$L/2$、$5L/8$、$3L/4$ 及 $7L/8$ 处来测量试验过程中拱的竖向变形;拱座处设置的位移计测量拱座处的水平位移;在拱顶处还设置水平位移计来测量拱平面外位移。应变片设置在沿拱跨 $L/8$、$L/4$、$3L/8$、$L/2$、$5L/8$、$3L/4$、$7L/8$ 处及拱脚位置,每个截面位置包括均匀分布的 4 个环向应变片及 4 个纵向应变片。在工况 3 的加载情况下,试验拱可能会发生反对称失稳,因此为了得到沿拱跨方向较为连续的变形曲线,在拱跨 $0 \sim L/3$、$2L/3 \sim L$ 间的测点进行了加密处理,位移传感器和应变片沿拱跨的分布如图 6.2(b) 所示。 其中位移传感器设置在沿拱跨 $L/12$、$L/6$、$L/4$、$L/3$、$L/2$、$2L/3$、$3L/4$、$5L/6$ 及 $11L/12$ 处来测量试验过程中拱的竖向变形;拱座处设置的位移计测量拱座处的水平位移;在拱顶处同样设置水平位移计来测量拱平面外位移。 应变片设置在沿拱跨 $L/12$、$L/6$、$L/4$、$L/3$、$L/2$、$2L/3$、$3L/4$、$5L/6$ 及 $11L/12$ 处及拱脚位置,每个截面位置同样包括均匀分布的 4 个环向应变片及 4 个纵向应变片。 试验的测点沿拱跨分布均匀,有利于拱结构受力状态分析。

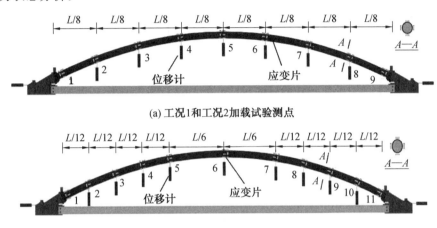

(a) 工况1和工况2加载试验测点

(b) 工况3加载试验测点

图 6.2　加载时位移计及应变片布置

6.2.4　加载方案

试验加载采用分级加载方法。 为了消除试验装置的间隙,保证试验装置和测量系统处于正常状态,在正式加载前进行结构预加载。 在预加载时,荷载步长为 5 kN,最大加载值为 $0.3P_u$(P_u 为预估的拱结构极限荷载)。 在正式加载时,根据荷载幅值分成 3 个阶段以不同荷载步长进行加载:在荷载小于 $0.5P_u$ 时,荷载步长为 10 kN;当荷载处于 $0.5P_u \sim 0.7P_u$ 之间时,荷载步长为 5 kN;当荷载超过 $0.7P_u$ 时,采用连续加载直至拱的破坏状态,拱的破坏以千斤顶无法继续加载时为准。

6.3　拱模型的失效荷载

根据结构受力状态理论与方法,选取归一化的广义应变能密度和值 $E_{j,\mathrm{norm}}$ 作为钢管混凝土拱结构的受力状态特征参数,并绘出 $E_{j,\mathrm{norm}} - F_j$ 曲线,再用 M−K 准则判别拱的失效荷载。

6.3.1　拱模型的 $E_{j,\mathrm{norm}} - F_j$ 曲线及失效荷载

这里以拱 A、D 为例展示受力状态分析结果。 依据式(2.1),将实测的应变数据转换为广义应变能密度值(状态变量);求和并做归一化处理,得到各个荷载(F_j)下的受力状态特

征参数 $E_{j,\mathrm{norm}}$；画出 $E_{j,\mathrm{norm}}-F_j$ 曲线，用 M—K 准则判别出受力状态跳跃点。图 6.3 分别展示了 A、D 拱的 $E_{j,\mathrm{norm}}-F_j$ 曲线及由 M—K 准则的 $UF-F_j$、$UB-F_j$ 曲线交点找到的两个跳跃点：$P=85\ \mathrm{kN}$ 与 $Q=125\ \mathrm{kN}$。在荷载达到 85 kN 之前，$E_{j,\mathrm{norm}}-F_j$ 曲线是平缓的，结构基本处于线弹性工作状态；当荷载值位于 85 kN 及 125 kN 之间时，曲线略有上升，此时结构处于弹塑性工作阶段，拱结构开始有了塑性发展，但整体未发生局部屈服或者破坏；当施加的荷载值超过 125 kN 后，$E_{j,\mathrm{norm}}-F_j$ 曲线急剧陡峭，拱结构进入到不稳定的失效阶段，在荷载的持续增长下直到极限荷载而破坏。

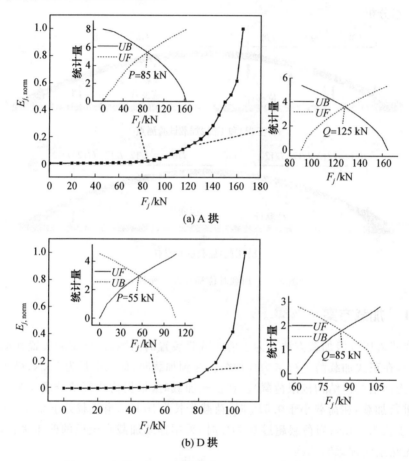

图 6.3 钢管混凝土试验拱的 $E_{j,\mathrm{norm}}-F_j$ 曲线与特征点

　　D拱和A拱相比所受工况荷载不一样，A拱受拱顶集中荷载，而D拱受四分点单点集中荷载。由图 6.3(b) 可以看出，D拱和A拱有着类似的受力状态变化过程及跳跃特征，$E_{j,\mathrm{norm}}-F_j$ 曲线也同样经历由缓变陡的过程。由 M—K 准则找到的两个跳跃点分别为 55 kN 和 85 kN，相对于A拱而言有所降低，极限荷载大小也有所降低，表明同样的拱在工况 1 下的承载力比工况 2 要高。

　　图 6.4 展示了其他 7 个拱模型的 $E_{j,\mathrm{norm}}-F_j$ 曲线以及用 M—K 准则找到的特征点。可以看出，各个拱模型在特征点前后 $E_{j,\mathrm{norm}}-F_j$ 曲线的变化趋势一致，都经历从弹性到弹塑性至失效 3 个受力阶段，都存在弹性与弹塑性工作状态过渡点 P 及失效荷载点 Q。

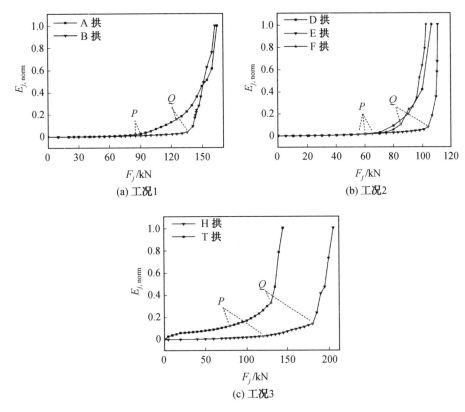

图 6.4　各种工况下拱模型的 $E_{j,\text{norm}} - F_j$ 曲线与特征点

特征点 P 揭示了拱结构受力状态在此点前后从弹性工作状态向弹塑性工作状态的过渡;特征点 Q 揭示了拱结构的受力状态从先前的正常受力状态突变到一个与之前不同的新的受力状态,换句话说,拱结构从 Q 点开始不再是平稳的受力状态,而进入破坏发展阶段。事实上,这里所得到的特征点 Q 即拱结构的失效荷载点,与目前所定义的拱结构极限荷载不同,失效荷载点所反映的是拱结构受力状态突变规律,是拱结构破坏的起点。表 6.2 列出了7 个拱模型的弹塑性分支点荷载、失效荷载、极限荷载。

表 6.2　拱模型特征荷载

拱编号	A	B	D	E	F	H	I
弹塑性分界点 /kN	85	90	55	65	55	120	80
失效荷载 /kN	125	135	85	104.1	85	180	130
极限荷载 /kN	165	163	107	111.4	103	206	145

6.3.2　拱模型受力状态模式演变特征

上文表明钢管混凝土拱的受力状态在失效荷载前后会发生明显的变化,这种变化在拱的位移中也会有一定的体现。以 A 拱为例,用位移测值(d)构建各个荷载下(F_j)受力状态模式:$S_j = \begin{bmatrix} d_{1j} & d_{2j} & \cdots & d_{Nj} \end{bmatrix}^{\mathrm{T}}$。图 6.5(a)展示了 A 拱 3 个截面(截面 3、截面 5、截面 7)

的位移所构成的受力状态模式随荷载的变化，图中虚线分别表示两个特征点的值。图 6.5(b) 是另一种受力状态形式的展示，可以看出，A 拱最大位移值出现在拱顶位置处，在工况 1 荷载作用下，拱顶向下凹陷，而四分点位置周围则向上拱出，整体拱结构呈现对称性特征。图 6.5(b) 还展示了典型截面 5 在前后两级荷载下的位移增量（位移差）随荷载的变化情况，在失效荷载 125 kN 之后，结构的位移增量变大，表明此时的位移开始急剧增加直至最后的破坏。

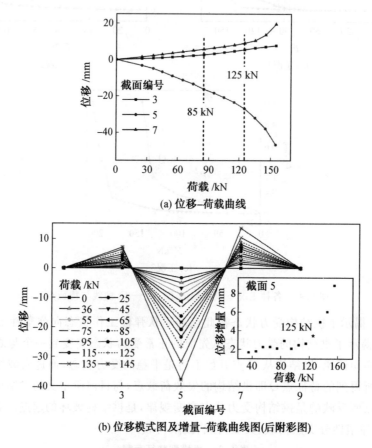

(a) 位移–荷载曲线

(b) 位移模式图及增量–荷载曲线图(后附彩图)

图 6.5　A 拱的位移受力状态模式与荷载关系曲线

同理，这里还给出 D 拱的位移受力状态模式与荷载关系曲线，如图 6.6 所示。同样，在其失效荷载 85 kN 之后，位移开始急剧增长，这是结构受力状态模式的变化在位移上的体现。

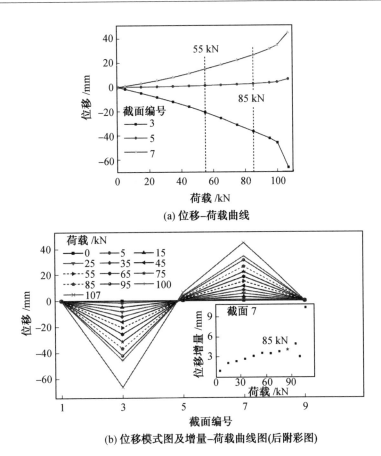

(a) 位移–荷载曲线

(b) 位移模式图及增量–荷载曲线图(后附彩图)

图 6.6　D拱的位移受力状态模式与荷载关系曲线

6.3.3　拱模型受力状态特征在应变中的反映

除了结构位移能反映失效荷载前后受力状态的变化外,失效荷载(受力状态跳跃特征)在用应变构建的结构受力状态模式中同样有所反映。以 A 拱为例,以其实测的应变数据(横向、纵向),分别构建受力状态模式 $S_j = \begin{bmatrix} \varepsilon_{1j} & \varepsilon_{2j} & \cdots & \varepsilon_{Nj} \end{bmatrix}^{\mathrm{T}}$,画出 $S_j - F_j$ 曲线,如图 6.7 所示。为了突出表现前后两级荷载下应变增量的变化情况,补充画出应变增量(应变差)随荷载变化的曲线,其中虚线分别表示两个特征点的值。

从图 6.7 可以看出,在工况 1 即拱顶集中荷载作用下,钢管混凝土试验拱的应变呈现以跨中为对称轴的对称分布形式,且以跨中应变发展最快。在 85 kN 之前,各个截面的应变值普遍很小,表明拱处于弹性受力状态;85 kN 后拱的应变尤其是拱顶位置处增大明显,拱进入塑性发展阶段;超过 125 kN 后,拱顶应变急剧增长,且应变增量变化明显,表现了一定的突变特征,拱处于破坏过程中,拱顶处急剧增长的应变表明拱在此阶段处于不安全的承载状态。

同理,这里还给出 D 拱的应变相关曲线,如图 6.8 所示,同样在其失效荷载 85 kN 之后,应变开始急剧增长,表现了结构受力状态模式的突变特征。

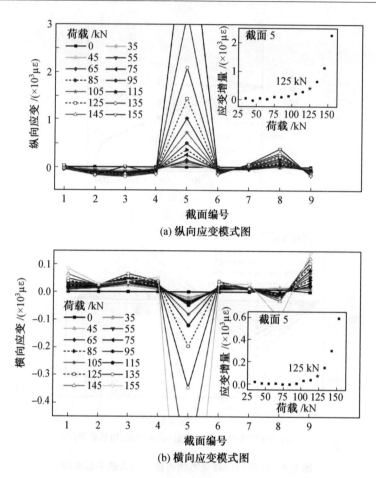

(a) 纵向应变模式图

(b) 横向应变模式图

图 6.7　A 拱受力状态模式与荷载关系曲线（后附彩图）

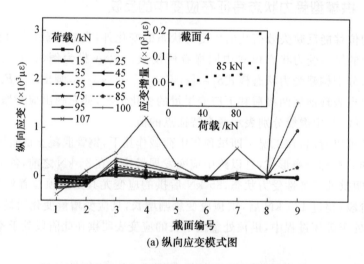

(a) 纵向应变模式图

图 6.8　D 拱受力状态模式与荷载关系曲线（后附彩图）

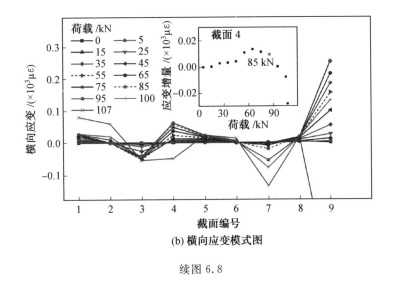

(b) 横向应变模式图

续图 6.8

6.4　拱模型受力状态子模式的特征

　　钢管混凝土拱在平面内竖向荷载的作用下,主要承受轴向压力及面内弯矩的作用。这里将拱的受力状态模式分成轴压受力状态模式及弯矩受力状态模式,并采用截面四个轴向应变的平均值来代表轴压应变的大小和随荷载的变化趋势,用截面上缘应变与下缘应变差值的平均值作为广义弯曲应变来衡量弯矩作用大小及随荷载的变化趋势。

　　以 A 拱为例,通过计算获得各级荷载作用下各截面的轴压应变及广义弯曲应变值,并画出分布模式图,为了直观表现两个荷载前后应变增量的变化情况,将拱顶处的增量—荷载变化曲线附在模式图旁,如图 6.9 所示,其中虚线分别表示 2 个特征点的值。从中可以看出,85 kN 和 125 kN 将整个受力状态分成 3 个阶段,从最初整体数值都较小的弹性受力状态至塑性的发展到最后数值急剧增长的失效阶段,都能从模式图中得到很好的体现。

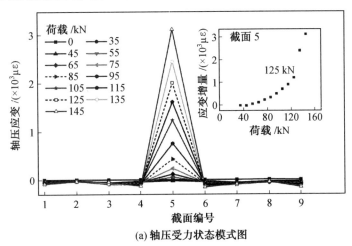

(a) 轴压受力状态模式图

图 6.9　A 拱受力状态子模式分布图(后附彩图)

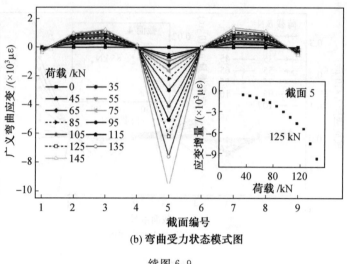

(b) 弯曲受力状态模式图

续图 6.9

拱所受的轴压和弯矩作用从作用效果及力学概念上是不一样的,为了探讨轴压和弯矩在钢管混凝土试验拱工作过程中的作用,这里应用结构受力状态分析理论的建模方法,将轴压及弯矩在结构从开始受力至最终破坏过程中各自贡献的大小加以计算,并画出能量－荷载曲线,算式为

$$E_{Ni} = \frac{1}{2}N_i\varepsilon_{1i} = \frac{1}{2}EA\varepsilon_{1i}^2, E_{Mi} = \frac{1}{2}M_i\kappa_i = \frac{1}{2}EI\kappa_i^2, \kappa_i = \frac{2\varepsilon_{2i}}{d} \quad (6.1)$$

式中,E_{Ni} 是第 i 个截面轴压作用的能量密度,ε_{1i} 为截面上所测四个轴向应变的平均值,A 为截面面积;E_{Mi} 是第 i 个截面弯曲作用的能量密度,I 为截面惯性矩,κ 为 i 截面的曲率,ε_{2i} 为截面上缘应变与下缘应变差值的平均值,d 为截面直径。

以 A 拱为例,基于广义弹性理论,将各个截面的轴向应变用式(6.1)计算再求和,得到各级荷载下对应于轴压和弯曲形式的能量密度值,作能量密度－荷载曲线。如图 6.10 所示,可以看出在 85 kN 之前,轴压及弯矩对拱受力的影响程度是相当的,此时拱受力较均衡,呈弹性受力状态;在 85 kN 之后,弯矩能量密度值与轴压能量密度值产生分叉,弯矩能量密度增长速度变快,而轴压能量密度值增长依旧缓慢,直至最终拱的破坏,轴压能量密度值远远小于弯矩能量密度值,表明弯矩作用在拱结构整个受力过程中起绝对控制作用。

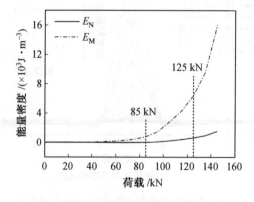

图 6.10 A 拱的能量密度－荷载曲线

6.5　拱模型有限元模型的建立及参数分析

6.5.1　单元类型和初始缺陷

本节采用 ABAQUS 软件进行拱的建模及参数分析,在选择单元类型时采用 B21 梁单元来进行钢管混凝土拱的模拟,并考虑双重非线性的影响。由于钢管和混凝土之间有接触,因此为了实现接触位置处两种材料的关联,建立拱肋时选择建立两个梁单元,且分别定义钢管和混凝土的材料属性;而两者之间的共同工作,通过两种单元的两端共用节点来保证。

钢管混凝土拱结构的受力受初始缺陷的影响较大,在有限元模拟中,考虑了几何缺陷。根据《钢管混凝土拱桥技术规范》(GB 50923—2013)对拱肋最大缺陷幅值的相关规定和要求,最终初始缺陷最大幅值取拱弧长的 1/1 000。

6.5.2　材料本构

本节有限元模拟所采用的钢材及混凝土的本构与 5.4.3 节及 5.4.4 节介绍的材料本构一致,因此这里不再赘述。

6.5.3　有限元模型及验证

这里以 A 拱为例。图 6.11 为有限元软件 ABAQUS 建立的 A 拱模型,施加荷载后得到的模拟数据用来与试验数据进行对比,如图 6.12 所示。这里画出模拟和试验四分点处的位移曲线及拱的 $E_{j,\mathrm{norm}}-F_j$ 曲线来进行对比说明,从图中可以看出曲线吻合程度较高,趋势及特征点基本一致。因此所建立的有限元模型是有效的,可以用来进行进一步模拟分析。

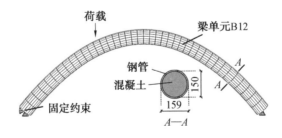

图 6.11　A 拱的有限元模型图

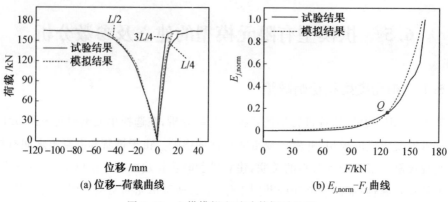

图 6.12　A 拱模拟和试验数据对比图

6.5.4　参数分析

在竖向荷载作用下,钢管混凝土拱处于压弯受力状态,矢跨比、长细比、含钢率、钢材强度及混凝土强度等因素将对拱的受力状态产生不同的影响。采用有限元模拟方法可以大批量、高效率地分析不同参数改变对拱结构失效荷载及极限荷载的影响程度和规律。在实际模拟过程中,每次仅改变其中一个参数并保证其他参数不变,共设计 28 组拱,见表 6.3:前 5 组改变拱的矢跨比,6 ~ 15 组改变拱的长细比,16 ~ 19 组改变拱的含钢率,20 ~ 21 组改变钢材强度,22 ~ 28 组改变混凝土强度。对这 28 组拱分别施加拱顶集中荷载、四分点单点荷载及均布荷载三种荷载,将不同荷载下得到的失效荷载及极限荷载同样列于表 6.3。从表 6.3 可以看出,失效荷载及极限荷载的大小将随着矢跨比的增大而增大,长细比的增大而减小,含钢率的增大而增大,钢材强度的增大而增大,混凝土强度的增大而增大。其中混凝土强度的变化对失效荷载及极限荷载的影响相对较小。

表 6.3　不同参数和荷载情况下钢管混凝土拱的失效荷载及极限荷载

序号	$\dfrac{f}{L}$	λ	a_s	f_y /MPa	f_c /MPa	Q_1 /kN	Q_2 /kN	Q_3 /kN	U_1 /kN	U_2 /kN	U_3 /kN
1	0.20	100	0.10	345	40	88.45	59.22	142.88	120.73	81.43	180.68
2	0.25	100	0.10	345	40	100.51	70.56	170.75	144.04	97.02	217.15
3	0.30	100	0.10	345	40	113.53	83.23	199.48	168.40	120.43	254.00
4	0.35	100	0.10	345	40	130.87	90.53	233.78	199.88	135.47	300.05
5	0.40	100	0.10	345	40	145.70	105.70	260.83	235.53	150.34	348.75
6	0.30	60	0.10	345	40	545.58	388.48	674.66	824.86	585.71	401.26
7	0.30	70	0.10	345	40	340.23	246.61	477.55	501.33	367.47	467.19
8	0.30	80	0.10	345	40	225.07	160.65	345.02	336.15	241.57	886.67
9	0.30	90	0.10	345	40	156.74	116.70	258.59	234.40	167.46	616.60
10	0.30	110	0.10	345	40	84.87	62.01	157.49	125.28	89.76	332.48
11	0.30	120	0.10	345	40	64.99	47.86	131.40	94.86	68.10	198.19
12	0.30	130	0.10	345	40	50.79	37.99	106.55	74.04	53.242	125.33

续表 6.3

序号	$\dfrac{f}{L}$	λ	a_s	f_y /MPa	f_c /MPa	Q_1 /kN	Q_2 /kN	Q_3 /kN	U_1 /kN	U_2 /kN	U_3 /kN
13	0.30	140	0.10	345	40	40.76	29.70	88.23	58.50	42.14	101.44
14	0.30	150	0.10	345	40	32.75	24.80	74.72	46.76	33.74	82.35
15	0.30	160	0.10	345	40	27.34	20.32	64.08	38.59	26.97	68.50
12	0.30	130	0.10	345	40	50.79	37.99	106.55	74.04	53.242	125.33
13	0.30	140	0.10	345	40	40.76	29.70	88.23	58.50	42.14	101.44
14	0.30	150	0.10	345	40	32.75	24.80	74.72	46.76	33.74	82.35
15	0.30	160	0.10	345	40	27.34	20.32	64.08	38.59	26.97	68.50
16	0.30	100	0.06	345	40	85.50	59.33	153.87	127.08	89.89	198.82
17	0.30	100	0.08	345	40	99.91	71.49	177.54	146.78	104.04	226.04
18	0.30	100	0.12	345	40	125.98	93.70	226.76	183.90	131.44	273.91
19	0.30	100	0.14	345	40	136.57	103.33	245.37	196.97	140.68	290.78
20	0.30	100	0.10	235	40	80.69	65.50	142.77	138.88	99.41	214.44
21	0.30	100	0.10	300	40	100.66	76.85	176.88	156.48	111.96	238.39
22	0.30	100	0.10	400	40	128.92	90.95	225.58	182.61	130.55	272.07
23	0.30	100	0.10	345	30	109.42	80.62	188.86	158.86	113.24	235.33
24	0.30	100	0.10	345	35	111.51	82.47	194.60	163.64	116.86	244.65
25	0.30	100	0.10	345	45	115.50	85.41	203.49	173.14	123.04	263.03
26	0.30	100	0.10	345	50	117.43	87.18	207.49	174.67	126.06	270.30
27	0.30	100	0.10	345	55	119.50	88.37	212.50	180.26	128.05	281.87
28	0.30	100	0.10	345	60	121.52	89.23	217.44	185.77	132.11	293.08

注: $\dfrac{f}{L}$ 为矢跨比；λ 为长细比；α_s 为含钢比；f_y 为钢材层服强度；f_c 为混凝土抗压强度；$Q_1 \sim Q_3$ 与 $U_1 \sim U_3$ 为在荷载工况 $1 \sim 3$ 下的结构失效荷载与极限荷载。

6.6　拱模型失效荷载与极限荷载的预测公式

根据表 6.3 中不同参数变化引起的钢管混凝土拱失效荷载和极限荷载数值的改变，可以拟合出涉及这些参数的预测拱失效荷载及极限荷载的计算公式，即

$$F = \left(\frac{f}{L}\right)^{\alpha} \lambda^{\beta} \left[\pi \left(2\frac{L}{\lambda}\right)^2\right] \times \left[\delta(1-\alpha_s)f_c + \mu\alpha_s f_y\right]/1\ 000 \qquad (6.2)$$

式中，F 是钢管混凝土拱的失效荷载或极限荷载；α、β、d、μ 是不同的系数或指数，见表 6.4。

表 6.4　在不同计算情况下式(6.2)的系数值

F	工况	α	β	δ	μ
	1	0.898	−1.041	2.577	8.991
Q	2	0.817	−1.035	1.747	5.587
	3	0.906	−0.401	0.263	0.799
	1	0.840	−1.107	6.752	14.518
U	2	0.885	−1.138	5.901	12.359
	3	1.133	−0.470	0.959	1.454

为了验证式(6.2)的正确性,引入式(6.3)来计算式(6.2)的计算结果与有限元模拟结果之间的误差,即

$$E_r = \frac{F - F_{\text{true}}}{F_{\text{true}}} \times 100\% \tag{6.3}$$

式中,F_{true} 为有限元模拟中钢管混凝土拱的失效荷载或极限荷载。

将表6.3中28组钢管混凝土拱的参数代入式(6.3)进行计算,并用式(6.3)计算结果与表6.3中模拟结果的误差,图6.13描述了在不同工况下误差的分布情况。

从图6.13可以看出,误差基本都很小,偶尔有两三个误差较大,但也在可接受的范围内,平均误差更是基本保持在1%之内,表明式(6.2)很好地描述了结构的材料及几何参数与失效荷载或极限荷载之间的关系,提供了一个较为准确的计算公式。

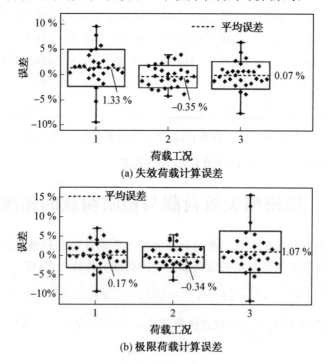

图 6.13　不同荷载工况下计算误差范围

本章参考文献

[1] 钟善桐. 钢管混凝土结构在我国的应用和发展 [J]. 建筑技术,2001,32(2):80-82.

[2] ZHENG J, WANG J. Concrete-filled steel tube arch bridges in China [J]. Engineering, 2017, 4(1): 143-155.

[3] 钟善桐. 钢管混凝土结构 [M]. 北京:清华大学出版社,2003.

[4] 陈宝春. 拱桥技术的回顾与展望 [J]. 福州大学学报,2009,37(1):94-106.

[5] CHEN B C. Recent development and future trends of arch bridges [C]//7th International Conference on Arch Bridges. Split: Croatia, 2013.

[6] 陈少峰. 钢管混凝土拱桥施工监控方法研究及工程应用 [D]. 北京:北京工业大学, 2007.

[7] CHEN B C. An overview of concrete and CFST arch bridges in China [C] // 5th International Conference on Arch Bridges. Madeira: Portugal, 2007.

[8] 陈宝春. 钢管混凝土拱桥 [M]. 北京:人民交通出版社,2007.

[9] CHATTERJEE P N. On the deflection theory of ribbed two-hinged elastic arches [D]. Illinois: The University of Illinois, 1948.

[10] 陈宝春. 钢管混凝土拱桥发展综述 [J]. 桥梁建设, 1997, 2: 8-13.

[11] ZONG Z H, JAISHI B, GE J P, et al. Dynamic analysis of a half-through concrete-filled steel tubular arch bridge [J]. Engineering Structures, 2005, 27(1):3-15.

[12] 孙潮, 陈友杰. 钢管混凝土拱桥 [M]. 北京:人民交通出版社, 2015.

[13] 崔军, 王景波, 孙炳楠. 大跨度钢管混凝土拱桥非线性稳定性分析 [J]. 哈尔滨工业大学学报, 2003, 35(7): 876-878.

[14] 胡大琳, 哈依. 大跨径钢管混凝土拱桥空间几何非线性分析 [J]. 中国公路学报, 1998, 2: 45-51.

[15] 陈立玲, 刘成传. 钢管混凝土拱桥计算理论研究 [J]. 中国建材科技,2009, 3: 102-103.

[16] 陈宝春. 钢管混凝土拱桥计算理论研究进展 [J]. 土木工程学报,2003,36 (12):47-57.

[17] 王元清, 姜波, 石永久, 等. 大跨度钢管混凝土拱桥施工稳定性分析 [J]. 铁道科学与工程学报, 2006, 3 (5):1-5.

[18] 栾娟. 钢管混凝土拱桥的稳定性分析 [D]. 西安:长安大学,2009.

[19] LI Z L, ZHOU P Y. Research on overall stability of concrete-filled steel tubular bowstring arch bridge [J]. Advanced Materials Research, 2011, 243-249: 1988-1994.

[20] 李晓倩. 钢管混凝土抛物线拱平面内稳定性能研究 [D]. 哈尔滨:哈尔滨工业大学, 2013.

[21] LIU C Y, WANG W Y, WU X R, et al. In-plane stability of fixed concrete-filled steel tubular parabolic arches under combined bending and compression [J]. Journal of Bridge Engineering, 2017, 22(2): 16-19.

[22] WU X R, LIU C Y, WANG W, et al. In-plane strength and design of fixed concrete-filled steel tubular parabolic arches [J]. Journal of Bridge Engineering, 2015, 20

(12)：15-20.

[23] LUO K，PI Y L，GAO W，et al. Investigation into long-term behavior and stability of concrete-filled steel tubular arches [J]. Journal of Constructional Steel Research，2015，104：127-136.

[24] 中华人民共和国交通运输部. 公路钢筋混凝土及预应力混凝土桥涵设计规范：JTG D62—2004 [S]. 北京：人民交通出版社，2004.

[25] 中国工程建设标准化协会. 钢管混凝土结构设计与施工规程：CECS28：2012 [S]. 北京：中国建筑科学研究院，2012.

[26] 中华人民共和国住房和城乡建设部. 钢管混凝土拱桥技术规范：GB 50923—2013 [J]. 北京：中国计划出版社，2013.

[27] 陈宝春，秦泽豹. 钢管混凝土(单圆管)肋拱面内极限承载力计算的等效梁柱法 [J]. 铁道学报，2006，28(6)：99-104.

[28] 韦建刚，陈宝春，吴庆雄. 钢管混凝土纯压拱失稳临界荷载计算的等效柱法 [J]. 计算力学学报，2010，27(4)：698-703.

[29] LIU Y，WANG D，ZHU Y Z. Analysis of ultimate load-bearing capacity of long-span CFST arch bridges [J]. Applied Mechanics & Materials，2011，90-93(1)：1149-1156.

[30] 陈宝春，陈友杰. 钢管混凝土肋拱面内受力全过程试验研究 [J]. 工程力学，2000，17(2)：44-50.

[31] 于洪刚，周永兴，陈强，等. 钢管初应力对大跨径钢管混凝土拱桥稳定承载力的影响 [J]. 长沙理工大学学报(自然科学版)，2005，2(02)：18-22.

[32] 程进，江见鲸，肖汝诚. 拱桥结构极限承载力的研究现状与发展 [J]. 公路交通科技，2002，19(4)：57-59.

[33] 王玉银，惠中华. 钢管混凝土拱桥施工全过程与关键技术 [M]. 北京：机械工业出版社，2010.

[34] 陈宝春. 钢管混凝土拱桥的设计计算 [J]. 工程力学，1997(增刊)：450-454.

[35] 陈宝春. 钢管混凝土拱桥设计与施工 [M]. 北京：人民交通出版社，1999.

[36] 陈政清，曾庆元，颜全胜. 空间杆系结构大挠度问题内力分析的 UL 列式法 [J]. 土木工程学报，1992(5)：34-44.

[37] 潘家英，程庆国. 大跨度悬索桥有限位移分析 [J]. 土木工程学报，1994(1)：1-10.

[38] PI Y L，LIU C Y，BRADFORD M A，et al. In-plane strength of concrete-filled steel tubular circular arches [J]. Journal of Constructional Steel Research，2012，69(1)：77-94.

[39] PI Y L，TRAHAIR N S. In-plane buckling and design of steel arches [J]. Journal of Structural Engineering，1999，125(1)：1291-1298.

[40] KOMATSU S，SAKIMOTO T. Ultimate load carrying capacity of steel arches [J]. Journal of the Structural Division，1977，103(12)：2323-2336.

[41] 谢幼藩，陈克济. 拱桥面内稳定性计算的探讨 [J]. 西南交通大学学报，1982(1)：4-14.

[42] HAN X，ZHU B，LIU G M，et al. The analysis of double-nonlinearity stability of concrete filled steel-tube archbridge [J]. Advanced Materials Research，2013，724-725：1709-1713.

[43] ZHANG Y Y，YU C L. Nonlinear stability impact of concrete-filled steel tube arch

bridge [J]. Advanced Materials Research，2013，785-786：1168-1171.

[44] 王铁军. 大跨径钢管砼拱变形对其承载力影响研究 [D].重庆:重庆交通大学,2011.

[45] 陈宝春,赖秀英. 钢管混凝土收缩变形与钢管混凝土拱收缩应力 [J].铁道学报,
2016，12(2):112-123.

[46] 刘祖祥. 钢管混凝土拱桥拱轴线线型的探讨 [J].哈尔滨工业大学学报,2003,35(1):
72-75.

[47] 薛兆锋. 桁架拱桥设计中拱轴线型式对结构内力影响的研究 [J].青海交通科技,
2008(1):33-35.

[48] 胡盛华. 大跨度钢管混凝土拱桥收缩徐变及温度效应研究 [D].长沙:湖南大学,
2008.

[49] ICHINOSE L H，WATANABE E，NAKAI H. An experimental study on creep of
concrete filled steel pipes [J]. Journal of Constructional Steel Research，2001，57
(4)：453-466.

[50] SHRESTHA K M，CHEN B C，CHEN Y F. State of the art of creep of concrete
filled steel tubular arches [J]. Journal of Civil Engineering，2011，15(1)：145-151.

[51] 史俊. 基于结构受力状态分析理论的结构共性工作性能分析 [D].哈尔滨:哈尔滨工
业大学,2018.

[52] 李震. 不锈钢管混凝土短柱和钢管混凝土拱受力状态及失效准则研究 [D].哈尔滨:
哈尔滨工业大学，2017.

[53] SHI J，LI W T，LI P C，et al. Experimental investigation into stressing state charac-
teristics of large-curvature continuous steel box-girder bridge model [J]. Construc-
tion & Building Materials. 2018,178:574-583.

[54] SHI J，LI P C，CHEN W Z，et al. Structural state of stress analysis of concrete-filled
stainless steel tubular short columns [J]. Stahlbau. 2018，87(6)：600-610.

[55] SHI J，XIAO H H，ZHENG K K，et al. Essential stressing state features of a large-
curvature continuous steel box girder bridge model revealed by modeling experimen-
tal data [J]. Thin-Walled Structures，2019，143：1-10.

[56] SHI J，SHEN J Y，ZHOU G C，et al. Stressing state analysis of large curvature con-
tinuous prestressed concrete box-girder bridge model [J]. Civil Engineering and
Management，2019，25(5)：411-421.

[57] SHI J，YANG K K，ZHENG K K，et al. An investigation into working behavior
characteristics of parabolic CFST arches applying structural stressing state theory
[J]. Civil Engineering and Management，2019，25(3)：215-227.

[58] SHI J，ZHENG K K，TAN Y Q，et al. Response simulating interpolation methods
for expanding experimental data based on numerical shape functions [J]. Computers
& Structures，2019，218：1-8.

第 7 章 配筋砌体剪力墙受力状态分析

7.1 引 言

配筋砌体剪力墙滞回工作过程(拟静力动力响应过程)经历零、正、负荷载点,其承载能力的确定一直是结构工程的难点问题。有关结构模型试验记录了大量的应变与位移数据,但一般限于滞回曲线或骨架曲线的分析。虽然已经建立了数十个公式来预测配筋砌体剪力墙承载能力,但仍然未给出足够精确的预测结果,致使有关配筋砌体剪力墙设计荷载只能以保守的、经验性的方法进行确定。本章对一组配筋砌体剪力墙结构滞回试验数据进行的受力状态建模分析,将为此难点问题的解决开辟新的途径,分析内容有:

(1)对剪力墙试验应变数据进行受力状态建模,给出了广义应变能密度和值-荷载关系曲线,应用相关性准则判定剪力墙受力状态的跳跃特征点,即结构失效定律所界定的剪力墙滞回破坏的起点。

(2)应用试验应变数据构建了剪力墙受力状态子模式及相应特征参数,揭示并验证了剪力墙滞回受力状态跳跃特征。

(3)应用相关性准则判定了剪力墙滞回受力状态的弹塑性分支点荷载。

7.2 配筋砌体剪力墙滞回工作性能试验

本章引用的 6 个配筋砌体剪力墙滞回试验模型是根据《砌体结构设计规范》(GB 50003—2011)设计的。图 7.1(a)展示了模型的尺寸、配筋、钢材类型、约束条件。图 7.1(b)展示了所用的混凝土砌块类型,砌块强度指标是 MU20,主体砌块尺寸为 390 mm×290 mm×190 mm,附属砌块尺寸是 190 mm×290 mm×190 mm;砂浆设计强度为 Mb15;填充混凝土强度为 Cb40;水平配筋使用 A8 钢筋(HPB235 级),竖向配筋采用 B16 和 B25 钢筋(HRB335 级)。表 7.1 列出了剪力墙模型构造参数。图 7.2 展示了试验装置,竖向均布恒载通过墙体上部边缘的横梁中点的千斤顶施加,对墙 J1、J3、J5 为 0.15 kN,对墙 J2、J4、J6 为 0.2 kN。试验中测量了钢筋上的应变,测点如图 7.2(a)所示。试验测量了墙面上的应变及墙竖向边缘水平位移,测点如图 7.2(b)所示。

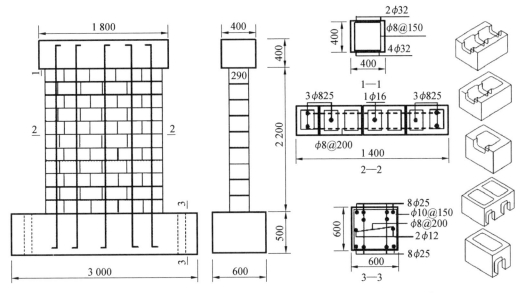

(a) 剪刀墙尺寸、配筋、钢材类型、约束条件　　　　　(b) 砌块类型

图 7.1　配筋砌体剪力墙模型构造

表 7.1　配筋砌体剪力墙模型构造参数

墙号	墙高/mm	剪跨比	墙宽/mm	铅垂力/MPa	竖向配筋率	水平配筋率
J1,J2	2 200	1.85	1 400	1.5,2.0	0.77%	0.17%
J2,J4	1 200	0.92	1 400	1.5,2.0	0.77%	0.17%
J3,J6	1 800	1.38	1 400	1.5,2.0	0.77%	0.17%

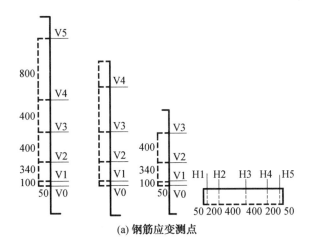

(a) 钢筋应变测点

图 7.2　试验装置、应变片与位移计布置

(LVDT 指位移计,V 与 H 表示竖向与水平向应变片,符号 "⌐" 与 "|" 表示墙面上的应变花与竖向应变片)

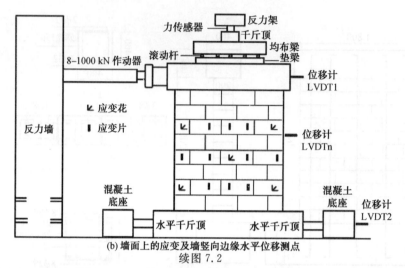

(b) 墙面上的应变及墙竖向边缘水平位移测点

续图7.2

　　目前常用的低周往复试验的加载方式有3种：力控制加载方式、位移控制加载方式、力—位移混合控制加载方式。此试验使用 MTS 作动器逐级施加水平荷载，并采用力—位移混合控制加载方式，加载方案如图7.3所示。在弹性工作阶段，根据剪力墙的实际刚度确定加载方式：试件开裂前，J1、J2、J5 和 J6 均采用位移控制加载方式，J3、J4 由于设计剪跨比较小，初期刚度很大，决定采用力控制加载方式（循环 1 次）；出现裂缝后 6 个试件均采用位移控制加载方式，每级荷载循环 2 次。水平最大位移处和位移零点处都采集钢筋应变，第 2 次循环到达最大位移时，观察墙面裂缝。考虑到现场工作人员的安全问题和实际破坏形态，墙片的水平推力下降到极限荷载（预估的）的 80% 以下时停止加载。

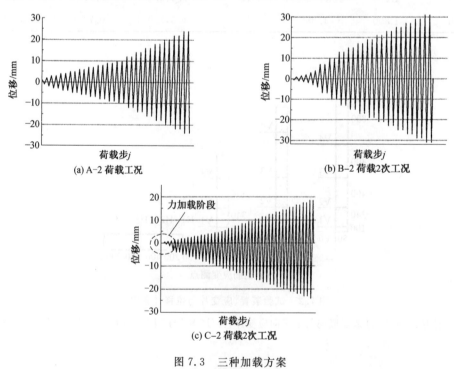

(a) A-2 荷载工况　　　　　　　(b) B-2 荷载2次工况

(c) C-2 荷载2次工况

图 7.3　三种加载方案

7.3　剪力墙模型受力状态建模及特征荷载

7.3.1　剪力墙模型受力状态特征对

由于是往复循环加载试验,剪力墙模型的一个滞回响应过程进行了 4 次应变与位移数据采集,分别在正向加载起点Ⅰ、正向加载终点Ⅱ、负向加载起点Ⅲ、负向加载终点Ⅳ。这样,剪力墙每个滞回工作过程分为 4 个阶段:Ⅰ→Ⅱ、Ⅱ→Ⅲ、Ⅲ→Ⅳ、Ⅳ→Ⅰ。

结构受力状态建模分析首先是应用式(2.1)把应变数据转换为广义应变能(GSED)数据(状态变量),再以 GSED 数据构建剪力墙模型的受力状态特征对,即受力状态模式及特征参数。对于剪力墙模型的 1 次往复荷载,正负向加载幅值(F_j^+、F_j^-)对应的应变数据自然是最重要的,取此时的 GSED 值构建水平钢筋、竖向钢筋、表面砌体的受力状态模式S_j^h、S_j^v、S_j^c。以剪力墙 J2 为例,其在第 j 次循环加载内第Ⅱ个荷载点的受力状态模式与特征参数为

$$S_j^h = \begin{bmatrix} e_{h1}^1 & e_{h2}^1 & e_{h3}^1 & e_{h4}^1 & e_{h5}^1 \\ \vdots & \vdots & \vdots & \vdots & \vdots \\ e_{h1}^5 & e_{h2}^5 & e_{h3}^5 & e_{h4}^5 & e_{h5}^5 \end{bmatrix}_j^{\text{Ⅱ}}, \quad S_j^v = \begin{bmatrix} e_{v1}^1 & e_{v2}^1 & e_{v3}^1 & e_{v4}^1 & e_{v5}^1 \\ \vdots & \vdots & \vdots & \vdots & \vdots \\ e_{v1}^5 & e_{v2}^5 & e_{v3}^5 & e_{v4}^5 & e_{v5}^5 \end{bmatrix}_j^{\text{Ⅱ}},$$

$$S_j^c = \begin{bmatrix} e_{c1}^1 & e_{c2}^1 & e_{c3}^1 & e_{c4}^1 & e_{c5}^1 \\ e_{c1}^2 & e_{c2}^2 & e_{c3}^2 & e_{c4}^2 & e_{c5}^2 \\ e_{c1}^3 & e_{c2}^3 & e_{c3}^3 & e_{c4}^3 & e_{c5}^3 \end{bmatrix}_j^{\text{Ⅱ}} \tag{7.1}$$

其中,e 是 GSED 值;h 和 v 表示水平和竖向钢筋;c 表示剪力墙表面;上下脚标表示测点的行列号。取式(7.1)各个矩阵元素的和表征受力状态模式:$E_j^h = \sum_{k=1}^{5} \sum_{i=1}^{5} e_{hi}^k$、$E_j^v = \sum_{k=1}^{5} \sum_{i=1}^{5} e_{vi}^k$、$E_j^c = \sum_{k=1}^{3} \sum_{i=1}^{5} e_{ci}^k$。这样,就形成了受力状态特征对:$(S_j^h, E_j^h)$、$(S_j^v, E_j^v)$、$(S_j^c, E_j^c)$。进而,剪力墙整体受力状态模式为

$$S_j^{\text{Ⅱ}} = \begin{bmatrix} S_j^h & S_j^v & S_j^c \end{bmatrix}_j^{\text{Ⅱ}} \tag{7.2}$$

相应地,受力状态模式S_j中归一化的 GSED 和值 $E_j^{\text{Ⅱ}}$ 可以用来作为受力状态特征参数

$$E_j^{\text{Ⅱ}} = \frac{\sum_{i=1}^{N} e_{ij}}{e_M} \tag{7.3}$$

式中,N 是受力状态数值模式中元素的数目;e_M 是各个荷载下 GSED 和值(E)中的最大值。则剪力墙整体受力状态特征对为$(S_j^{\text{Ⅱ}}, E_j^{\text{Ⅱ}})$。类似地,可以得到负向荷载幅值下即第Ⅳ荷载点的受力状态模式与特征参数$(S_j^{\text{Ⅳ}}, E_j^{\text{Ⅳ}})$。对于正负向起点处残余应变数据,即第Ⅰ、Ⅲ荷载点时、也可以给出受力状态特征对$(S_j^{\text{Ⅰ}}, E_j^{\text{Ⅰ}})$、$(S_j^{\text{Ⅲ}}, E_j^{\text{Ⅲ}})$。下面考察剪力墙模型受力状态特征对随荷载演变的特征。

7.3.2　剪力墙模型受力状态演变特征判定

首先考察正负向荷载幅值下剪力墙受力状态演变特征。根据竖向压力的不同,将剪力墙模型分为两组进行受力状态分析。一组竖向压力为 0.2 kN 的剪力墙模型 J2、J4、J6;另一

组为竖向压力为 0.15 kN 的剪力墙模型 J1、J3、J5。对第 1 组剪力墙模型,考察在正负向荷载幅值时的受力状态演变特征。对第 2 组剪力墙模型,考察在零荷载时的受力状态特征,即以残余应变来考察剪力墙模型受力状态演变。本节对第一组剪力墙模型的受力状态分析如下。

绘出特征参数-荷载曲线,即 $E_j^{II}-F_j$ 和 $E_j^{IV}-F_j$ 曲线,如图 7.4(a) 所示。图 7.4(b) 绘出了 E_j^{II} 和 E_j^{IV} 的均值曲线 $\bar{E}_j-F_j$。然后,应用 M-K 准则(参见 2.5.1 节)或者相关性判定准则(参见 2.5.3 节),可以判别出特征点 P 和 F,分别用星点"★"和圆点"●"示于图中。三种受力状态特征参数曲线呈现了同样的特征点。根据受力状态理论,P 点是剪力墙模型从"弹性"工作状态进入"弹塑性"工作状态的界点,从 P 点开始,剪力墙模型逐渐有了残余变形累积。实际上,P 点前剪力墙模型可能已经有了微小的残余变形,但没有对剪力墙模型整体受力状态产生明显的影响。F 点是剪力墙模型从"弹塑性"工作状态进入"破坏或失效"工作状态的界点,即剪力墙模型破坏过程的起点,终点是剪力墙模型的极限状态。F 点的出现是残余变形逐渐累积的结果,是剪力墙模型受力状态演变从量变到质变的界点。应指出的是:剪力墙模型的实测应变数据具有很大的随机变异性,传统的分析方法只能选择变异较小的应变数据作为验证性的举证,以致有些试验甚至不测量应变。但是,对试验应变数据的建模所产生的广义应变能密度数据,能清晰地展示结构受力状态演变趋势,并体现演变的特征点。可见,广义应变能密度建模能有效地剔除实测应变数据随机的变异,使结构趋势性工作特征得以体现。

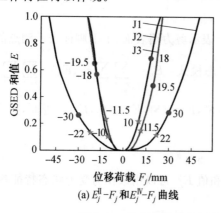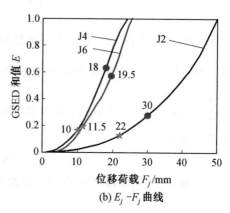

(a) $E_j^{II}-F_j$ 和 $E_j^{IV}-F_j$ 曲线 (b) $\bar{E}_j-F_j$ 曲线

图 7.4 剪力墙模型受力状态演变曲线与跳跃点(P— ★;F— ●)

得到剪力墙模型受力状态特征点之后,现在考察对应特征点的受力状态模式是否也呈现跳跃或突变特征。为简单起见,以水平钢筋、竖向钢筋、表面砌体的受力状态特征参数 E_j^h、E_j^v、E_j^c 构建剪力墙受力状态模式 $S_j^{II}=[E_j^h,E_j^v,E_j^c]^T$ 或 $S_j^{IV}=[E_j^h,E_j^v,E_j^c]^T$,再绘出 $S_j^{II}-F_j$ 和 $S_j^{IV}-F_j$ 曲线来表现受力状态模式演变,如图 7.5 所示。观察这些曲线在 P、F 点附近的变化,可以看出:两点前后受力状态模式均发生了跳跃,在 P 点处受力状态呈现的是量变程度的"跳跃"——形态不变;而在 F 点处受力状态呈现的是量变到质变的"跳跃"——形态的改变。这就是 P 点定义为结构"弹塑性"分支点、F 点定义为结构破坏起点的原因。

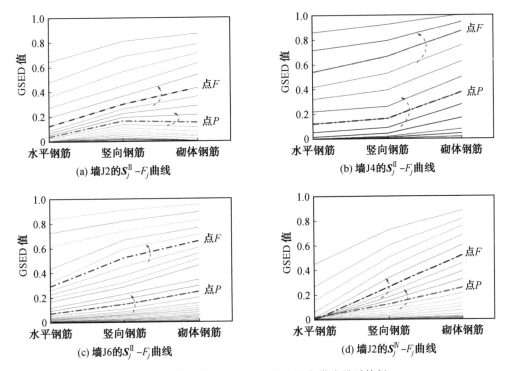

图 7.5 剪力墙 J2、J4、J6 的受力状态模式跳跃特征

7.3.3 剪力墙模型受力状态子模式演变特征

本节以剪力墙 J2 为例,考察水平钢筋、竖向钢筋、表面砌体的受力状态特征对 (S_j^h, E_j^h)、(S_j^v, E_j^v)、(S_j^c, E_j^c) 演变特征。水平钢筋、竖向钢筋、表面砌体受力状态特征对为

$$S_j^h = [e_{1j}^h \ e_{2j}^h \ e_{3j}^h \ e_{4j}^h \ e_{5j}^h \ e_{6j}^h]^T \text{、} S_j^v = [e_{1j}^v \ e_{3j}^v \ e_{4j}^v \ e_{5j}^v]^T \text{、} S_j^c = [e_{1j}^c \ e_{2j}^c \ e_{3j}^c]^T \quad (7.4)$$

$$E_j^h = \sum_i e_{ij}^h \text{、} E_j^v = \sum_i e_{ij}^v \text{、} E_j^c = \sum_i e_{ij}^c \quad (7.5)$$

其中,e_{ij}^h、e_{ij}^v、e_{ij}^c 分别为水平钢筋、竖向钢筋、表面砌体的 GSED 值;GSED 和值 E_j^h、E_j^v、E_j^c 表征相应的受力状态模式。为突出特征参数 E_j^h、E_j^v、E_j^c 随荷载变化的跳跃特征,再以它们在相邻荷载之间的差值($\Delta E_j = E_j - E_{j-1}$)作为受力状态特征参数,绘出 $\Delta E_{j,j-1}^h - F_j$、$\Delta E_{j,j-1}^v - F_j$、$\Delta E_{j,j-1}^c - F_j$ 曲线,如图 7.6 所示。可以看出:① 在剪力墙模型弹塑性分支点附近,水平钢筋与砌体表面呈现了量变特征;② 在剪力墙模型破坏起点前后,水平钢筋和竖向钢筋呈现出明显的跳跃特征。剪力墙受力状态子模式的跳跃点不一定与剪力墙整体受力状态跳跃点一致,但是某个或某几个受力状态子模式的跳跃一定会发生在结构整体受力状态跳跃之前,这符合结构局部破坏逐渐累积才能导致结构整体破坏的规律性特征。

相应地,绘出 $S_j^h - F_j$、$S_j^v - F_j$、$S_j^c - F_j$ 曲线来观察受力状态子模式的演变特征,如图7.7与 7.8 所示。可以看出,各个受力状态子模式在特征点 P、F 前后都呈现出一定程度的幅度或形态跳跃特征。

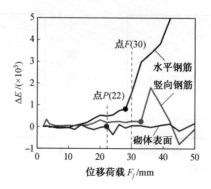

图 7.6　剪力墙 J2 的 $\Delta E_j^h - F_j$、$\Delta E_j^v - F_j$、$\Delta E_j^c - F_j$ 曲线

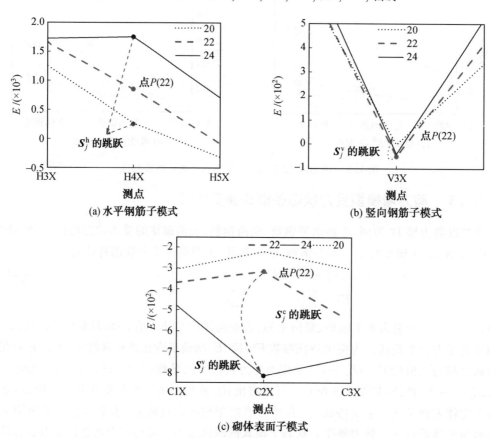

图 7.7　剪力墙 J2 受力状态子模式在弹塑性分支点 P 前后的演变特征

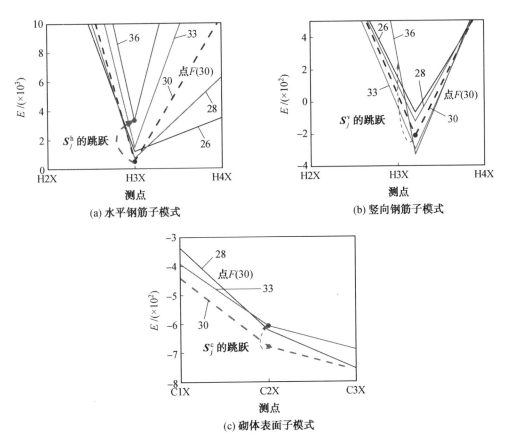

图 7.8　剪力墙 J2 受力状态子模式在失效点 F 前后的演变特征

7.3.4　剪力墙模型受力状态相关性演变特征

构成剪力墙模型的水平钢筋、竖向钢筋、表面砌体的受力状态特征参数（GSED）和值 E_j^h、E_j^v、E_j^c 之间存在着必然的关联性，且关联性随荷载增加的演变也定会体现出以上所揭示的弹塑性分支点、失效点特征。因此，可以给出各个组成部分的相关性参数：

$$R_j^{h,v} \sim [(E_j^{+h} + E_j^{-h})/2, (E_j^{+v} + E_j^{-v})/2]$$
$$R_j^{h,c} \sim [(E_j^{+h} + E_j^{-h})/2, (E_j^{+c} + E_j^{-c})/2] \tag{7.6}$$
$$R_j^{v,c} \sim [(E_j^{+v} + E_j^{-v})/2, (E_j^{+c} + E_j^{-c})/2]$$

图 7.9 展示了第一组剪力墙模型 J2、J4、J6 的 $R_j^{h,v} - F_j$ 曲线，图中还展示了曲线斜率的变化曲线。可见：在 P、F 点，两种曲线仍然体现了跳跃的特征，特别是斜率曲线。图 7.9 说明两点：① 从不同角度来表征结构受力状态，同样可以体现结构受力状态跳跃特征，这进一步表明结构受力状态跳跃特征是物理规律，是结构承载过程必然发生的内在和外在的变化现象，而非一个随机的、偶然出现的现象；② 所建立的结构受力状态理论与方法能够从结构响应数据揭示结构受力状态跳跃特征，即能揭示系统演变的量质变自然规律。

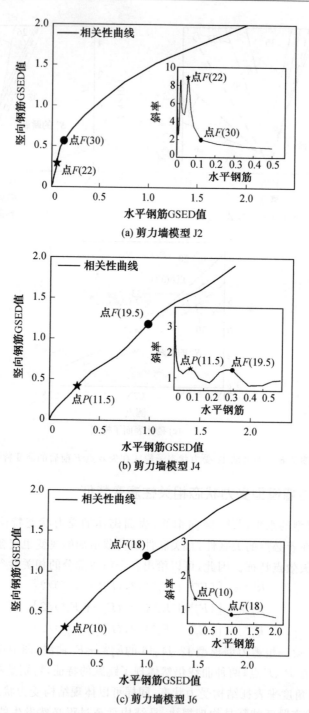

图 7.9　剪力墙模型 J2、J4、J6 受力状态子模式相关性曲线及演变特征

7.4　基于残余应变的剪力墙模型受力状态分析

本节对第二组剪力墙模型的受力状态分析,是对残余应变数据的建模分析,其他做法与

第一组分析过程相同。图 7.10(类似于图 7.4)展示了剪力墙模型 J1、J3、J5 的 GSED 和值随荷载变化曲线,并标出了用 M－K 准则或者相关性准则判别的特征点 P、F。图 7.11(类似于图 7.6)展示了剪力墙模型 J1、J3、J5 的受力状态模式在特征点 P、F 左右的跳跃特征。图 7.12(类似于图 7.9)展示了剪力墙模型各个组成部分受力状态特征参数之间的相关性随荷载变化的曲线。可见:在剪力墙滞回工作过程中,在荷载为零时测量的残余应变仍然反映出了结构受力状态演变特征,即量质变自然定律所决定的受力状态跳跃特征。

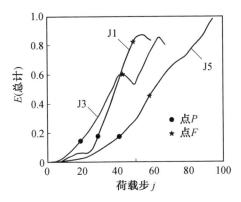

图 7.10　剪力墙模型 J1、J3、J5 受力状态特征参数曲线及演变特征

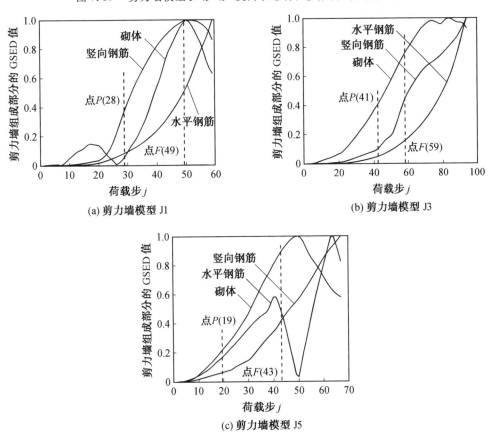

图 7.11　剪力墙模型 J1、J3、J5 受力状态模式曲线及在 P、F 点的跳跃特征

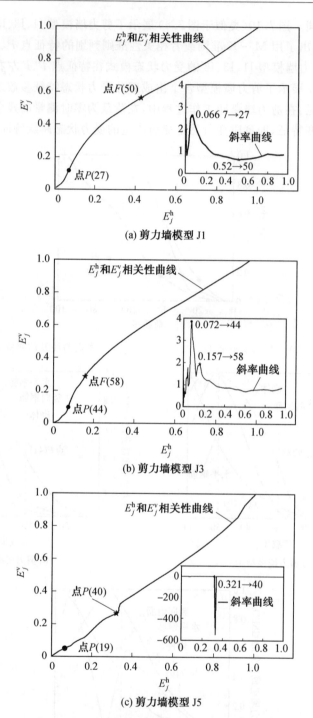

图 7.12 剪力墙模型 J1、J3、J5 各个组成部分受力状态特征参数之间的相关性曲线

以上考察了剪力墙模型的各个组成部分水平钢筋、竖向钢筋、表面砌体受力状态演变的相关性特征,即受力状态子模式之间的相关性特征。进而,可以对任意一个组成部分的试验数据进行建模分析,来考察这个组成部分(子模式)内各个更小部分受力状态特征参数之间的关联性。例如,对剪力墙模型 J1,其水平钢筋共有 5 根,每根钢筋上有 5 个应变测点。以

每根钢筋上 5 个测点的 GSED 和值 $E_j^{\mathrm{H1}} \sim E_j^{\mathrm{H6}}$ 作为它的受力状态特征参数,进而构成相关性参数

$$R_j^{\mathrm{H1,Hi}} \sim \left[(E_j^{+\mathrm{H1}} + E_j^{-\mathrm{H1}})/2, (E_j^{+\mathrm{Hi}} + E_j^{-\mathrm{Hi}})/2 \right], i = 2 \sim 6 \qquad (7.9)$$

并可以绘出水平钢筋上该参数随荷载变化的曲线,如图 7.13(a) 所示。类似地,可以绘出竖向钢筋、砌体表面的相关性曲线,如图 7.13(b)(c) 所示。显然,在剪力墙模型受力状态特征点 P、F 左右,各个水平钢筋之间、各个竖向钢筋之间、砌体表面不同区域之间均呈现了跳跃特征,且可以看出不同构成成分所起的作用(趋势性的)。

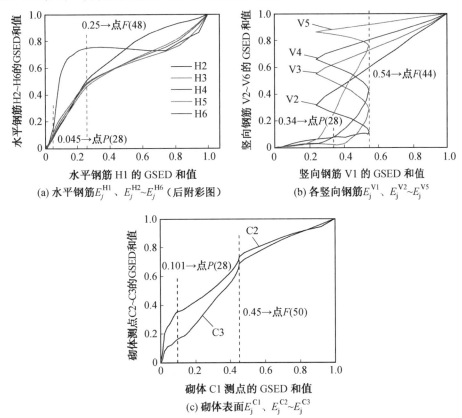

图 7.13　剪力墙模型 J1 各子模式内部单元之间的受力状态相关性曲线

7.5　剪力墙模型滞回承载力探讨

以上剪力墙模型受力状态分析所揭示的失效荷载与弹塑性分支点荷载,为精确定义剪力墙滞回承载力提供了依据。剪力墙模型失效荷载界定了其破坏过程的起点,这个荷载是结构工作规律的反映,是物理定律——结构失效定律所决定的状态,因此该荷载是确定性的荷载,当试验和模拟剪力墙数目足够多时,就能够获得精确的计算公式来预测各种剪力墙的滞回失效荷载。

剪力墙模型弹塑性分支点荷载界定了其正常、安全地工作的"终点",从结构弹塑性分支点荷载到结构失效荷载,此过程的每一次荷载循环都要产生不可忽视的塑性变形,这是剪力墙正常工作状态不允许的。因此,弹塑性分支点荷载正是结构设计所要求的滞回承载能力

值。此外,也可以参照弹塑性分支点荷载,对失效荷载进行折减,来确定承载能力设计值。

以结构失效定律为基础确定的剪力墙承载能力设计值有两道安全裕度:第一道安全裕度是从设计荷载到失效荷载,此段安全裕度具有确定性;第二道安全裕度是从失效荷载到极限荷载,即剪力墙破坏的起点到破坏的终点,由于剪力墙极限荷载(破坏的终点)具有不确定性,所以此段安全裕度具有不确定性。

本章参考文献

[1]李利刚. 低周往复荷载下 290 厚砌块整浇墙弯曲破坏模式试验研究[D]. 哈尔滨:哈尔滨工业大学,2011.

[2]陈君. 低周往复荷载下 290 配筋砌块砌体剪切破坏模式试验研究[D]. 哈尔滨:哈尔滨工业大学, 2013.

[3]SHING P B, SCHULLER M, HOSKERE V S, CARTER E. Flexural and shear response of reinforced masonry shear walls[J]. ACI Journal, 1990, 87(6): 646-656.

[4]张彩虹. 混凝土小型砌块剪力墙抗剪承载力试验研究[D]. 哈尔滨:哈尔滨建筑工程学院,1993.

[5]姜洪斌. 配筋混凝土砌块砌体高层结构抗震性能研究[D]. 哈尔滨:哈尔滨建筑大学, 2000.

[6]王腾,赵成文,阎宝民. 正压力和水平筋对砌块剪力墙抗剪性能的影响[J]. 沈阳建筑工程学院学报,1999,15(3): 206-210.

[7]杨伟军,施楚贤. 配筋砌块砌体剪力墙抗剪承载力研究[J]. 建筑结构学报,2001,31(9): 25-27.

[8]张亮. 240 厚砌块整浇墙抗震性能试验研究[D]. 哈尔滨:哈尔滨工业大学,2010.

[9]全成华. 配筋砌块砌体剪力墙抗剪静动力性能研究[D]. 哈尔滨:哈尔滨工业大学,2002.

[10]田瑞华,颜桂云. 配筋混凝土小砌块抗震墙受剪承载力试验研究[J]. 建筑结构学报, 2003, 33(4):7-13.

[11]李平. 配筋砌块砌体剪力墙非线性有限元分析[D]. 长沙:湖南大学,2005.

[12]孙恒军,周广强,程才渊. 混凝土小砌块配筋砌体墙片抗剪性能试验研究[J]. 山东建筑大学学报, 2006, 21(5):391-395.

[13]李利刚. 低周往复荷载下 290 厚砌块整浇墙弯曲破坏模式试验研究[D]. 哈尔滨:哈尔滨工业大学,2011.

[14]ACI-ASCI Committee 530. Building code requirements for masonry structures: ACI 530-02[S]. New York: ACI and American Society of Civil Engineers,2002.

[15]Standard New Zealand Committee. Design of reinforced concrete masonry structures: NZS 4230[S]. New Zealand: The New Zealand Standards Executive, 2004.

[16]Canadian Standards Association. Design of masonry structures: CSA304. 1-04[S]. Toronto: Canadian Standards Association,2004.

[17]ARISTIZABAL-OCHOA D. Designers' guide to Eurocode 6: Design of masonry structures: EN 1996-1-1[J]. Proceedings of the Institution of Civil Engineers, 2012, 165(3):109.

[18]VOON K C, INGHAM J M. Design expression for the in-plane shear strength of re-inforced concrete masonry[J]. Journal of Structural Engineering, 2007, 133(5): 706-713.

[19]PSILLA N, TASSIOS T P. Design models of reinforced masonry walls under mono-tonic and cyclic loading[J]. Engineering Structures, 2009, 31: 935-945.

[20]潘东辉. 灌孔配筋砌体剪力墙受剪承载力软化剪压强度模型[J]. 建筑结构学报,2011, 32(6):135-140.

[21]史俊. 基于结构受力状态分析理论的结构共性工作性能分析[D]. 哈尔滨:哈尔滨工业大学,2018.

[22]黄艳霞,张瑀,刘传卿,等. 预测砌体墙板破坏荷载的广义应变能密度方法[J]. 哈尔滨工业大学学报,2014,46(2):6-10.

[23]SHI J, LI W T, LI P C, et al. Experimental investigation into stressing state charac-teristics of large-curvature continuous steel box-girder bridge model[J]. Construction & Building Materials, 2018, 178: 574-583.

[24]SHI J, XIAO H H, ZHENG K K, et al. Essential stressing state features of a large-curvature continuous steel boxgirder bridge model revealed by modeling experimental data [J]. Thin-Walled Structures, 2019, 143: 1-10.

[25]SHI J, SHEN J Y, ZHOU G C, et al. Stressing state analysis of large curvature con-tinuous prestressed concrete box-girder bridge model [J]. Civil Engineering and Man-agement, 2019, 25(5): 411-421.

[26]SHI J, ZHENG K K, TAN Y Q, et al. Response simulating interpolation methods for expanding experimental data based on numerical shape functions [J]. Computers & Structures, 2019, 218: 1-8.

第8章 连续钢弯梁桥结构受力状态分析

8.1 引　言

目前弯梁桥研究问题和难点体现在两点：一是弯梁桥弯曲、剪切、扭转效应共存，受力情况复杂，结构分析控制方程很难得到解析解；二是弯梁桥结构失效机理复杂，目前的理论和方法还未给出精确的破坏荷载预测，破坏荷载的预测多为半理论半经验的公式。本章应用结构受力状态理论与方法，对一座 1：10 比例的连续钢弯梁桥模型的试验数据进行受力状态分析：

(1)对试验应变数据进行受力状态建模，给出了弯梁桥模型的广义应变能密度和值—荷载关系曲线，应用 M—K 准则从曲线上判别弯梁桥构受力状态突变点，揭示了该结构破坏的起点，并以此更新弯梁桥失效荷载定义。

(2)应用试验应变数据构建弯梁桥模型受力状态模式，进一步验证弯梁桥结构受力状态模式突变特征及失效荷载的合理性。

(3)探讨结构协调工作性能的概念及其反映的结构失效机理。

8.2 弯梁桥模型试验简介

8.2.1 弯梁桥模型构造

本章引用的是邓娟红、罗涛所做的一座 1：10 缩尺大曲率连续钢弯梁桥模型的试验。弯梁桥模型共有四跨，长度分别为 3 m、5 m、4 m 和 2.6 m，在三个中间支座和两个端部固定支座处均采用双支撑形式，如图 8.1(a)所示。图 8.1(b)为由曲率半径和弧长表示的桥梁模型的几何形状，图 8.1(c)为桥梁模型箱型截面的几何形状和截面尺寸。桥梁模型参照《碳素结构钢》(GB/T 700—2006)由 A—3 薄钢板制成，并采用焊接连接。图 8.2 为试验时弯梁桥模型和加载装置的照片。

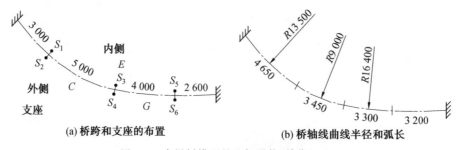

(a) 桥跨和支座的布置　　　　　　(b) 桥轴线曲线半径和弧长

图 8.1　弯梁桥模型的几何形状(单位：mm)

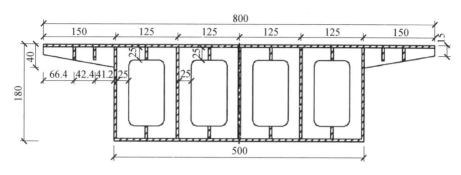

(c) 横截面形状和尺寸

续图 8.1

图 8.2　弯梁桥模型和加载装置

8.2.2　测量截面和测点

试验中记录了桥梁三个关键截面部位顶部与底部边缘的纵向应变,即测得了跨中 C、截面 G、支座 E 截面上下边缘的应变数据,挠度测点的布置如图 8.3 所示。其中,N0 到 N21 表示机电百分表的编号,A 到 J 表示相应的跨中、支座和四分之一点截面的编号。此外,在跨中、支座和四分之一点截面使用机电百分表测量了截面内外侧的挠度,并从 N0 到 N21 进行了编号,图 8.4 显示了截面应变和挠度测点的具体布置和编号。考虑桥梁受力机理分析的基本需求,测量了试验模型截面 6 个典型的关键点,应变测点用小圆圈标记。在给定的荷载工况下,桥梁的主要受力状态模式为弯曲和扭转两种受力状态模式的结合。在弯曲效应方面,截面上翼缘和下翼缘贡献的转动惯性矩起到弯曲控制作用,因此选取翼缘的中间部位和边缘的应变数据可以表征截面的弯曲性能。在扭转效应方面,离截面形心较远的点对截面扭转承载力的贡献较大,因此截面四个角点的应变测值,能近似表征这种扭转受力状态模式。

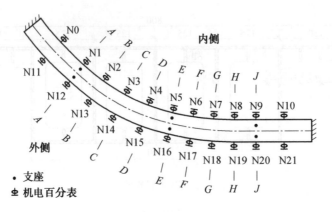

图 8.3　挠度测点的布置

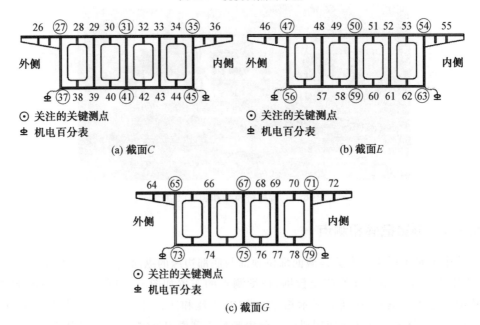

图 8.4　截面应变和挠度测点的布置和编号

8.2.3　加载方案

使用两个千斤顶同时施加荷载,千斤顶下垫有工字钢梁和橡胶支座,加载部位在 5 m 和 4 m 跨中,沿截面 C、G 顶部施加铅垂荷载,如图 8.2 所示。由于该弯梁桥模型总的竖向变形不大(不超过 40 mm),所以挠度对加载效果的影响可以忽略。此外,橡胶具有良好的变形性能,可以很好地适应施加均匀分布的线荷载的功能,即能适应桥面随着桥梁挠度的增加而产生的不均匀的竖向位移。另外,当两个千斤顶施加荷载时,实验人员应实时调节保持它们的相对同步,通过即时微调和持荷一定的时间,来保证它们在每一个测量时刻都具有相同的荷载值。这样一个静态单调加载工况,其试验结果可以反映桥梁模型的静态工作特性。荷载步在每个千斤顶 100 kN 之前为 10 kN,之后为 5 kN。

8.3　弯梁桥模型的受力状态分析

8.3.1　弯梁桥模型失效荷载

应用结构受力状态方法对弯梁桥模型工作规律的分析,即是对试验数据进行建模分析,构建结构受力状态特征对(表征结构受力状态的参数、结构受力状态模式),鉴别特征对随荷载变化的规律。

(1)按式(2.1)将截面部位的应变测值转化为广义应变能密度(GSED)值:

$$E'_i = \sum_{i=1}^{6} e_j \tag{8.1}$$

式中,E'_i 表示第 i 个截面的 6 个测点的 GSED 和值;e_j 表示第 j 个关键点的 GSED 值。

(2)对各个荷载下 3 个截面(C、G、E)的 GSED 值求和,来反映桥梁模型整体结构的受力状态特征,即获得结构受力状态特征参数 E':

$$E' = \sum_{i=1}^{3} E'_i \tag{8.2}$$

(3)绘出 $E' - F_j$ 曲线和 M－K 法的判别曲线,判别的特征点如图 8.5 所示。特征荷载 $Q = 130$ kN,即是弯梁桥模型的失效荷载。由于加载记录不连续,更精确的失效荷载也可能在加载间隔之间。判别的弹塑性分支点荷载 $P = 70$ kN。

弯梁桥模型受力状态突变点 Q 定义的失效荷载,与现有的在弯梁桥极限状态下定义的失效(破坏)荷载不同,这个失效荷载 Q 清楚地区分了其前后两种不同的或是具有质的区别的弯梁桥受力状态特征:① 在 Q 之前,特征参数 E' 随荷载稳定增长,即弯梁桥保持稳定的结构受力状态变化;② 在 Q 之后,特征参数 E' 随荷载急剧增加,这意味着弯梁桥在经历一段短暂的过渡阶段后,进入与之前不同的不稳定的受力状态,尽管此时还没有达到最终的极限承载力。因此,$E' - F_j$ 曲线体现了弯梁桥模型的结构受力状态随荷载增加所发生的突变特征。

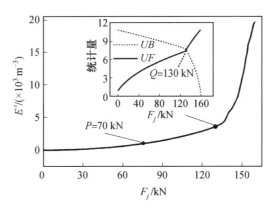

图 8.5　弯梁桥模型的 $E' - F_j$ 曲线和 M－K 法判别的特征点

8.3.2 弯梁桥受力状态模式突变特征

桥梁模型受力状态特征曲线 $E'-F_j$ 所反映的突变特征,必然也体现在桥梁模型受力状态模式随荷载变化的过程中,那么如何构建桥梁模型的受力状态模式来体现这个突变的特征呢? 显然,可以把所有测点的应变值或 GSED 值构成为一个矩阵或一个向量来表示结构整体的受力状态模式,但是这样繁杂的数据模式很难直观地表现结构受力状态的变化,而且这样做也没有必要,因为结构整体的受力状态可以通过具有代表性的局部受力状态既简单又直观地表现出来。因此,由于桥梁模型最终在 5 m 跨的跨中截面(截面 C)处发生破坏,表明了截面 C 应为结构失效的一个控制截面,可以判知截面 C 的工作特性能反映桥梁模型的失效特征。这样,以截面 C 的六个代表性点的应变数据 ε_{27}、ε_{31}、ε_{35}、ε_{37}、ε_{41}、ε_{45} 构建其受力状态模式

$$\boldsymbol{S}_C = \begin{bmatrix} \varepsilon_{27} & \varepsilon_{31} & \varepsilon_{35} & \varepsilon_{37} & \varepsilon_{41} & \varepsilon_{45} \end{bmatrix}^{\mathrm{T}} \tag{8.3}$$

$\boldsymbol{S}_C$ 中各点应变值随荷载的变化既反映了该截面的受力状态变化,也反映了桥梁结构模型整体的受力状态变化。图 8.6 $\sim$ 8.9 展示了 $\boldsymbol{S}_C$ 随荷载的演变情况,可以看出:

(1)在失效荷载 Q 处,截面 C 的应变随荷载的变化趋势发生跳跃,其特征是关键点 37 的应变突然显著增加,如图 8.6 所示,其中,$Q=130$ kN 为结构失效荷载,此时 $\varepsilon_y = 1\ 117\ \mu\varepsilon$ 为钢材的单轴屈服应变。

(2)截面 C 的应变分布模式在失效荷载处也发生突变,特别是在“形状”和“增幅”方面。如图 8.7 所示,横坐标数字表示该截面的关键点编号,不同的曲线对应不同的荷载水平,在荷载 $Q=130$ kN 之前,它呈现出几乎均匀的分布形状,但失效荷载 Q 之后,随着关键点 37 的应变的显著急剧增加而发生了分布模式的“形状”和“增幅”的变化,在点 37 处出现了一个“尖峰”。

(3)通过研究截面 C 不同测点的应变之间的相关关系,也可以揭示结构在不同加载阶段的受力状态模式特征,如图 8.8 所示。观察 Q 点前后截面 C 上测点 37 与测点 27、测点 45 两个关键点的应变相关性走势,可见在 Q 点前后发生了明显的趋势性改变,这有力地表明:Q 点是结构应力状态突变点,也就是说,在 Q 点之后,桥梁模型进入了另一种不同的受力状态模式。

(4)同时,以截面 C 的内侧挠度测点的挠度值 $d_1 \sim d_9$ 构成的受力状态模式

$$\boldsymbol{S}_C^d = \begin{bmatrix} d_1 & d_2 & \cdots & d_9 \end{bmatrix}^{\mathrm{T}} \tag{8.4a}$$

随荷载的变化曲线也显示了在失效荷载处的突变性,如图 8.9(a)所示,其中 $\mathrm{N}i$ 表示机电百分表的编号。同样,以截面 C 的外侧挠度测点的挠度值 $d_{12} \sim d_{20}$ 构成的受力状态模式

$$\boldsymbol{S}_C^d = \begin{bmatrix} d_{12} & d_{13} & \cdots & d_{20} \end{bmatrix}^{\mathrm{T}} \tag{8.4b}$$

随荷载的变化曲线也显示了在失效荷载处的突变性,如图 8.9(b)所示。

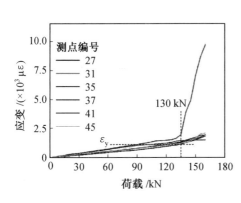

图 8.6　S_C 应变随荷载的变化趋势（后附彩图）

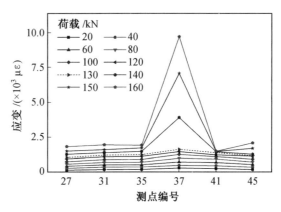

图 8.7　S_C 分布模式变化（后附彩图）

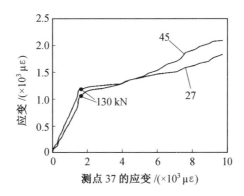

图 8.8　截面 C 的测点 27 和 37、测点 45 和 37 的应变之间的线性相关特征

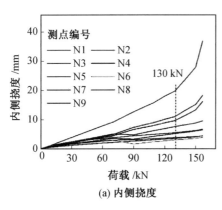

(a) 内侧挠度

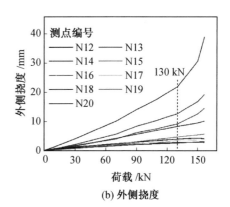

(b) 外侧挠度

图 8.9　截面 C 的挠度变化趋势曲线（位置和编号如图 5.3 所示）（后附彩图）

　　因此，在 $Q=130$ kN 时，截面 C 失效与整个结构的失效是同步发生的，由此可以推断，截面 C 的失效正是结构失效的直接原因，或者说，截面 C 是该桥梁模型受力状态随荷载变化的控制截面。可见，结构整体受力状态模式的变化特征可以用结构的某一起主要作用的局部构件受力状态模式来表示和考察。

　　钢弯梁桥材料特性与荷载工况表明它呈现屈服破坏特征。为鉴证屈服特征，将试验应变与单轴屈服值进行比较以近似估计关键点的屈服行为。对截面 C，如图 8.6 所示，除了测点 27 外,所有关键测点均已在失效荷载之前进入屈服阶段,而测点 27 在结构失效荷载之后屈服。对截面 E,如图 8.10(a) 所示,塑性开展从底板的外边缘发展到内部;在塑性积累到一定程度之后,再扩展到顶板,并从内向外延伸。对截面 G,如图 8.10(b) 所示,塑性开展从底板的中部向两端延伸,然后扩展至顶板,并从外向内延伸,整个底板在失效荷载之前就已进入屈服阶段,而顶板在失效荷载后屈服。可见,这种比较揭示了一些结构的塑性发展特征:① 由于塑性发展和结构协调工作性能引起的内力和应力重分布在接近结构的失效荷载之前逐渐加剧,这体现了结构受力状态的量变积累;② 在结构的失效荷载处,结构的受力状态跃迁到与之前稳定的状态不同的不稳定状态,清晰地反映了结构受力状态的质变特征。

总之,结构在发生一定程度的塑性累积后,于弹塑性阶段的某一时刻失去初始的稳定的受力状态模式,即结构的失效既不是发生在结构弹性阶段的终点,也不是发生在结构最终的极限状态,而是发生在结构失效定律界定的失效荷载处。

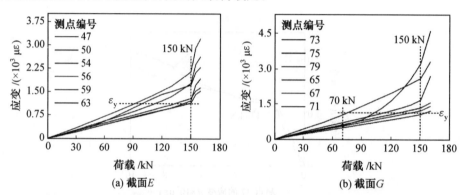

图 8.10　截面 G、E 的应变随荷载的变化趋势曲线(位置和编号如图 8.3 所示)(后附彩图)

最后,需要强调的是:这里所揭示的桥梁模型突变特征,不是一条曲线的偶然或特殊的一个转折点,而是量变到质变自然定律在结构受力状态中的体现,是结构受力状态固有的规律性特征,是结构失效定律所决定的。

8.3.3　弯梁桥受力状态子模式

在给定的竖向荷载作用下,弯梁桥模型主要承受弯曲和扭转变形。根据结构受力状态子模式的概念,将桥梁模型总的受力状态模式分解为弯曲受力状态模式和扭转受力状态模式。式(8.5) 给出了计算截面内外侧挠度差值以表示扭转应力状态模式的算式

$$\Delta u_j = u_j^i - u_j^e \tag{8.5}$$

式中,u_j^i 表示第 j 个横截面的内侧挠度;u_j^e 表示第 j 个横截面的外侧挠度。如图 8.11 所示,正曲线段表示从外侧向内侧的扭转,而负曲线段表示从内侧向外侧的扭转方向,A 至 J 表示截面编号。桥梁模型的 5 m 跨靠近支座截面 A 的横截面由内向外扭转,而 5 m 跨其他截面则反方向扭转。在荷载水平为每个千斤顶 70 kN 之前,4 m 跨的所有截面从外向内扭转,但是在 70 kN 之后,4 m 跨中部截面突然反方向扭转,导致关键点 79 的应变急剧增加(图8.10(b))。事实上,在 70 kN 荷载水平结构还没有失效或失去稳定的受力状态,尽管在每个千斤顶的荷载达到 70 kN 时结构确实产生了一些不寻常的扭转调整。在 $Q = 130$ kN 之前,桥梁模型 5 m 跨的截面 B、C 几乎是同步增加扭转效应的;然而在荷载 Q 之后,截面 C 的扭转程度不断加强,说明扭转应力状态模式在结构的失效荷载处发生了本质的变化。

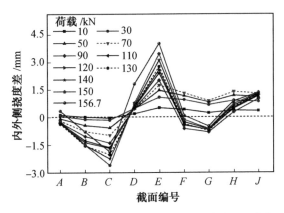

图 8.11　4 m 跨和 5 m 跨的扭转效应(截面内外侧挠度差)曲线(后附彩图)

同时,可以计算截面内、外侧挠度的平均值 $\bar{D}_A \sim \bar{D}_J$ 来构建弯曲受力状态模式

$$\boldsymbol{S}_{\text{Bend}}^{D} = \begin{bmatrix} \bar{D}_A & \bar{D}_B & \cdots & \bar{D}_J \end{bmatrix}^{\mathrm{T}} \tag{8.6}$$

图 8.12 展示了 $\boldsymbol{S}_{\text{Bend}}^{D}$ 表示的桥梁模型弯曲受力状态模式随荷载的变化情况,可以看出:在荷载水平为每个千斤顶 70 kN 时,各截面的平均挠度的趋势变化不明显,而截面 B、C、D 的平均挠度曲线在 $Q = 130$ kN 时表现出突然的增大趋势。同时,从截面平均挠度的分布模式曲线(图 8.12)可以看出,5 m 跨的挠度水平远远超过 4 m 跨的挠度水平,表明 5 m 跨在弯曲受力状态模式中起着控制作用。此外,可以计算截面 B、C、D 的平均挠度的增量 $D_{i,j}$ 来表征桥梁的受力状态

$$\Delta D_{i,j} = D_{i,j} - D_{i,j-1} \tag{8.7}$$

式中,$D_{i,j}$ 表示第 i 个横截面在第 j 级荷载下的截面内外侧平均挠度。这样,也可以构成一个受力状态子模式

$$\boldsymbol{S}^{\Delta \bar{D}} = \begin{bmatrix} \Delta \bar{D}_B & \Delta \bar{D}_C & \Delta \bar{D}_D \end{bmatrix}^{\mathrm{T}} \tag{8.8}$$

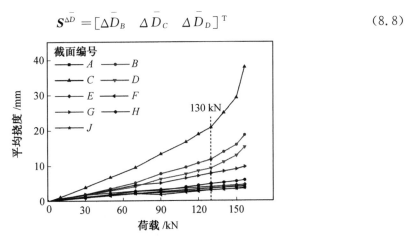

图 8.12　截面 $A \sim J$ 的平均挠度 — 荷载曲线(截面位置和编号如图 7.3 所示)(后附彩图)

图 8.13 展示了 $\boldsymbol{S}^{\Delta \bar{D}}$ 随荷载的变化情况,可以看出:在截面 B、C、D 部位的平均挠度在 70 kN 和 130 kN 处突然急剧增加,且在 130 kN 处表现得更明显。由此可见,扭转效应和结构失效将在一定程度上影响截面平均挠度的变化率,且结构失效贡献较大。根据前述还可

以推断,一个受力状态子模式的跳跃(扭转受力状态模式在 70 kN 的跳跃)不一定会引起结构整体受力状态的失效。

以上结构受力状态子模式的分析进一步表明,桥梁模型整体受力状态的突变行为发生在失效荷载处,但是各个结构受力状态子模式的突变不一定与其一致。结构受力状态子模式反映了何种内力形式是结构的控制受力形式,或者说,结构受力状态子模式反映了结构以何种承载形式来抵抗外荷载的作用,且能反映不同荷载阶段结构内力的形式。

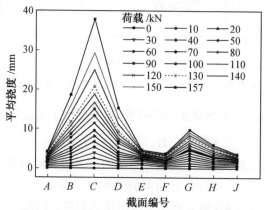

(a) 截面A~J的截面内外侧平均位移分布模式曲线(后附彩图)

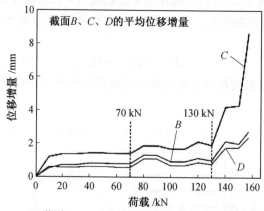

(b) 截面B、C、D的截面平均位移随荷载的增量曲线

图 8.13　截面平均位移分布模式的突变特征

8.3.4　弯梁桥结构连续失效特征

当 $Q = 130$ kN 时,桥梁模型失去了初始的稳定受力状态,Q 可称为结构的失效荷载(结构第一次失效,结构失效起点)。现在,考察结构进入失效阶段以后的 $E' - F$ 曲线段,即 $E' - F$ 曲线在 Q 点之后的部分,来进一步揭示结构的工作行为特征。此时,一个新的结构受力状态的突变点可以通过 M−K 准则判别得到。如图 8.14 所示,这条 $E' - F$ 曲线是结构首次失效荷载之后的部分,146 kN 是一个连续失效荷载。这个突变点在结构的失效阶段可以认为是结构的第二个失效点或一个连续失效点。

在此基础上,可以通过考察截面 E、G 的应变变化趋势和分布模式,来揭示结构第二次失效荷载前后的受力状态特征。如图 8.15(a) 所示,截面 C 在结构失效荷载下的失效在一

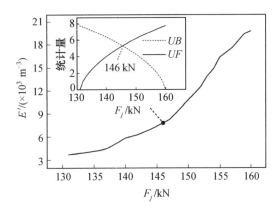

图 8.14   通过 M—K 准则判别的结构第二个失效荷载

定程度上影响了截面 G 的应变分布模式:在 $Q=130$ kN 时,$\varepsilon_{75}>\varepsilon_{73}>\varepsilon_{79}$ 的初始应变分布模式被打破,测点 79 的应变开始超过测点 73 和测点 75 的应变。随着荷载的增加,截面 G 的应变分布模式(图 8.15(a))和应变变化趋势(图 8.15(b))均在 150 kN 左右发生跳跃,紧随结构的第二次失效荷载 146 kN,同时也宣告了截面 G 的失效。对于支座截面 E,其在两个千斤顶各加载 150 kN 时失效,而不是在结构的首次失效荷载点失效,如图 8.14(b) 所示。在两个千斤顶加载到 150 kN 时,横截面 E 上关键点的应变增量显著增加(图 8.15(b)),应变变化趋势发生跳跃(图 8.15(c))。为了进一步考察截面 E 应变分布模式在 150 kN 时是否发生了突变,可以构建应变随荷载的变化率参数 SCR。第 i 个测点在第 j 步荷载下的应变变化率,即 $\mathrm{SCR}_{i,j}$,可按下式计算:

$$\mathrm{SCR}_{i,j}=\frac{\varepsilon_{i,j+1}-\varepsilon_{i,j}}{F_{j+1}-F_j} \tag{8.9}$$

式中,$\varepsilon_{i,j}$ 为第 i 个测点在第 j 步荷载下的应变值;F_j 表示第 j 步的荷载水平。从 SCR—F 曲线(图 8.15(c))可以看出,截面 E 各测点的应变变化率均在 150 kN 时达到最大值,说明这些关键点的应变变化率在 150 kN 时突然变化,其中,在图 8.15(a) 和(b) 中,不同的曲线对应不同的荷载水平,横坐标的数字表示截面关键点的编号。正如以上所述,由截面上各测点的应变数据组成和展示的应变分布模式曲线的"形状"和"增幅",能够很好地揭示相应的应变分布模式特征。显然,截面 E 的应变分布模式曲线的突变行为以幅值变化率的突变为主要特征。

以上揭示的弯梁桥结构总体与局部的二次失效行为特征,衍生了结构连续失效的概念,此概念进一步反映了弯梁桥模型的首次和连续失效行为,反映了结构渐进的破坏特征。此外,在结构失效荷载前后,处于该特定荷载作用下的桥梁模型属于不同的结构体系,具有本质不同的力学特性,也就是说,弯梁桥结构模型在第一次失效荷载时经受了"致命"的破坏,从而导致桥梁模型的力学特性和工作行为特征发生本质改变。特别地,结构的第一次失效荷载对于应用导向的工程师们来说具有重要的实践指导意义,同时也可供设计人员作结构失效判定的参考。在结构连续失效方面,结构的连续失效模式可以提示桥梁结构可能的后续破坏过程,为结构的全过程设计提供参考。

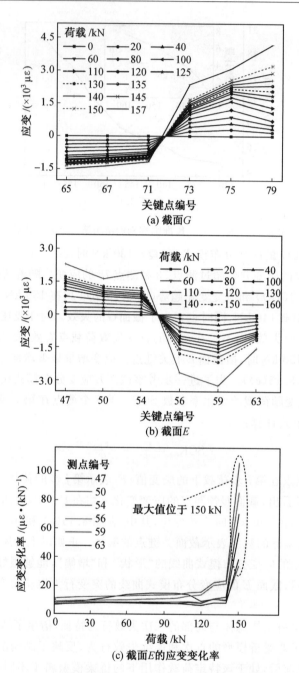

(a) 截面 G

(b) 截面 E

(c) 截面 E 的应变变化率

图 8.15　应变分布模式的突变特征(后附彩图)

8.4　弯梁桥模型子结构间的协调工作特征

一般来说,一个结构体系的受力状态模式是由各个关键组成部分(子结构)的受力状态子模式构成的。综合考虑结构几何性质,以及弯曲和扭转受力状态模式的特点,选取 3 个控制截面上的 4 个角点和 2 个边中点作为最基本的子结构单元,来构建弯梁桥模型受力状态子模式,如图 8.4 所示。显然,结构总体的工作行为并不是各子结构工作行为的简单相加,各子结构之间通常存在相互作用(耦合)。为此,以各个子结构的 GSED 和值 E'_i 与结构整体的 GSED 和值 E' 的比值 ρ_i 来表征结构的协调工作性能,算式为:

$$\rho_i = \frac{E'_i}{E'}, \quad E'_i = \sum_j E_{ji}, \quad E' = \sum_{i=1}^n E'_i \tag{8.10}$$

式中,E'_i 是第 i 个子结构的 GSED 和值;E_{ji} 是第 i 个子结构中第 j 个测点的 GSED 值。应该注意到,与桥梁模型的长度相比,模型的曲率半径要大得多。如图 8.11 所示,实测的桥梁模型的截面内、外侧挠度最大差值不超过 5 mm,而截面最大竖向平均位移可达 40 mm 左右(图 8.12),表明在给定荷载作用下,桥梁模型主要以弯曲受力状态模式为主,扭转效应相对较小。因此,若主要考虑弯梁桥模型的弯曲效应,相应的桥梁控制截面的选取就应是跨中和支座截面 C、E、G,这三个截面可以反映结构的弯曲受力状态模式特征。因此,选择各个控制截面(截面 C、E、G)作为关键子结构,通过所建议的特征参数 ρ_i 来考察弯梁桥结构的能量分布情况,揭示各个子结构之间的协调工作特征,即考察各个子结构的响应量(子结构广义应变能)的关联性。要说明的是:这里定义的特征参数 ρ 主要表征子结构之间协调工作的趋势性和敏感性,只在一定程度上反映各个子结构的"响应量"(该部分广义应变能总量)层面上的协调性(由于测点数目、测量方位的局限性)。

图 8.16 展示了在整个弯梁桥模型加载过程中,三个截面 C、G、E 的特征参数 ρ 随荷载变化情况。图 8.16 也可以视为由三个截面的 ρ 值构成的一种结构受力状态模式 S_i^ρ,

$$S_i^\rho = [\rho_C \ \rho_E \ \rho_G]_i^T \tag{8.11}$$

式中,脚标 i 表示第 i 个荷载值。从 S_i^ρ—F_i 曲线可以看出:(1) 在 70 kN 之前,截面 C、G 的能量分布水平几乎持平,但在 70 kN 之后,截面 G 的 GSED 比逐渐增大,并起到了控制作用,这在很大程度上是由于前述的 4 m 跨中部截面的反向扭转效应导致的。(2) 在结构的失效荷载 $Q=130$ kN 之后,结构中的能量进一步重分布,导致截面 C 的能量分配水平急剧增加并逐渐起到控制作用。

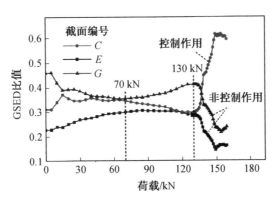

图 8.16　用截面 C、E、G 的 GSED 比表示的能量分布模式

此外,如图 8.17(a) 所示,截面 C、E、G 还分别被划分为三个子部分。三个横截面上相同位置的子部分分别形成了三个纵向关键点组,并分别被命名为内环、中环和外环。因此,本书将截面划分的内、外、中三部分作为三个子部分,并把它们所在的三个纵向的"环"作为三个"总体",计算各部分的 GSED 比值(能量占比)ρ^{out}、ρ^{in}、ρ^{mid},其中对截面 C 的 ρ^{out} 算式为

$$\rho_{Gi}^{\text{out}} = \left(\frac{e_C^{\text{out}}}{e_C^{\text{out}} + e_E^{\text{out}} + e_G^{\text{out}}} \right)_i \tag{8.12}$$

式中，脚标 i 表示第 i 个荷载值；e_C^{out}、e_E^{in}、e_G^{mid} 分别表示截面 C、E、G 上外环、中环和内环的 GSED 值，即环内各点 GSED 值的和值。同样，可以计算截面 E、G 的相应比值。图 8.17 展示了三个截面内外两环的特征参数 ρ^{in}、ρ^{out} 随荷载变化情况。对于内环特征参数 ρ^{in}，图 8.17(b) 表明：在荷载 70 kN 附近，截面 G 的 ρ_G^{in} 开始迅速增大，而截面 E 的 ρ_E^{in} 在 70 kN 开始减小。图 8.17(c) 表明：截面 C 外环的能量占比 ρ_C^{out} 在失效荷载 $Q = 130$ kN 时表现出明显的跳跃并显著增加，而截面 E、G 的能量占比 ρ_E^{out}、ρ_G^{out} 急剧降低。据此可以得知，该弯梁桥模型在 70 kN 的扭转效应的特征更多地体现在内环的能量变化中，而其在 130 kN 的失效特征则更多地体现在外环的能量变化中。

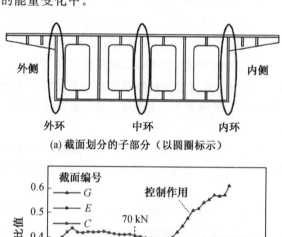

(a) 截面划分的子部分（以圆圈标示）

(b) 内环的能量分布模式

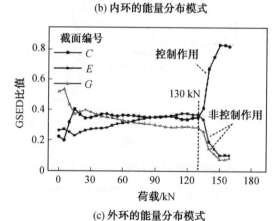

(c) 外环的能量分布模式

图 8.17 "环"的能量分布模式

　　总之,对结构协调工作性能的建模及分析,实际上也是在结构失效点提取结构内在的工作特征。以目前的认知程度而言,结构的协调工作具有均衡性、自适应性,甚至自修复性特征。最重要的是体现在结构失效定律上的结构协调工作特征,是定义或界定结构协调工作性能的关键所在。

本章参考文献

[1]DABROWSKI R. Curved thin-walled girders: theory and analysis [M]. London: Cement and Concrete Association, 1972.

[2]邵容光. 混凝土弯梁桥 [M].北京:人民交通出版社,1994.

[3]邵思瑶. 弯梁桥的计算理论研究及模型试验分析[D].大连:大连理工大学,2017.

[4]侯林平. 基于常见病害的曲线桥梁设计与应用研究[D].重庆:重庆交通大学,2013.

[5]丁汉山,刘华,胡丰玲,等. 高架桥弯梁抗扭稳定性分析[J]. 交通运输工程学报,2004, 4 (3): 44-48.

[6]韦宇. 曲线箱梁桥设计研究[J]. 中国水运:理论版,2006, 4(12): 61-63.

[7]王卫锋,谢春琦. 等参有限元法在平面曲线梁桥中的应用[J]. 武汉理工大学学报,2006, 28(10):82-85.

[8]谢旭,黄剑源. 薄壁箱形梁桥约束扭转下翘曲、畸变和剪滞效应的空间分析[J]. 土木工程学报,1995, 4:3-14.

[9]姚宝文. 关于中小曲线梁桥设计的分析[J]. 城市建设理论研究, 2014, 14: 1.

[10]李国豪. 大曲率薄壁箱梁的扭转和弯曲[J]. 土木工程学报,1987, 1: 67-77.

[11]李明昭. 断面可变形的矩形箱式薄壁圆弧曲杆静力分析法[J]. 同济大学学报:自然科学版,1982, 2:42-55.

[12]夏淦. 变曲率曲梁挠曲扭转分析[J]. 土木工程学报,1991, 2: 68-74.

[13]HEINS C P. 结构杆件的弯曲与扭转 [M].北京:人民交通出版社,1981.

[14]MCNEIL S. Impact factors for curved continuous composite multiple-box girder bridges [J]. Journal of Bridge Engineering, 2007, 12(1): 80-88.

[15]PI Y L. Inelastic analysis and behavior of steel I-beams curved in plan[J]. Journal of Structural Engineering, 2000, 126(7): 772-779.

[16]宪魁,杨昀,王磊,等. 我国混凝土弯梁桥的现状与发展[J]. 公路交通科技:应用技术版,2010,6(05):146-149.

[17]卢彭真,赵人达. 梁格分析理论的装配式简支梁桥整体结构分析[J]. 武汉理工大学学报,2010, 3(2): 52-55.

[18]HAMBLY E C, PENNELLS E. Grillage analysis applied to cellular bridge decks [J]. Structural Engineer, 1975, 53,267-274.

[19]HAMBLY E C. Bridge deck behavior[M]. New York:Chapman and Hall, 1976.

[20]FUKUMOTO Y, NISHIDA S. Ultimate load behavior of curved I-beams [J]. Journal of the Engineering Mechanics Division, 1981, 107(2): 367-385.

[21]谢旭,黄剑源. 曲线箱梁桥结构分析的一种有限元计算方法[J]. 土木工程学报,2005,38(2):75-80.

[22]MEYER C, SCORDELIS A C. Analysis of curved folded plate structures [J]. Journal of the Structural Division, 1971, 97: 2459-2480.

[23]LV H R, AN Q H, WANG Y. Analysis of offsetting causes and study of offsetting correction scheme of a sharp-radius continuous curved beam bridge[J]. World Bridges, 2013, 41(2), 80-83.

[24]NYSSEN C. An efficient and accurate iterative method, allowing large incremental steps, to solve elastic-plastic problems[J]. Computers & Structures, 1981, 13(1): 63-71.

[25]O'BRIEN E J, KEOGH D L. Upstand finite element analysis of slab bridges[J]. Computers & Structures, 1998, 69(6): 671-683.

[26]HODGES D H. Geometrically exact, intrinsic theory for dynamics of curved and twisted anisotropic beams[J]. AIAA Journal, 2012, 41(6): 1131-1137.

[27]吴西伦. 弯梁桥设计[M].北京:人民交通出版社,1990.

[28]邓娟红. 大曲率连续弯钢箱梁桥极限承载力分析及试验研究[D].西安:长安大学,2005.

[29]罗涛. 大曲率连续钢箱梁桥结构性能研究[D].西安:长安大学,2010.

[30]史俊. 基于结构受力状态分析理论的结构共性工作性能分析[D].哈尔滨:哈尔滨工业大学,2018.

[31]李鹏程. 整体式桥台弯梁桥与连续体系弯梁桥模型受力状态分析[D].哈尔滨:哈尔滨工业大学,2019.

[32]SHI J, LI W T, LI P C, et al. Experimental investigation into stressing state characteristics of large-curvature continuous steel box-girder bridge model[J]. Construction & Building Materials, 2018, 178: 574-583.

[33]SHI J, LI P C, CHEN W Z, et al. Structural state of stress analysis of concrete-filled stainless steel tubular short columns [J]. Stahlbau, 2018, 87(6): 600-610.

[34]SHI J, XIAO H H, ZHENG K K, et al. Essential stressing state features of a large-curvature continuous steel box girder bridge model revealed by modeling experimental data [J]. Thin-Walled Structures, 2019, 143: 1-10.

[35]ZHOU G C, SHI J, LI P C, et al. Characteristics of structural state of stress for steel frame in progressive collapse [J]. Constructional Steel Research, 2019, 160: 444-456.

[36]SHI J, SHEN J Y, ZHOU G C, et al. Stressing state analysis of large curvature continuous prestressed concrete box-girder bridge model [J]. Civil Engineering and Management, 2019, 25(5): 411-421.

[37]SHI J, YANG K K, ZHENG K K, et al. An investigation into working behavior

characteristics of parabolic CFST arches applying structural stressing state theory [J]. Civil Engineering and Management，2019，25(3)：215-227.

[38]SHI J，ZHENG K K，TAN Y Q，et al. Response simulating interpolation methods for expanding experimental data based on numerical shape functions [J]. Computers & Structures，2019，218：1-8.

第 9 章 钢框架结构破坏过程受力状态分析

9.1 引 言

框架结构破坏过程(倒塌过程)呈现复杂的工作现象和工作机理,处于高度的非线性与不确定性状态,传统分析方法难以界定这个过程中结构的不同表现特征及其工作机理,也缺乏普适性,不能揭示结构破坏过程的某些共性特征。此外,框架结构破坏过程试验成本高,试验数据相对较少,但即使对于这些有限的试验数据以及有限元模拟数据,目前的分析理论与方法也没有给出超越专家经验认知的范围,导致框架结构抗倒塌设计在很大程度上是以专家经验为基准的。本章遵循结构失效定律,应用结构受力状态分析方法,对一平面钢框架结构破坏过程(连续倒塌)试验数据进行受力状态建模分析,揭示框架结构破坏过程中的工作特征,分析内容有:

(1)对试验应变数据进行受力状态建模,建立了框架结构的广义应变能密度和值-荷载关系曲线,应用 M-K 准则在曲线上确定了结构受力状态的跳跃特征点,即结构失效定律所界定的结构破坏的起点,继而界定了结构进入"塑性平台"阶段的起始荷载。

(2)应用试验应变数据构建了框架结构受力状态模式及各种特征参数,多视角指明并验证了框架结构受力状态失效特征,特别是悬链线效应的演变特征。

(3)通过对主梁不同截面间及梁柱截面间轴向和弯曲变形效应的相互影响进行建模分析,尝试揭示框架结构的协调工作特性。

(4)建立了框架结构有限元分析模型(应用 ABAQUS 程序),对模拟应变数据进行受力状态建模,验证了框架模型工作过程中结构失效定律表现,以及结构塑性发展区域、能量集中、柱子钢-混凝土组合截面不同材料间的协调工作特性。

9.2 框架模型破坏过程试验

本章引用李泓昊的一个 1:3 比例缩尺的单层四跨平面钢框架连续倒塌试验数据进行结构受力状态分析,框架模型与试验介绍如下。

9.2.1 试验模型的构造

该平面框架模型由方钢管混凝土组合柱、H 型截面钢主梁构成,图 9.1 展示了框架模型的立面图及几何尺寸。钢管混凝土柱外壁采用薄壁方钢管,截面宽度为 160 mm,壁厚 5 mm,如图 9.2 所示。H 型钢梁的截面尺寸为 200 mm×100 mm×6 mm×8 mm(高度×宽度×腹板厚度×翼缘厚度)。H 型钢梁与钢管混凝土柱之间的连接借助与钢管焊接的外伸环板,并用角焊缝焊接到方钢管上的节点剪切板上。H 型钢梁的翼缘与节点外伸环板焊接,腹板与节点剪切板焊接。外伸环板与剪切板的厚度均为 10 mm。钢管混凝土柱焊接在与实验室地面螺栓锚固连接的基底反力梁上,可以认为柱子与地面的连接节点为固定端。框架模型的中柱被截断,上下均无支撑,以其用来体现框架结构的中柱忽然失效后的破坏过程,即呈现结构的连续倒塌现象。框架模型边缘及中间节点的典型构造图,如图 9.2 所示。

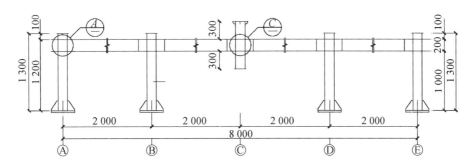

图 9.1　框架模型的立面图及几何尺寸(单位:mm)

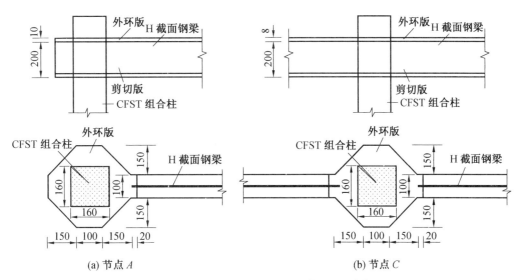

(a) 节点 A　　　　　　　　　　　(b) 节点 C

图 9.2　框架模型边缘及中间节点的构造图(单位:mm)

9.2.2　材料性能

框架模型所用钢材均为国产 Q235 钢,表 9.1 列出了通过材料性能试验数据确定的材料屈服应力 f_y、抗拉强度 f_u 和弹性模量 E_s;为简便起见,近似取 $f_y = 274.8$ MPa,$E_s = 2.06 \times 10^5$ MPa。此外,按规范对混凝土材性进行了试验,采用边长 150 mm 的立方体试件来测试混凝土的强度,边长 150 mm × 150 mm × 300 mm 的棱柱体试件来测试混凝土的杨氏模量。试验确定的混凝土平均抗压强度为 33.1 MPa,弹性模量为 2.29×10^4 MPa。混凝土材料性能试验与框架模型中钢管混凝土柱的制作在相同的实验环境中进行。

9.2.3　加载方案

如图 9.3(a) 和 9.3(b) 所示,在 C 柱柱顶安装了一个 500 kN 液压千斤顶和一个力传感器。试验开始前,对中间被截断柱下端提供支撑,防止由于自重等原因产生的试验前初始变形干扰试验结果。试验开始时,将C柱下的支撑移除,并通过千斤顶竖直向下加载。通过这种加载方式,呈现平面钢框架在中柱被截断时的连续倒塌现象。由于框架模型中的梁、柱平面外变形均被反力架约束,所以框架模型只产生平面内变形,不会发生平面外弯扭失稳。在框架模型屈服之前,采用力控制加载,在框架模型开始屈服后,采用位移控制加载,直至框架模型失去承载能力。

(a) 框架模型照片   (b) 加载装置照片

图 9.3 框架模型及加载装置

表 9.1 钢材力学性能 /MPa

类别	f_y	f_u	$E_s/(\times 10^5)$
主梁翼缘	269	401	1.96
主梁腹板	275	411	2.09
方钢管	342	402	1.82
环板与剪切板	298	388	1.91

9.2.4 试验测点和试验数据采集

测点依据结构应力分布的重要部位判断进行布置,在框架模型主梁跨中和端部、柱顶、柱脚截面不同高度处布置了纵向应变片,在梁柱节点域中心、上下节点环板,以及柱顶等关键位置粘贴了应变花。为简单起见,直接用轴号对柱子和梁柱节点进行编号,并分别用数字和大写字母对主梁关键截面及应变花测点的位置进行编号,其中应变花位置命名的规则是第一个字母代表轴号;第二个字母中,I代表节点域中心,O代表柱顶,T(或B)代表上(或下)节点环板;第三个字母L(或R)代表位于节点环板的左(或右)侧。应变片测点及位置编号如图 9.4 所示。试验中除记录了应变,还用线性可变位移传感器(LVDT)记录了C柱的竖向位移,以及节点 A、B、D 和 E 的水平位移,即 A1、B1、D1 和 E1 处梁柱节点的水平位移。

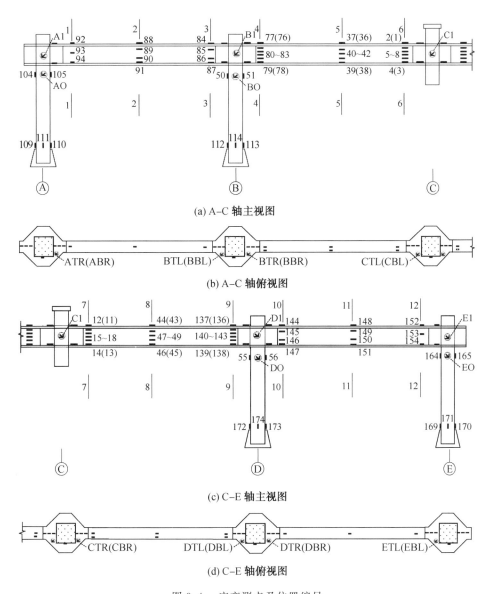

(a) A–C 轴主视图

(b) A–C 轴俯视图

(c) C–E 轴主视图

(d) C–E 轴俯视图

图 9.4　应变测点及位置编号

9.3　框架模型受力状态建模及特征荷载

对于具有代表性的主梁端部和跨中截面、柱顶柱脚截面的应变数据,可以直接用应变计算广义应变能密度,作为结构总应变能密度的一部分。此外,一些梁柱节点域和环板处的关键测点粘贴了应变花,由公式(9.1)可推得测点的切应变

$$\gamma_{xy} = 2\varepsilon_{45^\circ} - (\varepsilon_x + \varepsilon_y) \tag{9.1}$$

式中,γ_{xy} 为测点切应变;ε_x 为测点沿 x 方向的线应变;ε_y 为测点沿 y 方向的线应变;ε_{45° 为测点沿 x、y 轴正向的角平分线方向的线应变。式(9.1)中,γ_{xy} 以微元体 x、y 正向夹角减小为正,正应变以受拉为正。进而,由式(9.2)可分别计算得到测点的主拉应变 $\varepsilon_{\max}$ 和主压应变

$\varepsilon_{\min}$：

$$\varepsilon_{\max} = \frac{\varepsilon_x + \varepsilon_y}{2} + \sqrt{\left(\frac{\varepsilon_x - \varepsilon_y}{2}\right)^2 + \left(\frac{\gamma_{xy}}{2}\right)^2}$$
$$\varepsilon_{\min} = \frac{\varepsilon_x + \varepsilon_y}{2} - \sqrt{\left(\frac{\varepsilon_x - \varepsilon_y}{2}\right)^2 + \left(\frac{\gamma_{xy}}{2}\right)^2}$$

(9.2)

考虑到由应变花数据间接推导得到主应变可能产生较大的传递误差,而该平面框架模型是对称的,因此将对称位置的主应变计算结果进行对比,绘制 $\varepsilon_{\max} - F$ 或 $\varepsilon_{\min} - F$ 曲线。以测点 BBL 和 DBR 为例,如图 9.5(a) 所示,可见两条 $\varepsilon_{\min} - F$ 曲线表现出较好的趋势同步性和接近程度。同时,为了验证单向应力状态假设的合理性,尝试计算应变花测点处对应两个主应变方向的泊松比,即

$$\nu = \frac{|\varepsilon_a|}{|\varepsilon_b|}$$

(9.3)

其中,ε_a 与 ε_b 为测点的 $\varepsilon_{\max}$ 或 $\varepsilon_{\min}$,且满足 $|\varepsilon_a| < |\varepsilon_b|$,进而绘制测点的 $\nu - F$ 曲线。仍以 BBL 和 DBR 测点为例,绘制其 $\nu - F$ 曲线如图 9.5(b) 所示,两条曲线很接近且均处于平均值约 0.375 的水平,符合预期的材料泊松比,由此可知:(1) 通过对称测点的测量数据对比,测量数据是可信的;(2) 测点处于单向应力状态的假设接近真实情况。

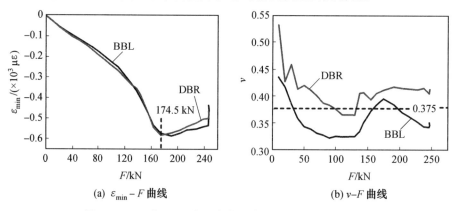

(a) $\varepsilon_{\min} - F$ 曲线 　　　　　　(b) $\nu - F$ 曲线

图 9.5　BBL 与 DBR 主压应变及泊松比随荷载变化趋势图

对于各个关键测点的 ε_b 应变数据,应用式(2.1)计算测点主应变对应的广义应变能密度,再求和得到框架模型总广义应变能密度(状态变量),即构建了表征结构受力状态的特征参数 E'。继而,绘出 E' 随荷载的变化曲线,即 $E' - F$ 曲线。然后,应用 M—K 准则鉴别出框架模型的受力状态跳跃点,如图 9.6(a) 所示。从分析结果可知,框架模型的受力状态跳跃点对应的荷载为 $P = 129.5$ kN。荷载 P 之前,$E' - F$ 曲线随荷载的变化是缓慢、平稳增长的,但随后不久,框架模型的 $E' - F$ 曲线上升趋势逐渐加快,表明框架结构逐渐进入与之前的受力状态模式不同的阶段。后面的分析将展示:$P = 129.5$ kN 恰好为结构"悬链线"变形效应的起始荷载,标志着结构的受力状态模式发生从量变到质变的跳跃。进而,对于 $E' - F$ 曲线中荷载 P 之后的部分,如图 9.6(b) 所示,再次应用 M—K 准则,找到结构受力状态的第二个跳跃点 $Q = 195$ kN。后文的分析将表明:Q 是结构进入"塑性平台"阶段的起始荷载。

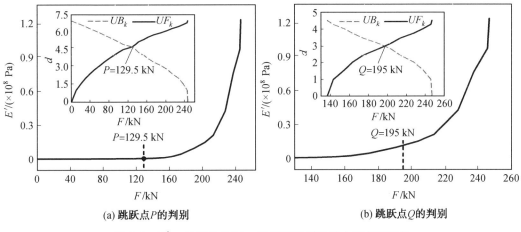

(a) 跳跃点 P 的判别　　　　　　　　(b) 跳跃点 Q 的判别

图 9.6　$E' - F$ 曲线及 M − K 准则判别的受力状态跳跃点

9.4　框架模型受力状态中的悬链线效应

9.4.1　框架模型悬链线效应的内涵

一般地,对于中柱被截断的框架结构来说,由于中柱节点竖向位移的逐渐增加,与中柱直接相连的主梁逐渐产生竖向悬垂,与中柱梁柱节点毗邻的节点可以提供一定的侧向和转动约束,进而使主梁类似于悬链线的变形形式引起了自身轴向变形的逐渐增加,特别是梁端出现塑性铰以后,梁中弯矩的增速将逐渐低于轴力的增速,体现一系列与悬链线大变形效应有关的结构力学行为特征。在梁端出现塑性铰以后,悬链线变形效应开始迅速扩展,且由于钢材的塑性发展和截面轴力的不断增加,梁中弯曲变形的增速会逐渐放缓其至出现“卸载”进而下降,但该框架模型试验结果表明,梁中始终存在着弯矩和弯曲变形,梁中只有轴力的理想化情形没有出现。一些研究认为:梁端出现塑性铰后,梁即进入了所谓“悬链线阶段”,而这一阶段的演变终点默认为梁中剩下“纯轴力”,与中柱直接相连的两根梁拉力的竖向分力抵抗竖向外荷载。但是,从框架模型截面曲率随荷载的变化趋势来看,弯曲变形始终存在,只是会出现不同程度的削弱或出现“塑性平台”阶段,不会下降到零,所以以“悬链线阶段”应为“悬链线变形效应逐渐增加的阶段”,梁的悬垂形态不完全为“悬链线”成分,悬垂受力状态也不是完全的“拉杆”状态。

目前,一般分析框架结构连续倒塌行为和确定相关特征荷载的方法,是依据实测中间失效柱的竖向位移随荷载的变化曲线(图 9.7)去观察悬链线效应,可以看出:在框架模型受力状态的第一个特征荷载 $P = 129.5$ kN 处,由于梁端塑性铰的产生,确实出现了很明显的曲线突然上升趋势。可见,这种经典的分析方法可以很直观地判定结构“悬链线”变形效应开始明显发挥作用的特征荷载。但是,它不能进一步揭示结构内在工作特征和协调工作机理,而下面的结构受力状态分析则能够更深入地揭示框架模型在其受力状态跳跃点处的受力状态特征与受力机理。

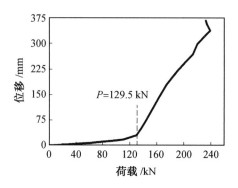

图 9.7　中柱竖向位移随荷载的变化曲线

9.4.2　柱截面弯矩和曲率的建模分析

框架模型中钢材的屈服应变大约为$\varepsilon_y = 1\ 334\ \mu\varepsilon$,从实测柱顶应变随荷载的变化关系(图 9.8)可知,A、B、D、E 柱柱顶的应变在加载全过程未超过钢材屈服应变ε_y;A 柱与 E 柱柱顶在 190 kN 之前应变基本处于弹性范围,只在加载的后期由于塑性发展应变表现出显著的增长。同样,从图 9.9 可见,B 柱与 D 柱柱顶在 190 kN 之前也基本处于弹性范围,之后塑性发展较为明显。由此可知,在 190 kN 之前,即结构在已经发展了很大程度的悬链线效应之前,柱子的变形都基本处于弹性范围。从后续章节的有限元模拟结果可知,即使在加载后期,柱顶的塑性发展也局限在一个很小的区域,其他部分都基本处于弹性状态。另一方面,对于核心混凝土来说,因为钢材的约束作用,混凝土一般处于复杂的三向受力状态,所对应的弹性极限荷载也不同于从单轴应力角度来确定的弹性极限荷载,核心混凝土的塑性发展较早,但由于受到钢管的约束,其塑性变形受到限制,对组合截面总体表现出的"类弹性"的宏观反应干扰不大。综上所述,借用弹性理论特征化柱中的弯矩,进而得到节点转角等的近似估计,在很大的加载范围内是可行的,而在塑性发展较深的后期阶段,用所构造的特征参数反映由于弯曲变形导致的结构的一些工作特征也同样具有机理性和概念上的参考价值。

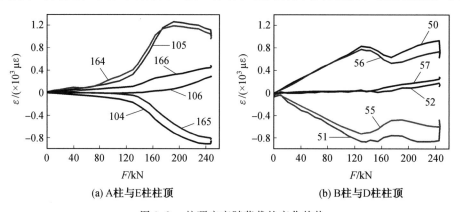

图 9.8　柱顶应变随荷载的变化趋势

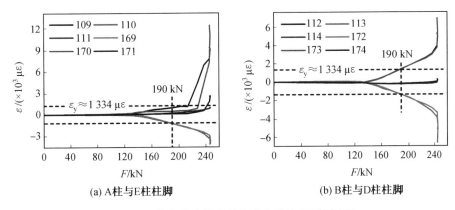

图 9.9 柱脚应变随荷载的变化趋势(后附彩图)

一般地,根据经典弹性理论并依托平截面假定,截面 i 的弯矩 M_i 与曲率 κ_i 的关系为

$$M_i = \eta_i \kappa_i, \quad \eta_i = E_s I_{s,i} + E_c I_{c,i} \tag{9.4}$$

式中,M_i 为截面 i 的弯矩(N·m);η_i 为参量(N·m²);κ_i 为截面 i 的曲率(m⁻¹);E_s 为钢材的弹性模量(Pa);E_c 为混凝土的弹性模量(Pa);$I_{s,i}$ 为截面 i 钢管截面的惯性矩(m⁴);$I_{c,i}$ 为截面 i 核心混凝土截面的惯性矩(m⁴)。而截面 i 的曲率又可近似为

$$\kappa_i = \frac{\varepsilon_{m,i} - \varepsilon_{n,i}}{h_{mn}} \tag{9.5}$$

其中,$\varepsilon_{m,i}$ 和 $\varepsilon_{n,i}$ 为截面 i 上位于不同高度处相距较远的两个测点的纵向线应变,将其尽可能选为截面上、下边缘的纵向线应变,以充分体现惯性矩较大的局部对截面弯曲变形的突出贡献。

从式(9.4)可见,由于钢管混凝土柱是等截面的,η_i 是常数,M_i 与 κ_i 成正比关系,这有利于直接利用试验数据进行受力状态分析。若取 $\varepsilon_{m,i}$ 在左、$\varepsilon_{n,i}$ 在右,则式(9.5)定义了柱子截面左侧受拉、右侧受压的弯曲变形形式对应的曲率方向为正。从结构力学可知,对一根两端固定的弹性等截面直杆来说,两个固定端截面的相对侧移和相对转角引起的弯曲变形形式和弯矩,可用图 9.10(a)(b)展示出来。观察截面曲率随荷载的变化趋势可知,如图 9.11(a),A(E)柱柱顶曲率在 129.5 kN 处增速突然变快,在 195 kN 后趋于缓和,进入到一个平台阶段。此处需要说明的是,处于对称位置的 A 柱、E 柱与 B 柱、D 柱柱顶曲率的符号是相反的,为了方便对比,将 A、D 柱柱顶曲率反号,并在图中用"−A"和"−D"加以标记,这里的标记约定同样适用于后文中位移、剪力等物理量的曲线图,下文不再赘述。如图 9.12 所示,A(与 E)柱柱脚的曲率在 129.5 kN 之前几乎为零,而从 129.5 kN 开始,其左(右)侧受拉的曲率突然急剧增加,并在结构的第二个受力状态跳跃点 $Q = 195$ kN 后,于 213 kN(227 kN)处呈现进一步增加的变化趋势。同时,通过观察 A 柱、E 柱柱顶 $\kappa - F$ 曲线(图 9.11(a))可见,A 柱、E 柱柱顶在加载全过程未出现曲率趋势下降或符号反向,可以说明 A 柱、E 柱的柱中弯曲变形始终由节点侧移主导,而悬链线变形效应加剧了节点侧移导致的柱中弯曲效应的开展。从节点 A、E 的水平位移(向右为正)随荷载的变化趋势图(图 9.13)还可以看出,在 129.5 kN 处,两个节点向内的水平位移都几乎从零开始急剧增加,表明结构由于悬链线变形效应的开展,节点侧移效应开始逐渐增强,使对应于由端部截面相对侧移而引起的弯曲变形形式逐渐加强。另一方面,如图 9.11(b)所示,B(D)柱柱顶左(右)侧受拉的曲率在加载初始随着荷载近似线性增长（129.5 kN 之前，两组数据的曲率与荷载的线性相关系数分别为 0.998 8 和 0.999 1），这种弯曲变形形式显示在加载初期，B 柱、D 柱中弯矩由节点转角效应主导。在外荷载增至 129.5 kN 以后，B(D) 柱柱顶曲率随荷载的变化曲线呈现突然的下降趋势，说明伴随着与中柱直接相连的主梁在梁端产生塑性铰，试验模型开始逐渐产生明显的悬链线变形，节点侧移逐渐削弱了原有的节点转角引起的弯曲变形。虽然从 174.5 kN 开始，由于结构的大变形效应和内力、应力、能量的重分布等结构协调工作性能调整，使得 B(D) 节点转角效应引起的柱顶变形产生回升，但框架模型的极限荷载阶段回升后的峰值也仅与初始的曲率峰值近似持平，没有再显著增加。

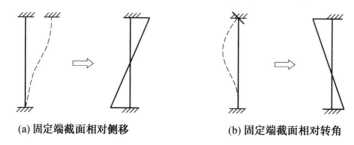

(a) 固定端截面相对侧移　　　　　　(b) 固定端截面相对转角

图 9.10　端截面相对侧移及相对转角引起的弯曲变形形式和弯矩

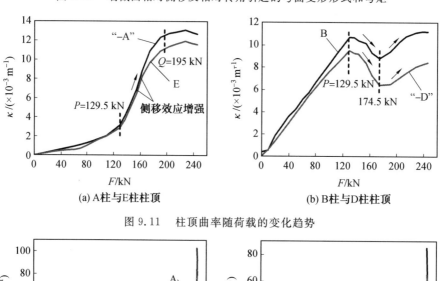

(a) A 柱与 E 柱柱顶　　　　　　(b) B 柱与 D 柱柱顶

图 9.11　柱顶曲率随荷载的变化趋势

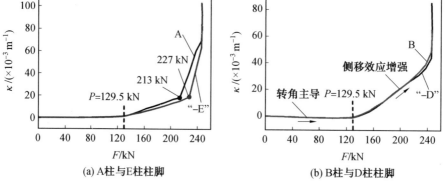

(a) A 柱与 E 柱柱脚　　　　　　(b) B 柱与 D 柱柱脚

图 9.12　柱脚曲率随荷载的变化趋势

从图 9.13 所示柱脚 $\kappa - F$ 特征曲线可以看出，柱脚的曲率在 129.5 kN 之前几乎为零，从 129.5 kN 开始，柱脚左（右）侧受拉的曲率突然急剧增加，与柱顶左（右）侧受拉的曲率在此时突然减小相呼应,凸显了梁柱节点的侧移效应在悬链线变形阶段的快速发展,同时体现此特征参数(κ)所揭示的规律具有多方面的一致性。

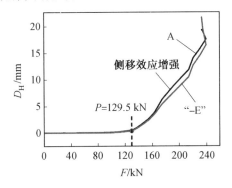

图 9.13　节点 A 与 E 的水平位移随荷载的变化趋势

柱顶、柱脚曲率比参数也可以清晰地特征化柱子的弯曲受力模式,体现引起柱中弯矩的各种外因和内因的综合作用效果。如图 9.14 所示,B 柱与 D 柱的柱顶、柱脚曲率比值($\frac{\kappa_{B顶}}{\kappa_{B脚}}$,$\frac{\kappa_{D顶}}{\kappa_{D脚}}$)随荷载的变化曲线在结构受力状态的第一个跳跃点 129.5 kN 处均表现出变化趋势的急剧转变,曲线突然急剧上升,说明主梁的悬链线变形效应从本质上改变了柱子的弯曲受力方式和截面曲率沿着柱子高度方向上的分布模式;而在 174.5 kN 后曲线逐渐进入趋于缓和的平台阶段。

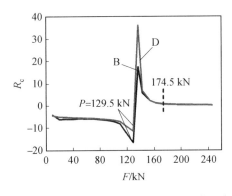

图 9.14　B 柱与 D 柱的柱顶柱脚曲率比随荷载的变化趋势

至此,所建立的框架模型受力状态特征参数,揭示了柱中初始变形形式的来源、悬链线效应、后期大变形效应和内部变量的重分布调整等导致的结构力学行为演变的规律性特征。同时,证明了由 M－K 准则所界定的结构受力状态的第一个跳跃点为结构开始进入明显的悬链线变形阶段的起始荷载(P),而结构在荷载 P 的前后,结构受力模式和关键响应的变化趋势有本质差别,体现了量变导致质变的自然规律和 M－K 准则对结构受力状态特征的判别能力。

9.4.3　柱截面剪力及主梁拉力建模分析

为了进一步证明上述分析结果,本书构造了第 j 根柱子的截面剪力状态的特征参数 Q_j,

考虑到沿着柱高没有横向分布荷载或集中力作用,截面剪力特征参数可按式(9.6)计算

$$Q_j = \frac{\eta_i}{L}(\kappa_{2,j} - \kappa_{1,j}) \tag{9.6}$$

式中,Q_j 为第 j 根柱子的截面剪力(N);L 是柱子的高度(m);$\kappa_{1,j}$ 是第 j 根柱子的柱顶截面曲率(m^{-1});$\kappa_{2,j}$ 是第 j 根柱子的柱脚截面曲率(m^{-1})。

规定特征参数 Q_j 方向绕截面顺时针旋转为正,并绘制其随荷载的变化曲线 $Q_j - F$,如图 9.15 所示,可以看出:① 如图 9.15(a) 所示,A(E)柱柱中始终为正(负)向增加的剪力,只是在 129.5 kN 处剪力开始从接近零的水平突然急剧增加。② 如图 9.15(b) 所示,B(D)柱中初始为负(正)向增加的剪力,即绕截面逆(顺)转,这是节点转动导致的剪力形式,可知在荷载 P 之前节点转动效应逐渐加强。③ 从 129.5 kN 开始,$Q_j - F$ 曲线突然正(负)向增加,即绕截面顺(逆)转,这是节点侧移导致的剪力形式,可知由于悬链线变形效应的逐渐发展,侧移效应逐渐增加。特征参数 Q 进一步验证了前述特征参数所揭示的框架模型的工作行为特征。

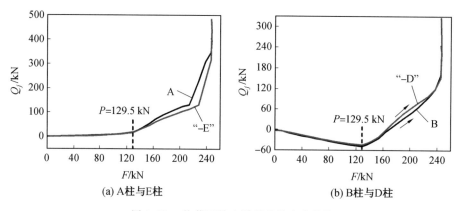

(a) A柱与E柱　　　　　　(b) B柱与D柱

图 9.15　柱截面剪力随荷载的变化趋势

此外,由节点平衡条件可以推知,A(E)柱柱顶的剪力直接反映了主梁 AB(主梁 DE)中的轴力 T_{AB}(T_{DE})水平,而 B(D)柱柱顶的剪力反映了主梁 BC(主梁 CD)中的轴力 T_{BC}(T_{CD})和主梁 AB(主梁 DE)中的轴力 T_{AB}(T_{DE})的差值。图 9.16 展示了 $T_{BC} - F$ 和 $T_{CD} - F$ 曲线,从中可以看出:主梁 BC 和 CD 中的轴力在 129.5 kN 之前很小,从 129.5 kN 开始显著增加。将 B(D)柱与 A(E)柱柱顶剪力加和,可得到反映 T_{BC}(T_{CD})大小的量化指标。与中柱直接

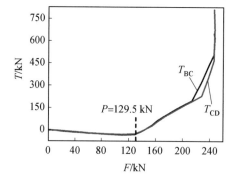

图 9.16　主梁 BC 及 CD 中轴力随荷载的变化趋势

相连的主梁在 129.5 kN 之前轴力水平很小,从 129.5 kN 开始,截面中的轴力开始迅速扩展增加,这体现了框架模型在悬链线变形阶段的受力状态特征,也验证了主梁"悬链线"状的变形形态确实带来了梁中轴力的提高。后续对主梁中关键截面曲率和轴向变形的参数进行建模和分析,以不同的视角展示框架模型破坏过程中在悬链线变形效应阶段的受力状态特征。

9.4.4　梁柱节点转角特征参数分析

由于试验中未能观测记录到梁、柱节点的转角数据,而柱顶、柱脚的截面关键高度处的应变数据可以获得,在此利用柱两端的截面应变数据构造了特征参数,来表征和反映梁、柱节点的转动规律,以及表征结构的协调工作特性。参照结构力学中的虚功原理和静定结构计算位移的方法,如图 9.17(a)(b) 所示,取柱子为隔离体,由于柱子全长没有其他横向荷载或集中力,也没有集中或分布力矩,因此剪力为常数,可以画出柱子的弯矩图和单位弯矩图,如图 9.17(c)(d) 所示;继而用图乘法可得第 j 根柱子顶端梁柱节点处的转角 θ_j 为

$$\theta_j = (2 M_{1,j} + M_{2,j}) L / (6 \eta_i) + D_{H,j} / L \tag{9.7}$$

式中,θ_j 为第 j 根柱子顶端梁柱节点转角(rad);$M_{1,j}$ 为第 j 根柱子的柱顶截面弯矩(N·m);$M_{2,j}$ 为第 j 根柱子的柱脚截面弯矩(N·m);$D_{H,j}$ 为柱顶梁柱节点水平位移(m)。

借用前述的弯矩和曲率之间的关系式(9.4),可将式(9.7)简化为

$$\theta_j = (2 \kappa_{1,j} + \kappa_{2,j}) L / 6 + D_{H,j} / L \tag{9.8}$$

再综合截面曲率计算式(9.5),可以得到 $\theta_j - F$ 曲线(图 9.18)。

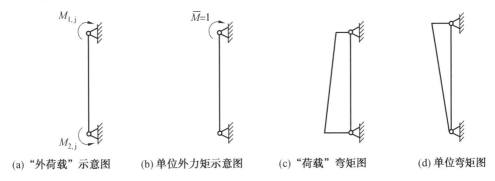

(a) "外荷载"示意图　(b) 单位外力矩示意图　(c) "荷载"弯矩图　(d) 单位弯矩图

图 9.17　节点转角计算时的基本结构及弯矩图示意

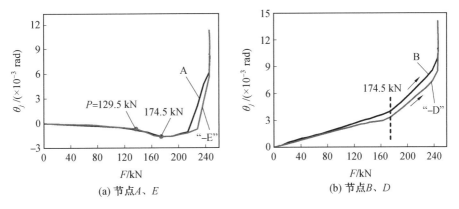

(a) 节点 A、E

(b) 节点 B、D

图 9.18　梁柱节点转角随荷载的变化曲线

从图 9.18(a) 可见,节点 A、E 的转角在 129.5 kN 处下降趋势开始增大,显示出结构的悬链线变形效应不仅体现在节点的侧移加强,还有边柱的节点转角速率的加快,且这两条曲线在 174.5 kN 处走势变缓直到最后出现陡然的正向回升。从节点 B、D 转角随荷载的变化趋势图9.7(b)可知,在 174.5 kN 之前,曲线近似平稳线性发展,在 174.5 kN 处,曲线的上升趋势突然增加,显示伴随着与中柱直接相连的主梁的端部、与中柱毗邻的柱子的柱脚等局部应力较大区域的深塑性发展,结构的受力和变形不断调整,梁柱节点转角的增速有所加快,也与 B、D 柱顶的曲率在 174.5 kN 的回升趋势具有机理和因果上的一致性。

9.4.5　主梁协调工作特性

由材料力学可知,对于 H 型截面框架主梁,截面轴向变形引起的应变是均布的,弯曲正应变绕截面主轴反对称分布,翘曲正应变实际来源于翘曲扭矩,如果近似认为该扭矩由上下翼缘两个等值反向的剪力合成,每个剪力造成翼缘的平面外弯曲,则此翘曲正应变将绕着另一主轴反对称分布。据此,构建了试验 H 型截面主梁的第 j 个截面的平均应变参量 $\varepsilon_{\text{ave},j}$,来表征截面的轴向变形,即有

$$\varepsilon_{\text{ave},j} = \frac{\sum_{i=1}^{n} \varepsilon_i}{n} \tag{9.9}$$

式中,$\varepsilon_{\text{ave},j}$ 为截面 j 的平均应变;ε_i 为截面 j 上选取的不同位置处的纵向线应变;n 为总的应变测点的数量。

式(9.9)中对总的应变测点的数量 n 没有限制(不过最好 $n \geqslant 3$),但要求所有测点都相对截面两个对称轴对称地选取。进而,借用弹性假设,截面 j 的轴力 N_j 可由下式近似表征

$$N_j = E_s A_j \varepsilon_{\text{ave},j} \tag{9.10}$$

式中,N_j 为截面 j 的轴力(N);A_j 为截面 j 的面积(m^2)。

如 9.3.3 节所述,主梁 AB 中的轴力可以由 A 柱柱顶的剪力来近似,考虑到式(9.10)借用了弹性理论,其适用的范围应是弹性范围或浅塑性范围,考虑到边跨主梁、中间跨主梁的跨中截面塑性程度较小,根据主梁 AB(主梁 BC)的截面1(截面5)的实测应变数据构建截面1(截面5)的轴力,并与 9.4.3 节中得到的柱相应的剪力结果对比。如图 9.19(a) 所示,A 柱柱顶截面的剪力 Q_A 和截面 1 的轴力 N_1 在 203.5 kN 之前变化趋势和量级相当接近;而 A 与 B 柱柱顶截面的剪力之和 Q_{A+B} 与截面 5 的轴力 N_5 在 213 kN 之前相当接近,如图 9.19(b) 所示。由此可知,用柱子和主梁截面的试验数据分别构建的同一特征参数(主梁轴力)具备良好的一致性,表明试验数据可靠,证明了所构建的表征柱剪力、主梁轴力的特征参数的有效性和可信度。但应注意,截面轴向变形的构建很大程度上基于平截面假定(或弹性范围),所以对塑性发展不深的结构局部或只针对较早的荷载阶段是适用的;但是,截面发展塑性必然影响截面平均应变随荷载的变化,使特征参数在结构塑性阶段产生波动。不过,由于结构受力状态的跳跃性是物理定律 —— 结构失效定律决定的,必然体现在结构受力状态发展过程中,结构失效荷载前后的塑性变形发展虽然对判别结构受力状态的定性跳跃特征有一定干扰,但特征参数在此的突变仍然可以用 M－K 准则判别,甚至能够直观地判别。所以,在结构受力状态分析中不拘泥于严格的弹性范围,更多地是借用与力学寓意相近的术语来阐述结构受力状态演变特征,即揭示试验数据中体现的结构失效定律。

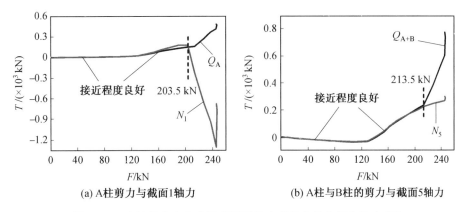

图 9.19　由柱的剪力和主梁截面平均应变导出的主梁中轴力对比

类似地,通过式(9.5)可以计算主梁截面的曲率,来进一步揭示框架模型内在的工作特征。由于主梁跨中截面弯曲变形很小,所以主梁跨中截面主要用来观测轴向变形发展规律;而主梁的端截面轴向和弯曲变形都很大,可以综合观察两者的演变特征。

(1) 如图 9.20 所示,处于对称位置的截面 2 和截面 11 的轴向变形在 129.5 kN 以后上升趋势加快,而且加载全程轴向应变一直在增加,相应地,其截面曲率分别在 163 kN 和 154.5 kN 处发生明显的"卸载"现象,且曲率水平一直很低。

(2) 如图 9.21 所示,截面 5 与截面 8 的轴向应变在 129.5 kN 处受拉趋势明显上升,截面曲率在结构的弹塑性分界荷载 110 kN 处出现"卸载"趋势。以上均说明,逐渐发展的悬链线变形效应会使梁中的轴向拉伸变形逐渐增加,而使本来就不大的弯曲效应得到削弱。

(3) 如图 9.22 所示,对截面 1 与截面 12 来说,截面平均应变和曲率均在 129.5 kN 处表现出突然加强的趋势,这两个截面是梁的端截面,表明结构的悬链线变形效应可以对主梁端截面的轴向和弯曲变形同时增大影响。

(4) 如图 9.23(a)(b) 所示,从主梁的中部截面 2 和截面 5 的应变随荷载的变化趋势可知,截面应变最后均转化为彼此接近的拉应变,且边跨主梁跨中的应变最终更为接近;而从主梁的端部截面 1 的应变随荷载的变化趋势可知(图 9.3(c)),截面应变最终仍然存在逐渐增加的压应变,说明截面弯矩和轴力共存,考虑到截面应变水平始终未超过 $\varepsilon_y = 1\,334\ \mu\varepsilon$,而图 9.22 所示截面 1 的平均应变和曲率一直在增加,所以弯矩和轴力一直增加,两种效应始终处于不断增强的状态,这也与目前悬链线变形发展的初始阶段弯曲和轴向效应均增强的分析结论一致。

以上分析表明,框架结构模型的受力状态分析能进一步揭示结构工作特征,丰富了结构"悬链线变形阶段"的内涵,即梁端弯矩始终未降到零,"纯悬链线""纯受拉"的变形形式并未出现。

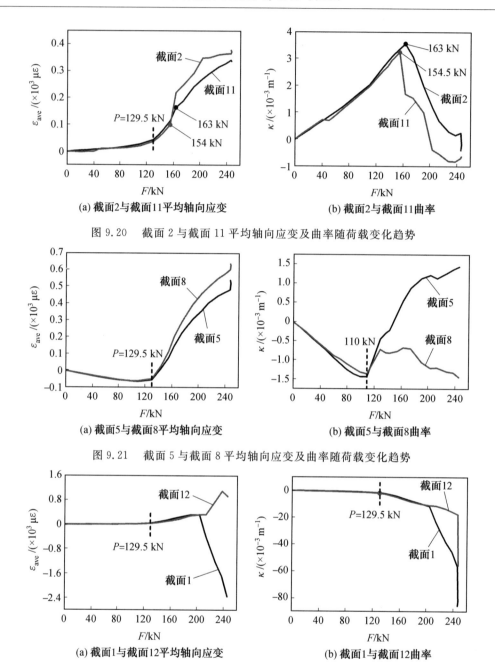

(a) 截面2与截面11平均轴向应变　　　　　(b) 截面2与截面11曲率

图 9.20　　截面 2 与截面 11 平均轴向应变及曲率随荷载变化趋势

(a) 截面5与截面8平均轴向应变　　　　　(b) 截面5与截面8曲率

图 9.21　　截面 5 与截面 8 平均轴向应变及曲率随荷载变化趋势

(a) 截面1与截面12平均轴向应变　　　　　(b) 截面1与截面12曲率

图 9.22　　截面 1 与截面 12 平均轴向应变及曲率随荷载变化趋势

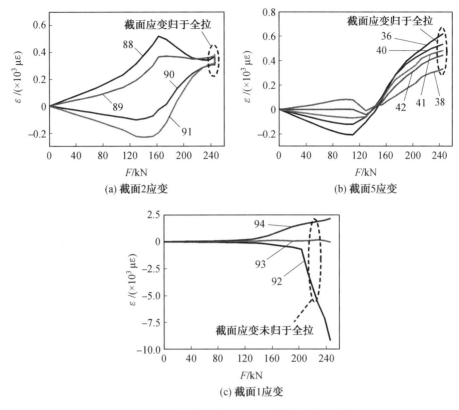

图 9.23　主梁典型截面应变随荷载的变化趋势

9.5　结构剪切变形特征

9.5.1　测点切应变特征参数分析

该框架模型试验不仅在梁、柱截面的关键点处记录了纵向线应变来考察结构的弯曲变形、轴向变形、局部屈曲、扭转翘曲等变形情况,还在梁柱节点域、节点环板和柱顶等设置了应变花来进一步观测局部剪切变形情况。特别地,柱顶截面的应变花可以由式(9.1)计算导出局部切应变γ_{xy},柱顶的γ_{xy}可以作为测点局部切应力τ_{xy}的测度,定性地反应测点切应力的大小。根据材料力学中弯曲剪力引起的截面切应力的分布模式,即中部切应力最大,剪切变形最大,越靠近柱子的两端剪切变形越小,且截面切应变不发生反向,以及截面剪力与剪切变形的正相关关系,如果假定柱子钢-混凝土组合截面内外的剪切变形一致,截面中间高度处的剪切变形γ_{xy}理论上可以作为表征全截面剪力大小的特征参数。因此,柱顶的γ_{xy}可以作为τ_{xy}的测度,反映截面总剪力的变化趋势,图9.24中的$\gamma_{xy}-F$曲线定性反映了全截面总剪力水平的变化趋势:

从图9.24可见,AO 和 EO 的γ_{xy}在129.5 kN处表现出变化趋势的突然上升,在加载全程未发生反向,AO 和 EO 的γ_{xy}变化趋势与前文所述柱 A、E 剪力十分相似,参照图9.15(a),但表示的方向相反。从图9.24(b)可见,BO 的γ_{xy}值在129.5 kN之前γ_{xy}基本随着荷载线性增长,与 A、E 柱柱顶剪切变形的情况类似,在129.5 kN处曲线的变化趋势产生突然的反向,显示柱顶端的剪切变形发生了突变。一般来说,节点域及其附近的局部区域对结构的悬链线变形效应比较敏感,所以柱顶剪切变形趋势的突变点和结构的悬链线变形效应关系密切。不过,虽然 BO 突变特征荷载与前述的分析结果一致,且曲线的走势和估计的柱截面剪力的走势十分相似(参照图 9.15(b)),但考虑到式(9.1)中对 γ_{xy} 正向的规定,此剪切变形曲线所对应的剪力方向与前文叙述相反。为了排除试验数据的偶然性,对比了处于对称位置的 DO 的 $\gamma_{xy}-F$ 曲线,如图 9.24(b) 所示,二者的趋势相似性和数值接近程度都很高,据此可以判知试验数据是可靠的,且精度很高。

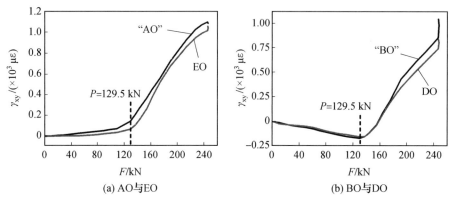

(a) AO 与 EO 　　　(b) BO 与 DO

图 9.24 柱顶测点的 γ_{xy} 随荷载的变化趋势

针对上述关于截面剪力和切应变方向看似矛盾的情形,简单地判知:试验中采用了钢管混凝土柱,由于钢和混凝土两种材料的泊松比、弹性模量的差别,以及柱中承受的弯曲、剪切和轴向变形的耦合作用,导致柱子变形时呈现 2 方面的特征:① 钢管对核心混凝土产生约束压应力,使自身受到环向拉应力,比如 AO 应变花测点的应变随荷载的变化趋势,如图 9.25 所示,108 号应变即拉应变,且数值超过竖向 106 号的拉应变,从泊松比角度和应变分布模式的角度均可判断对应测点处于复杂应力状态;② 由于钢管和核心混凝土的剪切变形可能并不协调一致,使得两种材料的接触面具有相互错动的趋势而产生摩擦力,甚至可能由于接触面受力的复杂性,导致截面整体剪切变形与局部接触应力引起的剪切变形耦合,使钢管外表面的切应变呈现更加复杂的受力情况。但无论哪种情况,均使得在钢管外表面测量的切应变不能真实地反映截面总体剪切变形的情况。

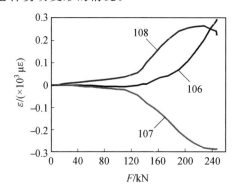

图 9.25 AO 应变花测点的应变随荷载的变化趋势

9.5.2　最大切应变特征参数分析

一般地,对于框架模型的连续倒塌问题来说,梁柱节点是受力的关键局部,相关反应量对结构的悬链线变形也表现出很大程度的敏感性。因此,根据框架模型在节点域中心点和节点上下环板等位置测得的应变花数据,借助式(9.1)得到了对应于应变花所构建的 $x-y$ 坐标系的剪切应变,进而按式(9.11)计算得到测点的最大切应变特征参数 $\gamma_{\max}$:

$$\gamma_{\max} = \sqrt{(\varepsilon_x - \varepsilon_y)^2 + \gamma_{xy}^2} \tag{9.11}$$

以 $\gamma_{\max}$ 考察框架模型局部受力状态演变特征,即考察的 $\gamma_{\max}-F$ 曲线走势(图 9.26)。框架模型在 129.5 kN 处的受力状态突变性体现在梁柱节点域中心和节点环板测点的最大剪切变形 $\gamma_{\max}$ 随荷载的变化趋势上,特别是 CI,以及互为对称位置的 CTL 与 CTR、CBL 与 CBR、BI 与 DI、BBR 与 DBL 及 AI 与 EI 等测点的最大切应变随荷载的变化趋势,均在结构受力状态的第一个跳跃点(结构失效定律下的失效荷载) $P=129.5$ kN 处表现出突变特征。在图 9.26(a)中,CI 测点的最大切应变在 129.5 kN 突然急剧增加,在结构受力状态的第二个特征荷载 $Q=195$ kN 后增速放缓,符合结构处于"塑性平台"阶段的特征。特别地,从 CTL 与 CTR 的 $\gamma_{\max}$ 随荷载的变化趋势曲线中可以看出(图 9.26(b)),两条互为对称位置的节点 C 外环板测点的最大切应变曲线在 129.5 kN 之前基本同步,然后 CTL 的 $\gamma_{\max}$ 值急剧上升,而 CTR 的 $\gamma_{\max}$ 值增速变缓甚至出现下降趋势;CBL 与 CBR 的 $\gamma_{\max}$ 值则表现为在 136.9 kN(紧邻 129.5 kN)之后,前者增长速率明显高于后者,如图 9.26(c)所示。虽然 CTL 与 CTR、CBL 与 CBR 的 $\gamma_{\max}-F$ 曲线具体的突变表现形式有所差别,但均呈现出各局部特征参数 $\gamma_{\max}$ 之间随荷载变化趋势的"分支畸变"现象,表明框架模型受力状态的突变特征有两方面(两种)的体现:一是体现在单个特征参数随荷载变化趋势的突变特征上,二是体现在多个特征参数之间变化趋势的"分支畸变"上。这两方面特征是结构本质工作特征的体现,是结构从零荷载到极限承载过程中的客观规律 —— 结构失效定律的体现,具有必然性、统治性和确定性。

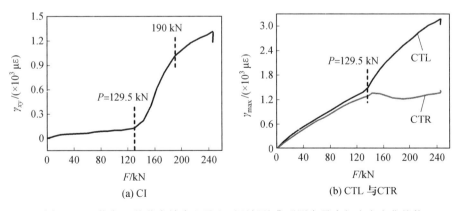

图 9.26　节点 C 的节点域中心及上下环板处典型测点最大切应变变化趋势

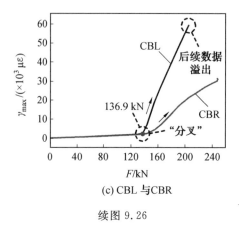

(c) CBL 与CBR

续图 9.26

另一方面,考察非中间梁柱节点,由 BI 与 DI 及 BBR 与 DBL 的 $\gamma_{max}-F$ 曲线可见,在 129.5 kN 和 136.9 kN(紧邻 129.5 kN)处曲线变化趋势突然转为下降,说明结构的悬链线变形会使节点 B、D 节点域的剪切变形趋于缓和,如图 9.27(a)(b) 所示。同时,BI、DI 与 BBR 测点的 $\gamma_{max}-F$ 曲线在 174.5 kN 开始回升,这与前文 B 柱与 D 柱柱顶曲率的变化趋势十分类似,如图 9.11(b) 所示。此外,如图 9.27(c) 所示,DTR 与 BTL 的 $\gamma_{max}-F$ 曲线在 174.5 kN 发生分叉,前者上升趋势陡然增加,且在 213 kN 进一步陡然上升。同样,如图 9.27(d) 所示,DBR 与 BBL 的 $\gamma_{max}-F$ 曲线也在 174.5 kN 开始下降。以上框架模型工作特征说明节点 B、D 处的节点域中心和上下外伸环板在荷载 174.5 kN、$P=129.5$ kN(P 点)、195 kN(Q 点)附近的剪切受力状态与前述的柱中弯曲受力状态的突变同步发生,也表明了两种受力状态的协调一致性。

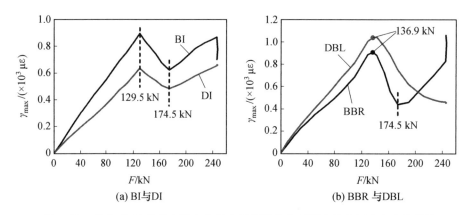

图 9.27 节点 B、D 的节点域中心及上下环板处典型测点最大切应变变化趋势

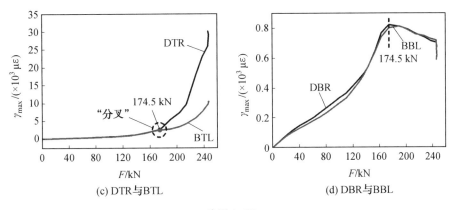

续图 9.27

B、D 梁柱节点的转角效应可能与节点域中心的最大切应变呈正相关。如图 9.28(a) 所示，AI(EI) 的 $\gamma_{max}-F$ 曲线在 129.5 kN 处表现出上升趋势加快。同时，为了展示 AI(EI) 的 $\gamma_{max}-F$ 曲线的增速，绘制了曲线斜率随荷载的变化(图 9.28(b))，可以看出，AI(EI) 的 γ_{max} 值的增速在 154.5 kN 处增至峰值之后转而下降。

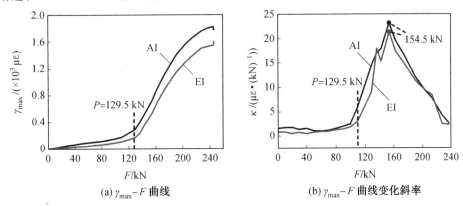

图 9.28　AI(EI) 测点的 $\gamma_{max}-F$ 曲线及曲线斜率随荷载的变化趋势

以上对 γ'_{max} 的分析可见，框架结构组成部分之间的协调工作特性可以通过受力状态参数表现出来。框架梁柱的弯曲、轴向和剪切受力状态的演变特征均会体现在节点域及节点环板的剪切变形特征参数中，通过考察这些特征参数随荷载的变化，可以反映结构局部彼此之间变形、内力关联性演变特征，以及各自工作状态及其作用的走向，进一步认知结构的失效机理，以及挖掘结构失效模式的内涵。

9.5.3　主应变方向特征参数分析

从材料力学中对切应变的推导过程可推知，围绕一个微小局域表面测得的伸长和缩短对应的线应变，必然包含主应变成分，而且在应变试验测量时已经考量到沿着测点哪个方向应变较大。因此，这里尝试对测点的主应变方向构建特征参数，从主拉、主压应变的角度表征结构的受力状态演变规律。

对测点所在的截面正应变 ε 和切应变 γ 做如下正向规定：拉应变为正、使截面顺时针旋转的剪切变形为正（γ_{xy} 的正向规定仍按前文所述），则可绘制 $\varepsilon-(\gamma/2)$ 曲线，即莫尔应变圆，如图 9.29 所示。若不考虑 z 向，则最大主应变平面(对应于图中的 $(\varepsilon_{max},0)$ 点)逆时针旋转 45°可得最大切应变平面(对应于图中的(($\varepsilon_{\max}+\varepsilon_{\min}$)/2,$\gamma_{\max}/2$))点),最大切应变平面再逆时针旋转($\alpha/2$)角度可以得到对应于($\varepsilon_x$,$-\gamma_{xy}/2$)点、以测点 x 轴为法向的截面(x 面)。由应变张量的不变性可知,$\varepsilon_{\max}+\varepsilon_{\min}=\varepsilon_x+\varepsilon_y$,其中 $\varepsilon_{\max}$ 和 $\varepsilon_{\min}$ 分别为不考虑 z 向的最大主应变和最小主应变。根据图 9.29 中的几何关系,并考虑到反三角余弦函数的值域为 $[0,\pi]$,可推出

$$\alpha=\begin{cases}\arccos(-\gamma_{xy}/\gamma_{\max}),&(\varepsilon_x+\varepsilon_y)/2-\varepsilon_x\geqslant 0\\\arccos(\gamma_{xy}/\gamma_{\max})+\pi,&(\varepsilon_x+\varepsilon_y)/2-\varepsilon_x<0\end{cases}\tag{9.12}$$

式中,α 为最大切应变平面与测点 x 面成角的二倍(rad)。进而,定义受力状态特征参数 β,并按式(9.13)计算

$$\beta=\left(\frac{\alpha}{2}+\frac{\pi}{4}\right)\times\frac{180°}{\pi}\tag{9.13}$$

显然,测点的 x 轴方向顺时针旋转 β 角即为测点的最大主应变方向。有一点需要强调,β 和 $\beta\pm n\times 180°$ 对应的方向是同一个。由于实验测点的应变片的方向是固定的,即 x 轴是定向的,所以 $\beta-F$ 曲线可以反映测点主应变方向的实时改变情况,进而捕捉主应变流向的突变特性和结构内在的协调工作特性。显然,处于对称位置的测点如果变形对称,将满足 $\beta_1+\beta_2=\pm n\times 180°$,$n$ 为自然数。

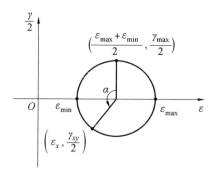

图 9.29　莫尔应变圆

现在考察特征参数 β 随荷载演变的特征(典型测点的 $\beta-F$ 曲线如图 9.30 所示)。

(1) 如图 9.30(a)所示,CI 测点的特征参数 β 表现为:① 在 110 kN 之前表现为线性稳定增长,在 110 kN 突然下降,从 154.5 kN 开始又缓慢回升,进入另一个相对稳定的变化阶段。同时,由于结构是对称的,CI 主拉应变方向与测点 x 轴方向的夹角理论上应为 180°(或0°),CI 的 $\beta-F$ 曲线介于 135° 和 165° 之间;② 从中柱竖向位移(图 9.7)和典型截面的应变随荷载的变化趋势图可以看出,框架模型约在 110 kN 进入到弹塑性阶段,与 CI 的 $\beta-F$ 曲线的走势变化吻合,说明结构在开始逐渐发展塑性的过程中,伴随着中心梁柱节点域主应变方向的微调。

(2) 如图 9.30(b)(c)所示,AI、EI 的特征参数 β 表现为:①AI 主拉应变方向与 x 轴正向基本成 45° 角,而 EI 主拉应变方向与 x 轴正向基本成 132° 角,45°+132°≈180°,两个主拉应变方向体现出较好的对称性;② 除了加载初始 EI 的 $\beta-F$ 曲线有较剧烈的变化和调整外,AI、EI 主拉应变的方向基本处于平稳的波动状态,主拉应变方向变化很小。

(3) 如图 9.30(d)(e)所示,BI 和 DI 的特征参数 β 表现为:① 在结构受力状态的第一个

跳跃荷载 $P=129.5$ kN 处都发生上升趋势的增加,BI 和 DI 的 β 角不严格满足加和等于 $180°$ 的对称条件,但 BI 的 $\beta-F$ 曲线在 190 kN 以后稳定在 $150°$ 左右;② DI 的 $\beta-F$ 曲线在 190 kN 以后稳定在 $189°-180°=9°$ 左右,$150°+9°=159°$,误差不是特别大,且加载全程两者的 β 角都分别超过了 $135°$ 和近似 $160°$,说明主拉应变方向很接近水平 x 轴方向。

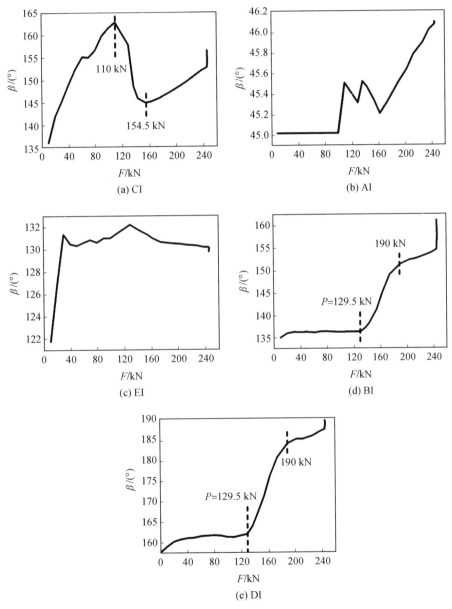

图 9.30　典型测点的 $\beta-F$ 曲线

　　综上所述,可以得出结论:特征参数 β 反映了框架模型受力状态在特征荷载处的突变特征,体现在 BI、DI 节点域中心的主拉应变方向的急剧变化,而 AI、EI 节点域中心的主拉应变方向表现出很高的稳定性。同时,中间梁柱节点 C 的节点域中心的主应变方向对框架模型塑性发展表现出一定的敏感性。此外,虽然存在应变片粘贴的方向误差,以及模型不确定性和试验条件不确定性等干扰,对 $\beta-F$ 曲线的精确性具有一定影响,但特征参数 β 仍然反映了结构局部受力状态演变的本质的、规律性的特征。

9.5.4 框架模型的"塑性平台"阶段

如前所述,框架模型受力状态的第二个跳跃点在 $Q=195$ kN 左右,在 195 kN 以后定义结构由于塑性的高度发展而处于一种"塑性平台"阶段,从典型截面的曲率变化趋势平台、主应变方向改变的平台等可以加以证明(图 9.11,图 9.30)。如图 9.11(a) 所示,柱顶 A 和 E 的曲率都近似在 195 kN 以后进入一个"平台阶段",在那以后,柱顶弯曲变形趋于稳定。而如图 9.13(a) 所示,213 kN 时,A 柱柱脚曲率骤增,显示结构一些典型关键截面发展深塑性以后,A 柱柱脚是新的外荷载输入能量的流向点;E 柱柱脚曲率骤增稍晚一些,但如图 9.13(a) 所示,在结构后期承载阶段,其也是一个新的能量增长点,弯曲效应陡然加强(在 227 kN 以后)。另外,从节点域的切应变来看,ABR 的最大切应变上升趋势在 129.5 kN 有微幅加快,在 213 kN 突然急剧地增加,如图 9.31 所示。而 EBL 的 γ_{max} 从 129.5 kN 开始加快升高,显示悬链线效应对 E 节点域的作用,在 213 kN 发生变化趋势的二次跳跃,显示了 E 节点域在结构"塑性平台"阶段的特征化反应,如图 9.31 所示。此外,如图 9.32(a)(b) 所示,BO(DO) 的 $\beta-F$ 曲线在 190 kN 以后表现出走向大幅减缓,进入一个"平台阶段",显示其对应位置的主应变方向在 190 kN 左右开始进入到一个新的稳定阶段,说明 B、D 柱顶钢管的剪切变形也会因结构深塑性的发展表现出一种"平台"反应特征。总之,A 柱、E 柱的柱脚和节点域等在结构的受力状态的第二个跳跃点 $Q=195$ kN 左右体现出了更多的力学行为的突变性,说明边柱在结构"塑性平台"阶段承担了主要的外荷载能量的分担角色,其工作模式的突变也是结构在这一阶段的主要特征。

纵观所谓塑性平台阶段,是结构的主要响应(测点的应变、截面弯曲与轴向变形、节点域的剪切变形和关键点的主应变方向等)的变化趋于一个缓和的平台,此时框架模型的受力状态模式与之前的受力状态模式不同,但是荷载工况不变,可以推知:在此阶段,框架模型的内在的构造状态由于塑性变形发生了定性的改变,且源于材料非线性和几何非线性等因素带来的结构深塑性发展。

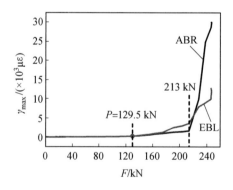

图 9.31 ABR 与 EBL 测点的最大切应变随荷载变化趋势

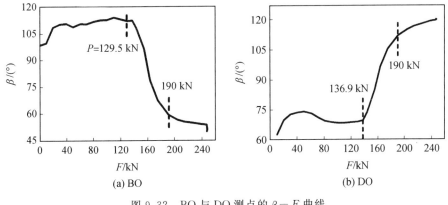

图 9.32　BO 与 DO 测点的 $\beta - F$ 曲线

9.6　基于模拟数据的框架模型受力状态分析

本节尝试对框架模式数值模拟数据进行受力状态建模分析,验证是否模拟数据中也体现与试验数据中一样的受力状态特征,即体现结构失效定律。ABAQUS 有限元软件可用来进行框架模型数值模拟,获取分析数据。模拟中用到了以下材料本构模型。

9.6.1　混凝土的塑性损伤模型

将混凝土视为均质各向同性材料是通常的处理方法,ABAQUS 提供了 3 种混凝土常用的塑性本构模型,即混凝土塑性损伤模型(Concrete Damaged Plasticity)、混凝土弥散开裂模型(Concrete Smeared Cracking) 和混凝土开裂模型(Cracking Model for Concrete)。框架结构数值模拟采用混凝土塑性损伤模型,该模型考虑混凝土的弹性损伤以及塑性拉伸和压缩,用等效拉伸塑性应变 ε_t^{pl} 和等效压缩塑性应变 ε_c^{pl} 来控制屈服及破坏面的演化。

根据《混凝土结构设计规范》(GB 50010—2010),通过标准试件试验确定混凝土本构关系,即混凝土单轴受压的应力－应变曲线按照式(9.14) 和式(9.15) 确定

$$\sigma = (1 - d_c) E_c \varepsilon \tag{9.14}$$

$$d_c = \begin{cases} 1 - \rho_c n / (n - 1 + x^n), & x \leqslant 1 \\ 1 - \rho_c / (\alpha_c (x-1)^2 + x), & x > 1 \end{cases}, \rho_c = \frac{f_{c,r}}{E_c \varepsilon_{c,r}}, n = \frac{E_c \varepsilon_{c,r}}{E_c \varepsilon_{c,r} - f_{c,r}}, x = \frac{\varepsilon}{\varepsilon_{c,r}} \tag{9.15}$$

式中,α_c 为混凝土受压的应力－应变曲线的下降段的参数值;$f_{c,r}$ 为混凝土抗压强度(MPa);E_c 为混凝土的弹性模量(MPa);$\varepsilon_{c,r}$ 为抗压强度 $f_{c,r}$ 对应的峰值压应变;d_c 为受压损伤演化系数。本模拟采用混凝土抗压强度 $f_{c,r} = 33.1$ MPa,通过查表可得 $E_c = 2.29 \times 10^4$ MPa,$\varepsilon_{c,r} = 1\ 689.6\ \mu\varepsilon$,$\alpha_c = 1.539\ 8$,$\rho_c = 0.855\ 5$,$n = 6.919\ 3$,则作出的混凝土受压的本构关系曲线如图 9.33(a) 所示。

混凝土单轴受拉的应力应变曲线按照式(9.16) 确定,即

$$\sigma = (1 - d_t) E_c \varepsilon \tag{9.16}$$

$$d_t = \begin{cases} 1 - \rho_t (1.2 - 0.2 x^5), & x \leqslant 1 \\ 1 - \dfrac{\rho_t}{\alpha_c (x-1)^{1.7} + x}, & x > 1 \end{cases}, x = \frac{\varepsilon}{\varepsilon_{t,r}}, \rho_t = \frac{f_{t,r}}{E_c \varepsilon_{t,r}} \tag{9.17}$$

式中，α_t 为混凝土受拉的应力—应变曲线的下降段的参数值；$f_{t,r}$ 为混凝土抗拉强度（MPa）；$\varepsilon_{t,r}$ 为抗拉强度 $f_{t,r}$ 对应的峰值拉应变；d_t 为受拉演化系数。本模拟混凝土抗拉强度取单轴抗压强度的 10%，即 $f_{t,r}=0.1f_{c,r}=3.31$ MPa，通过查表可得 $\varepsilon_{t,r}=124.20\ \mu\varepsilon$，$\alpha_t=3.4362$，$\rho_t=1.1638$，根据式（9.17）可以做出混凝土受拉本构关系曲线，如图 9.33(b) 所示。

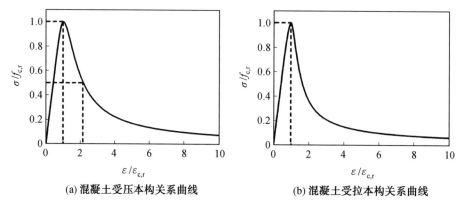

(a) 混凝土受压本构关系曲线　　　　　(b) 混凝土受拉本构关系曲线

图 9.33　混凝土拉压本构曲线

此外，泊松比为 0.3；塑性损伤模型的参数选取为：膨胀角 300.1°，偏心率为 0.1，双轴等压混凝土强度与单轴等压混凝土强度比值 f_{b0}/f_{c0} 为 1.16，拉压子午线上第二应力不变量比值取 0.6667，黏性参数取 0.0005。

9.6.2　钢材的本构模型

为了简化分析，钢材采用如图 9.34 所示的三段线的本构关系模型。

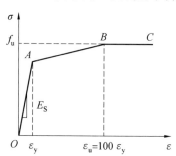

图 9.34　钢材的本构关系曲线

$$\sigma=\begin{cases}E_s\varepsilon, & \varepsilon\leqslant\varepsilon_y\\[2mm]f_y+\dfrac{\varepsilon-\varepsilon_y}{\varepsilon_u-\varepsilon_y}(f_u-f_y), & \varepsilon_y<\varepsilon\leqslant\varepsilon_u\\[2mm]f_u, & \varepsilon_u<\varepsilon\end{cases}\qquad(9.18)$$

式中，E_s 为钢材的弹性模量；f_u 为钢材极限强度；ε_u 为 f_u 对应的应变；f_y 为钢材屈服强度；ε_y 为 f_y 对应的应变。

对于钢框架的不同部分使用的钢材略有差异，根据试验数据并查找相关规范确定相关的模拟参数，其弹性模量 E_s、屈服强度 f_y 和极限强度 f_u 见表 9.1，泊松比统一取为 0.28。

9.6.3　ABAQUS 中塑性本构关系

由于所模拟的框架模型竖向变形较大,因此根据 ABAQUS 软件的要求,定义塑性数据时需要将名义应力 σ_{norm} 和名义应变 ε_{norm} 转换为真实应力 σ_{true} 和真实应变 ε_{true},即

$$\varepsilon_{true} = \ln(1 + \varepsilon_{norm}),\ \sigma_{true} = \sigma_{norm}\ln(1 + \varepsilon_{norm}) \tag{9.19}$$

真实应变 ε_{true} 由塑性应变 ε_{pl} 和弹性应变 ε_{el} 两部分构成,在 ABQAQUS 中定义塑性材料时需要使用塑性应变,其表达式为

$$\varepsilon_{pl} = |\varepsilon_{true}| - |\varepsilon_{el}| = |\varepsilon_{true}| - \frac{\sigma_{true}}{E} \tag{9.20}$$

9.6.4　框架结构的有限元模型

框架结构三维有限元模型包括钢管混凝土方柱、钢梁、环形板、剪切板,还有部分盖板柱脚等附属部件,钢框架有限元模型如图 9.35 所示。

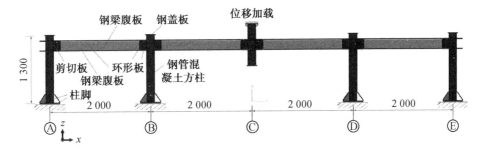

图 9.35　钢框架有限元模型(单位:mm)

为了保证精确度和计算效率,对于混凝土采用 C3D8R 实体单元,对于钢材主要采用 S4R 壳体单元,部分单元采用 S3R 壳体单元,各壳体单元的厚度取试验模型的相应值。划分后的节点数量为 94 704,单元数量为 84 509,并通过网格质量检查,网格划分如图 9.36 所示。框架结构的几何模型建立和网格划分后,还需设置边界条件与接触条件。参照试验中的边界条件,即 A、B、D、E 四根柱底端设为固定端约束,在 C 柱顶端建立参考点并实施最大竖向位移为 500 mm 的位移加载。设置钢管混凝土柱的混凝土切向接触的摩擦系数为0.3,法向接触为硬接触;并将分析步设为 500 步,考虑大变形效应,输出每一步的位移、应变和应力等数据。

图 9.36　网格划分示意图

9.6.5 有限元模型的验证

采用对比框架模型的试验数据和模拟数据中的关键点位移来验证有限元模型的有效性,显然应选取失效中柱的竖向位移来作为比较量。图 9.37 显示了模拟和试验的中柱竖向位移,位移值取向下为正。可见,在框架模型整体的走向和趋势上,模拟和试验的位移非常接近,两者都是呈现三阶段变化:首先是缓慢增长;然后进入第二阶段塑性逐渐发展,位移增长速度变快;此后,当框架结构趋于破坏时,进入第三阶段,位移迅速增加。模拟与试验结果在数量级上非常接近,在前期几乎完全贴合,后期分叉也很小。此外,两者均在接近破坏时出现另一个最大值,而且两者差距小于 10%。

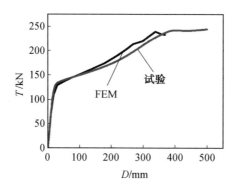

图 9.37　模拟和试验的中柱竖向位移-荷载曲线

9.6.6 基于模拟数据的框架模型受力状态分析

首先,应用结构受力状态建模方法获得框架模型的应变能密度及其随荷载的变化趋势曲线,如图 9.38(a)(b)所示。应用 M-K 法判别出框架模型整体受力状态特征参数(E')曲线的 2 个特征点:121.12 kN 和 182.58 kN,与应用 M-K 法对框架模型试验结果判别的 2 个特征荷载(129.5 kN 和 195 kN)对比,可以判知模拟的有效性和准确性,也证明了 M-K 法的有效性。依据模拟数据判别的 2 个特征荷载点同样将框架模型整个受力过程分为 3 个阶段,与试验结果相符合。

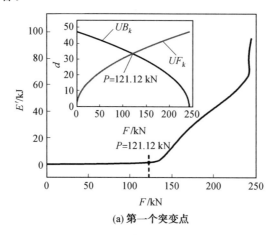

(a) 第一个突变点

图 9.38　钢框架 $E'-F$ 曲线及突变点

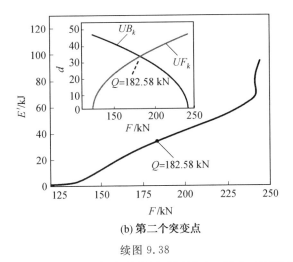

(b) 第二个突变点

续图 9.38

现在考察框架模型柱子内部受力状态特征参数(轴力、剪力、弯矩)随荷载变化的特征:

(1)图 9.39(a)是各个柱子的轴力图,可见 A 柱和 E 柱以及 B 柱和 D 柱的轴力分别相等,符合框架模型构造的对称性。A 柱和 E 柱轴力为拉力,其余两柱为压力,且 B 柱和 D 柱轴力约是 A 柱和 E 柱的 2 倍,在 130 kN 之前,四个柱子的轴力基本都呈线性发展趋势,较为平滑,130 kN 之后增速有了小幅提高,进入非线性段,后又趋于平稳增加。

(2)图 9.39(b)是各个柱子的柱底剪力,即支座反力中的水平剪力,可见四根曲线的走势对称性十分明显,而且对于 B 柱和 D 柱来说,其柱底剪力先逐渐线性增加,而后在 135 kN 左右,即在 M−K 法寻找到的第一个特征点附近,其剪力发生趋势突变,由增长变为非线性减少,直到 170 kN 附近,变为零后又沿着这种趋势反向增加,增长速率逐渐变小。而对于 A 柱和 E 柱来说,剪力开始非常缓慢的线性增长,增速明显慢于其他两柱,而后,也是在 135 kN 左右,趋势发生突变,其增长速率明显突变到一个较高水平,然后又逐渐非线性增长,增长速率却逐渐下降,在 190 kN 附近趋于平缓,体现结构的深塑性发展过程以及"塑性平台"阶段的特征。

(3)图 9.39(c)是四个柱子的面内弯矩图,从图中可以看出,其变化趋势基本和剪力图相同,不但对称性十分明显,而且对于 B 柱和 D 柱来说,其面内弯矩也是先逐渐增加,到135 kN 左右弯矩的变化趋势发生突变,由增长变为非线性降低,直到 155 kN 附近,其开始反向增加。对于 A 柱和 E 柱,面内弯矩的变化趋势同样为在 135 kN 之前保持缓慢的线性增长,增速明显慢于其他两柱,直到 135 kN 左右,变化趋势发生突变,其增速开始陡然变快,然后又开始了非线性增长,直到最终的平缓上升。

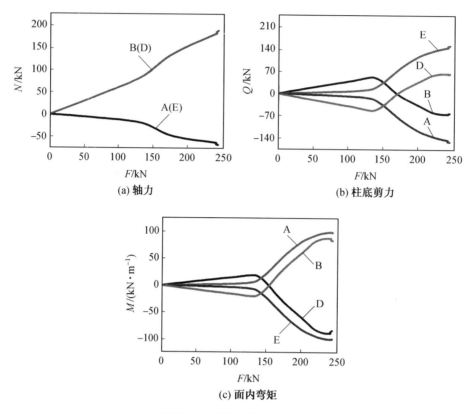

(a) 轴力　　　　　　　　　　　　(b) 柱底剪力

(c) 面内弯矩

图 9.39　各柱的柱底反力图

（4）柱中混凝土的特征参数（广义应变能 E'）曲线也反映出一定的规律。图 9.40（a）是各个柱子的混凝土的总应变能随荷载的变化曲线,从图中可以看出,B 柱和 D 柱的混凝土的总应变能水平高于失效中柱和边柱,而中柱的混凝土应变能又高于边柱。对比图 9.40（b）（c）,可以看出 B 柱和 D 柱的混凝土塑性应变能发展较快,A 柱和 E 柱的混凝土塑性应变能发展较慢。对于图 9.40（d）中的失效中柱的混凝土应变能曲线来说,混凝土塑性应变能相对于弹性应变能来说始终较小,说明失效中柱的混凝土塑性发展程度较低,其主要原因是轴力起控制作用,而弯矩不起控制作用。

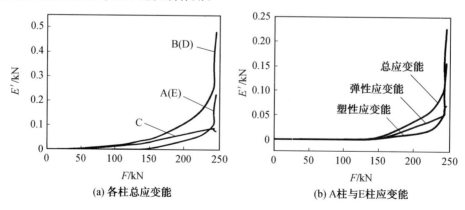

(a) 各柱总应变能　　　　　　　　(b) A柱与E柱应变能

图 9.40　柱中混凝土特征参数随荷载的变化曲线

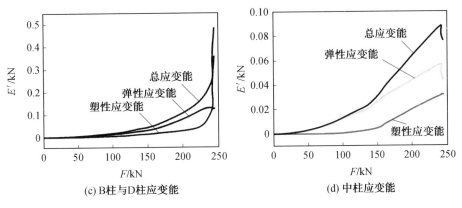

(c) B柱与D柱应变能　　　　　　(d) 中柱应变能

续图 9.40

　　(5)图 9.41(a)是各柱子的外围钢管的特征参数(广义应变能 E')随荷载的变化曲线。从图中可以看出,在荷载较小的弹性段,钢管总能量发展很缓慢,在 150 kN 之前线性增长的特征十分明显,但在 150 kN 左右陡然增加,即增长趋势发生突变,特征参数 E' 增速明显加快。此外,除了中柱外,特征参数 E 发展趋势与钢材本构模型曲线的走势基本一致。

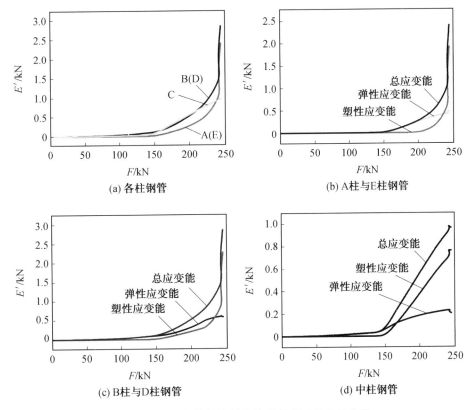

(a) 各柱钢管　　　　　　　　　(b) A柱与E柱钢管

(c) B柱与D柱钢管　　　　　　　(d) 中柱钢管

图 9.41　各柱钢管的特征参数 E 随荷载的变化曲线

　　综上所述,依据框架模型有限元模拟数据进行的结构受力状态特征分析结果,与依据试验数据的分析结果是高度吻合和一致的。这表明结构受力状态理论所揭示的结构工作特征具有普遍意义,进一步证实了"结构失效定律"是结构工作过程的客观规律,必然存在并体现在结构从承载开始直至丧失承载能力的过程中。同时,也表明所提出的结构受力状态建模与分析方法具有依据试验与模拟数据表现"结构失效定律"的功能,提升了试验与模拟数据的价值,特别是提升了经典分析理论没有很好利用的应变测试数据的价值。此外,框架模型的受力状态分析展示了"结构受力状态理论"的丰富内涵,构建的结构受力状态特征参数多种多样,从多种角度、从结构整体到各个构件,以及各种受力形式(轴力、剪力、弯矩等)表现了结构受力状态特征。特别是"结构失效定律"特征,统一了(涵盖了)结构各种特有的破坏特征(强度破坏、失稳破坏、屈服破坏等),并确定了结构破坏的起点,提供了基于物理定律的结构设计——高等结构设计的依据。

本章参考文献

[1]DING Y, SONG X, ZHU H T. Probabilistic progressive collapse analysis of steel frame structures against blast loads [J]. Engineering Structure, 2017, 147: 679-691.

[2]QIAN J R, HU X B. Dynamic effect analysis of progressive collapse of multi-story steel frames [J]. Journal of Earthquake Engineering and Engineering Vibration, 2008, 2: 8-14.

[3]FOLEY C M, MARTIN K, SCHNEEMAN C. Quantifying Inherent Robustness in Structural Steel Framing Systems [J]. American Institute of Steel Construction, Inc, 2007.

[4]LI H H, CAI X H, ZHANG L, et al. Progressive collapse of steel moment-resisting frame subjected to loss of interior column: experimental tests [J]. Engineering Structure, 2017, 150: 203-220.

[5]MASHHADI J, SAFFARI H. Modification of dynamic increase factor to assess progressive collapse potential of structures [J]. Engineering Structure, 2017, 138: 72-78.

[6]SHI G, YIN H, HU F X. Experimental study on seismic behavior of full-scale fully prefabricated steel frame: global response and composite action [J]. Engineering Structure, 2018, 169: 256-275.

[7]GERASIMIDIS S. Analytical assessment of steel frames progressive collapse vulnerability to corner column loss [J]. Journal of Constructional Steel Research, 2014, 95: 1-9.

[8]PANTIDIS P, GERASIMIDIS S. New Euler-type progressive collapse curves for 2D steel frames: an analytical method [J]. Journal of Structural Engineering, 2017, 143 (9):04017713. 1-04017113. 16.

[9]LI L, WANG W, CHEN Y Y, et al. Column-wall failure mode of steel moment connection with inner diaphragm and catenary mechanism [J]. Engineering Structure, 2017, 131: 553-563.

[10]ZENG Y, CASPEELE R, MATTHYS S, et al. Compressive membrane action in FRP strengthened RC members [J]. Contracture and Building Materials, 2016, 126: 442-452.

[11]XU L, MARTÍNEZ J. Strength and stiffness determination of shear wall panels in cold formed steel framing [J]. Thin-Walled Structure. 2006, 44 (10): 1084-1095.

［12］PANTIDIS P, GERASIMIDIS S. Progressive collapse of 3D steel composite buildings under interior gravity column loss ［J］. Journal of Constructional Steel Research, 2018, 150: 60-75.

［13］GERASIMIDIS S, SIDERI T. A new partial distributed damage method for progressive collapse analysis of buildings ［J］. Journal of Constructional Steel Research, 2016, 119: 233-245.

［14］KIM S E, CHOI S H, KIM C S, et al. Automatic design of space steel frame using practical nonlinear analysis ［J］. Thin-Walled Structure, 2004, 42 (9): 1273-1291.

［15］SONG B I, SEZEN H. Experimental and analytical progressive collapse assessment of a steel frame building ［J］. Engineering Structure, 2013, 56 (3): 664-672.

［16］TÜRKER T, BAYRAKTAR A. Finite element model calibration of steel frame buildings with and without brace ［J］. Journal of Constructional Steel Research, 2013, 90 (5): 164-173.

［17］YANG B, TAN K H. Numerical analyses of steel beam-column joints subjected to catenary action ［J］. Journal of Constructional Steel Research, 2012, 70: 1-11.

［18］RASSATI G A, LEON R T, NOE S. Component modeling of partially restrained composite joints under cyclic and dynamic loading ［J］. Structural Engineering, 2004, 130: 343-351.

［19］KATTNER M, CRISINEL M. Finite element modelling of semi-rigid composite joints ［J］. Engineering Structure, 2000, 78: 341-353.

［20］WANG T, ZHANG L, ZHAO H, et al. Progressive collapse resistance of reinforced-concrete frames with specially shaped columns under loss of a corner column ［J］. Magazine of Concrete Research, 2016, 68(9): 435-449.

［21］CHEN C H, ZHU Y F, YAO Y, et al. An evaluation method to predict progressive collapse resistance of steel frame structures ［J］. Journal of Constructional Steel Research, 2016, 122: 238-250.

［22］SONG B I, GIRIUNAS K A, SEZEN H. Progressive collapse testing and analysis of a steel frame building ［J］. Journal of Constructional Steel Research, 2014, 94(3): 76-83.

［23］STINGER S M, ORTON S L. Experimental evaluation of disproportionate collapse resistance in reinforced concrete frames ［J］. ACI Structure, 2013, 110 (3): 521-529.

［24］ZHOU G C, RAFIQ M Y, BUGMANN G, et al. Cellular automata model for predicting the failure pattern of laterally loaded masonry wall panels ［J］. Journal of Computer Civil Engineering, 2006, 20 (6): 400-409.

［25］MANN H B. Nonparametric tests against trend ［J］. Econometrical, 1945, 13 (3): 245-259.

［26］KENDALL M G, JEAN D G. Rank Correlation Methods ［M］. New York: Oxford University Press, 1990.

［27］YANG C. Experimental study on progressive collapse of one-story steel moment resisting frame structures［D］. Harbin：Harbin Institute of Technology，2017.

［28］ENGELS F. Dialectics of nature［M］. Beijing：Progress Publishers，1954.

［29］MARX K，ENGELS F，LENIN V. Selections from Marx，Engles and Lenin's Dialectics of Nature［M］. Beijing：Chinese People's Publishing House，1980.

第10章 球面网壳结构动力受力状态分析

10.1 引　　言

在大跨空间结构研究中,多以最大节点位移等局部特征响应表征结构整体的受力状态,未能完全体现结构整体的工作性能,结构破坏荷载预测是经验性的、统计性的。结构受力状态理论的建立,以及结构失效定律的发现,为破解了这个问题奠定了基础。本章对网壳结构地震响应有限元模拟数据进行了受力状态建模与分析,内容包括:

(1)设计制作 K6 单层网壳结构缩尺模型,并进行了简谐地面运动作用下的动力响应试验,以验证网壳结构有限元模型的有效性。

(2)对单层球面网壳有限元模拟应变数据进行受力状态分析,给出指数应变能密度或广义应变能密度作为结构受力状态分析状态变量,构建结构受力状态特征参数与受力状态模式。

(3)给出结构失效判定准则,从受力状态特征参数－荷载曲线判别结构失效定律下的结构受力状态量质变跳跃特征,并据此给出了结构失效荷载定义。

(4)对结构失效判定准则与现有的结构破坏准则进行了比较。

10.2 单层球面网壳模型设计与制作

10.2.1 模型的设计与制作

以结构跨度为 40 m、矢跨比为 1/3 的 K6 型单层球面网壳(称为原型网壳)为参考设计网壳模型。原型网壳共有 6 环,有 280 根杆件、121 个焊接球节点,杆件截面尺寸为 $D120 \text{ mm} \times 12 \text{ mm}$。缩尺网壳模型与原型网壳的缩尺比为 $1:80$,节点质量比为 $1:80^2$,结构固有周期比为 $(1/80)^{1/2}$。网壳有节点 61 个,杆件 156 根,缩尺模型平面图如图 10.1 (a)所示。模型最外环柱节点与底部钢板焊接,形成 24 个固接支座,钢板通过高强螺栓与振动台台面连接。各柱节点质心坐标、杆件单元长度、杆件单元间水平向夹角及杆件与柱节点间纵向夹角(图 10.1(b))分别由式(10.1)、式(10.2)计算得到。

$$x_i = R \cdot \sin(m \cdot 2\theta / N_h) \cdot \cos[2\pi/(m \cdot K) \cdot (n-1)]$$
$$y_i = R \cdot \sin(m \cdot 2\theta / N_h) \cdot \sin[2\pi/(m \cdot K) \cdot (n-1)] \qquad (10.1)$$
$$z_i = H - R \cdot [1 - \cos(m \cdot 2\theta / N_h)]$$

式中,x_i、y_i 和 z_i 为第 i 节点的空间坐标;$R = L^2/(8H) + H/2$ 为球面网壳模型的半径;2θ 为中心角;m 为球网壳的环数;n 为第 m 环上第 n 个节点;N_h 为网壳模型总的环数,这里 $N_h = 4$;K 为凯威特网壳的类型,这里 $K = 6$。

$$l_{ik} = \sqrt{(x_i - x_k)^2 + (y_i - y_k)^2 + (z_i - z_k)^2}, \alpha = \arccos\frac{b^2 + c^2 - a^2}{2bc}, \beta = \arccos\frac{h_{ik}}{l_{ik}}$$

$$(10.2)$$

式 中，$a = \sqrt{(x_j - x_k)^2 + (y_j - y_k)^2}$，$b = \sqrt{(x_j - x_i)^2 + (y_j - y_i)^2}$，$c = \sqrt{(x_k - x_i)^2 + (y_k - y_i)^2}$，$h_{ik} = z_i - z_k$。

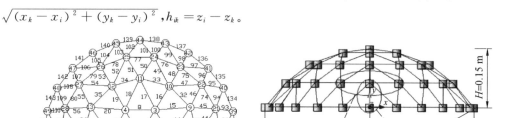

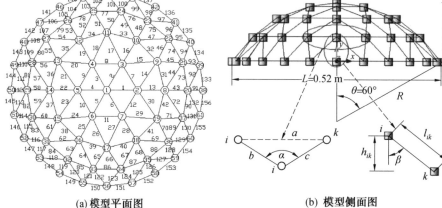

(a) 模型平面图 (b) 模型侧面图

图 10.1 球面网壳试验模型

K6 网壳模型的设计与制作方法为：①根据电磁振动台台面的实际尺寸（0.5 m×0.5 m）与工程中网壳结构的构造，选取跨度与矢跨比为 0.5 m 与 1/3；②根据缩尺规则，选择截面尺寸为 ϕ1.5 mm×0.15 mm 的 304 不锈钢管；③选择钻眼胶接的连接方式对节点与钢管杆件进行连接（经计算，取钻眼深度为 0.01 m）；④选择小圆柱体（直径为 0.02 m，高度为 0.02 m）做网壳模型的连接节点，即将屋面荷载缩聚在模型的节点上；⑤网壳模型外圈柱节点与底部钢板焊接，钢板与振动台台面用高强螺栓连接。该模型的优点是模型与原型结构的相似度高，在简易小振动台上便可实现模型的振动测试。

本书制作了两个 K6 网壳模型，模型 1 用于检验模型的有效性。针对模型 1 的制作、测试过程中遇到的问题，模型 2 进行了相应的调整改进。模型 2 主要用于测试网壳的动力工作性能。模型 1 与模型 2 的相关参数列于表 10.1 中。从表 10.1 中可以看出，模型 2 在模型 1 的基础上做了局部改进，如通过退火处理降低了钢管的弹性模量及屈服强度、通过增加节点配重来增加模型屋面质量，使模型 2 更易于实现试验目的。

表 10.1 球面网壳试验模型的相关参数

模型相关参数	模型 1	模型 2
跨度 L/m	0.52	0.52
矢高 H/m	0.15	0.15
节点数/个	61	61
杆件数/根	156	156
杆件截面尺寸/(mm×mm)	ϕ1.5×0.15	ϕ1.5×0.15

续表 10.1

模型相关参数	模型 1	模型 2
杆件弹性模量 E /GPa 屈服强度 f_y/ MPa	$E=210, f_y=1200$	$E=184, f_y=216$
柱节点尺寸/m	直径＝0.02,高度＝0.02	直径＝0.02,高度＝0.02
配重/kg	0.010	0.484 7
节点钻眼深度/m	0.01	0.01
节点与杆件间的连接方式	胶结(J310)	胶结(J310)

10.2.2　材性试验

对网壳模型所选钢管进行了拉伸试验以确定其材料性能。钢管试件尺寸为 $\phi 1.5$ mm×0.15 mm,长度为 180 mm,试件两端的夹持部分长度为 100 mm。为了避免夹持部位被压扁,在试件两端插入钢棒,并使之与钢管牢固黏结。测得其应力 σ 与应变 ε 曲线如图 10.2 所示。进而得到平均屈服强度 $f_y=255$ MPa,弹性模量为 $E=1\,810$ GPa,切线模量 $E_t=2.4$ GPa,屈服应变为 $\varepsilon_y=1\,551$ $\mu\varepsilon$。对胶节点的抗拔力进行了测试,在拉力机上做静力拉伸试验,得到三组胶节点抗拔力曲线图(图 10.3,F 为胶节点抗拔力,Δ 为位移增量)。试验中胶结处先于杆件拉断,三组中最弱的胶结力为 68 N,另外两组试件的胶结力值较为接近。导致一组试件胶结力明显低于另外两组的原因是:胶结操作使杆件与节点连接的胶结长度不足 0.01 m,如果胶结长度均达到 0.01 m,其胶结力值相对稳定。测试表明:胶结力值大于有限元模拟模型 1 倒塌时杆件的最大轴向拉力 57 N,满足试验要求。

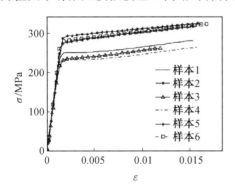
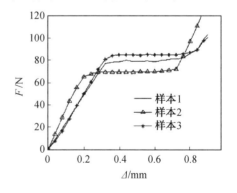

图 10.2　钢管应力－应变曲线(后附彩图)　　　图 10.3　胶节点抗拔力曲线

10.3　单层球面网壳模型振动台试验

10.3.1　测点布置及数据采集

该试验是要验证网壳结构在地震荷载作用下的动力响应模拟,以及结构受力状态分析的结果,因此在模型中布置了较多的应变片测点以实时采集尽可能多的单元动应变。考虑电磁振动台只能输入单向简谐波,以及网壳模型的构造对称性,应变片测点主要布置在模型 1/6 区域内的杆件单元的跨中位置(图 10.4)。在电磁振动台台面处沿振动方向布置一个单向加速度计,对水平向简谐波的输入情况进行实时监测。同时,使用激光位移计记录了网壳模型节点 1(顶点)水平动位移。

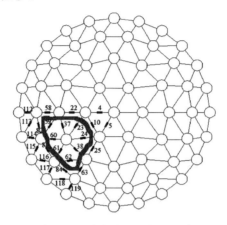

图 10.4　应变片测点布置区域

10.3.2　动力特性测试

应用锤击法连续敲击振动台台面,同时应用激光位移计采集节点 1、3 的振动时程位移曲线,如图 10.5 所示,图中纵坐标表示节点位移 d,横坐标表示时间 t。应用式(10.3)可以求出结构的阻尼比为 0.04。

$$\xi = \frac{1}{2\pi j}\ln\frac{u_i}{u_{i+j}} \tag{10.3}$$

式中,ξ 为结构的阻尼比;u_i 为自由衰减曲线上第 i 个周期的节点位移,u_{i+j} 为自由衰减曲线上第 $i+j$ 个周期的节点位移。

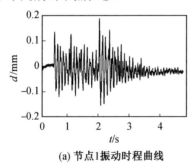
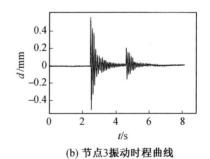

(a) 节点1振动时程曲线　　　　　　　　(b) 节点3振动时程曲线

图 10.5　节点振动时程曲线

对各节点的振动时程位移曲线进行快速傅里叶变换得到其功率谱曲线,节点快速傅里叶变换(FFT)曲线如图 10.6 所示,图中 d_{FFT} 表示经快速傅里叶变换后的幅值,f 表示结构频率,继而可以给出结构的自振频率:$f_1 = 8.73$ Hz,$f_2 = 10.72$ Hz。

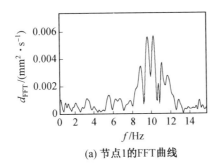
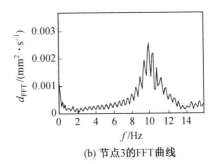

(a) 节点1的FFT曲线　　　　　　　　(b) 节点3的FFT曲线

图 10.6　节点 FFT 曲线

10.3.3　网壳模型试验现象

台面输入选择频率为 10.6 Hz 的简谐波,如图 10.7(a)所示(图中的荷载幅值 F 为 4.3 m/s²,作用时间 t 为 20 s),其傅立叶变换如图 10.7(b)所示。从图 10.7(a)中可以看出该波形较为规整,幅值基本一致;从图 10.7(b)中可见该波形的频率非常接近 9.6 Hz。所以,电磁振动台台面输出的波形能够满足本试验要求。确定台面输入荷载之后,对网壳模型在地震作用下的响应进行数值模拟,然后参考模拟情况将加速度幅值分别取 0.01 m/s²、0.015 m/s²、0.05 m/s²、1.50 m/s²、2.50 m/s²、2.100 m/s²、3.00 m/s²、4.00 m/s²、4.50 m/s²、5.00 m/s²、5.00 m/s²、5.50 m/s²、6.00 m/s²,持时取 20 s。

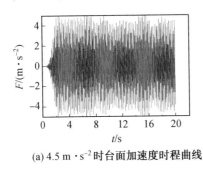
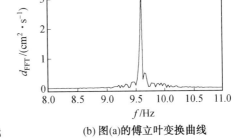

(a) 4.5 m·s⁻² 时台面加速度时程曲线　　　　(b) 图(a)的傅立叶变换曲线

图 10.7　台面加速度时程曲线及其所对应的傅立叶变换曲线

简谐台面作用下,K6 网壳模型整体随着振动台做刚体运动,相对运动并不明显。但靠顶部两环中的某些节点振动相对激烈,同时也有一些杆件单元发生较激烈的局部振动。随着简谐荷载幅值的进一步增加,这些节点振动更加强烈。最后,上数第二环的某一节点发生先于整体倾覆的局部塌陷,接着出现连续性倒塌,最终模型发生整体倒塌,如图 10.8 所示。从图 10.8(a)(b)可以看出,模型整体向下坍塌,水平向整体变形相对较小,其原因是:与水平向相比,此类结构竖向整体刚度相对较弱。此外,第二环及其以内的节点几乎全部落到台面钢板上,而第三环只有部分节点发生较大倾斜,表明该结构模型的薄弱部位在第二环与第三环之间,即网壳结构的薄弱部位在靠近底部而非最底部的区域内。从图 10.8(c)可以看出,模型顶端节点几乎没有发生倾斜与转动,且第一环以内的杆件单元也几乎没有发生变形。

此外,当加速度峰值为 6.00 m/s² 的简谐荷载加载时间达到 6 s 时,网壳模型整体倒塌,主要表现为杆件发生了严重的变形,结构倒塌变形图如图 10.9 所示。失效后模型的节点保

(a) 局部塌陷   (b) 连续性倒塌   (c) 整体倒塌

图 10.8   网壳模型的动力倒塌过程

持得非常完好,并无脱胶现象,证明胶节点能够很好地抵抗轴向拉力。斜杆和径杆多发生弯曲变形(特别是最外环的这类杆件),且以平面外弯曲变形为主。在三类杆件中,斜杆的破坏最为严重,主要原因是这类杆件的长细比较大且两端与柱节点胶结牢固,故在以压力和弯矩为主的内力作用下更易发生屈曲。

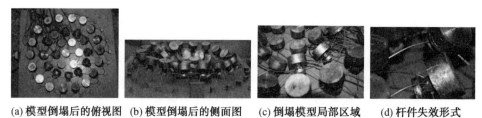

(a) 模型倒塌后的俯视图   (b) 模型倒塌后的侧面图   (c) 倒塌模型局部区域   (d) 杆件失效形式

图 10.9   结构倒塌变形图

10.3.4   实测数据

实测数据主要包括网壳模型顶点动位移和杆件单元的动应变。网壳模型在不同幅值简谐荷载作用下顶点的位移时程曲线如图 10.10 所示,图中"A^P"表示加速度峰值。从图中可见模型顶点的动位移基本呈简谐振动,并且随着加速度峰值的增加而线性增加。

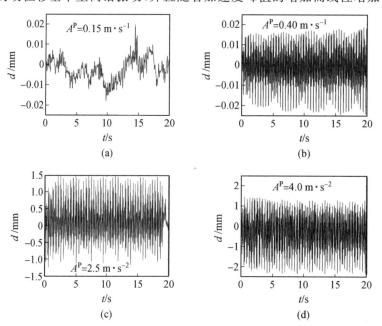

图 10.10   不同幅值简谐荷载作用下网壳模型顶点水平位移

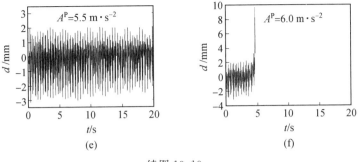

续图 10.10

在此仅绘出加速度峰值为 4.5 m/s² 的简谐波作用下模型部分测点的应变时程曲线,如图10.11所示,图中"N"表示与图 10.1(a)相对应的杆件单元测点编号(115 号测点的应变片在测量过程中坏掉,故图中未给出相应的应变时程曲线)。

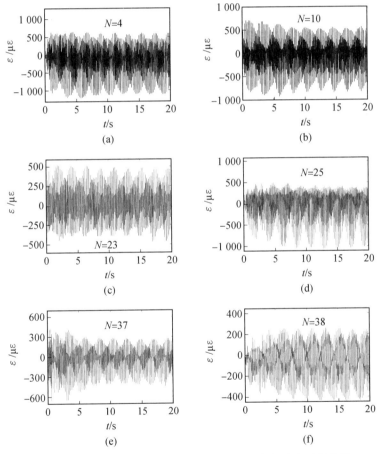

图 10.11　加速度峰值为 4.5 m/s² 时部分测点的应变时程曲线

从图 10.12 可见,4 号、23 号、25 号、37 号、38 号测点呈现较大的应变,均接近或超 500 $\mu\varepsilon$。对比 10.3.1 节中图 10.4 应变片测点布置可见,这些应变较大的测点分布在网壳模型的第二环与第三环位置。这与网壳模型倒塌时第二环与第三环区域破坏现象一致。还可以看出,在简谐荷载作用下每个测点的应变时程曲线都呈稳定变化趋势,且其最大值为 $-1\,244\ \mu\varepsilon$(压应变)小于 $1\,551\ \mu\varepsilon$(屈服应变),表明网壳模型仍处于弹性工作状态。但失效后,最大拉压应变均发生了突变,且大量杆件的最大应变都超过了材料的屈服应变。此外,结构失效前所有杆件的最大拉应变都小于 1 000 $\mu\varepsilon$,但结构失效后大量杆件的最大压应变都接近或超过 1 000 $\mu\varepsilon$,这表明简谐荷载作用下网壳模型的杆件以压弯变形为主,表 10.2 列出了网壳模型在不同加速度峰值作用下代表性测点的压应变最大值,以便对结构的响应做进一步分析。

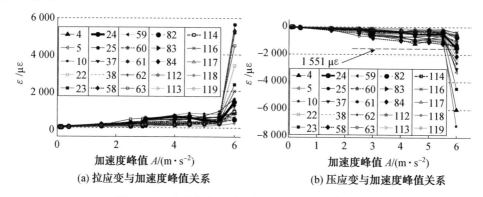

(a) 拉应变与加速度峰值关系　　　　(b) 压应变与加速度峰值关系

图 10.12　应变与加速度峰值关系曲线(后附彩图)

表 10.2　不同加速度峰值下代表性测点压应变最大值(简谐荷载)

加速度峰值 /(m·s⁻²)	不同测点的压应变最大值/$\mu\varepsilon$												
	4 号	5 号	10 号	22 号	23 号	24 号	25 号	37 号	38 号	58 号	510 号	60 号	61 号
0.10	−20	−15	−20	−20	−25	−22	−21	−22	−6	−5	−4	−4	−6
0.15	−17	−25	−14	−17	−17	−15	−15	−15	−8	−7	−8	−6	−10
0.40	−65	−60	−65	−87	−70	−50	−45	−60	−45	−50	−55	−65	−60
1.50	−130	−130	−130	−200	−200	−180	−160	−200	−110	−260	−90	−169	−200
2.50	−240	−210	−200	−260	−255	−182	−260	−350	−150	−450	−150	−260	−260
2.100	−400	−215	−350	−560	−300	−250	−320	−440	−240	−600	−200	−340	−400
3.00	−570	−160	−550	−660	−400	−300	−450	−600	−250	−800	−280	−350	−450
4.00	−900	−300	−800	−700	−500	−350	−660	−700	−350	−990	−300	−434	−500
4.50	−1 200	−360	−900	−640	−500	−500	−1 000	−720	−420	−1 050	−250	−450	−470
5.00	−980	−330	−800	−620	−550	−510	−850	−600	−400	−1 100	−230	−560	−500
5.50	−1 100	−350	−820	−690	−600	−480	−600	−700	−410	−1 100	−350	−570	−600
6.00	−5 900	−3 250	−7 155	−2 400	−4 480	−1 500	−1 380	−3 000	−1 500	−1 300	−550	−1 030	−1 790

加速度峰值 /(m·s⁻²)	不同测点的压应变最大值/$\mu\varepsilon$											
	62 号	63 号	82 号	83 号	84 号	112 号	113 号	114 号	116 号	117 号	118 号	119 号
0.10	−6	−4	−6	−6	−7	−6	−4	−10	−15	−6	−6	−15
0.15	−16	−10	−10	−7	−8	−7	−5	−8	−20	−5	−5	−18
0.40	−60	−65	−70	−35	−40	−25	−16	−25	−35	−16	−18	−35
1.50	−180	−220	−130	−145	−110	−75	−65	−90	−100	−90	−30	−100
2.50	−240	−650	−160	−180	−240	−135	−90	−110	−140	−140	−60	−170

续表 10.2

加速度峰值 /(m·s⁻²)	不同测点的压应变最大值/με											
	62 号	63 号	82 号	83 号	84 号	112 号	113 号	114 号	116 号	117 号	118 号	119 号
2.100	−350	−700	−200	−250	−280	−170	−150	−150	−160	−180	−70	−270
3.00	−550	−680	−210	−270	−290	−260	−160	−200	−240	−220	−80	−340
4.00	−700	−750	−300	−260	−300	−300	−170	−280	−310	−310	−100	−350
4.50	−710	−910	−320	−290	−330	−350	−210	−290	−200	−350	−120	−360
5.00	−800	−920	−210	−270	−240	−360	−240	−310	−210	−360	−110	−370
5.50	−900	−1 000	−300	−260	−400	−440	−260	−350	−200	−300	−120	−450
6.00	−2 600	−1 500	−710	−800	−2 100	−1 200	−500	−600	−350	−650	−400	−710

10.4　单层球面网壳结构有限元模拟

10.4.1　网壳有限元计算模型

应用 ANSYS 软件对工程中常见的 K6 型凯威特单层球面网壳进行了地面运动作用下动力响应的数值模拟,如图 10.13 所示。凯威特球面网壳由主肋杆、环杆和斜杆三类杆件构成,杆件的截面尺寸取两种,截面尺寸满足常规静力设计要求,忽略杆件质量的影响。杆件选用可实时输出截面积分点应力、应变及应变能等参数的 PIPE20 单元(有限元模型划分为三段),材料为双线型随动强化模型,弹性模量为 206 GPa,屈服点为 345 MPa,切线模量为 41.2 GPa,质量密度 7 850 kg/m³,线膨胀系数为 $1.2×10^{-5}$,泊松比为 0.3,采用 Rayleigh 阻尼,阻尼比取 2%;屋面质量按壳体表面积转化为集中质量凝聚在节点处,节点质量采用 Mass21 单元模拟。网壳结构的杆件与节点处均为刚性连接,周边节点与网壳结构支承处为三向固定铰支。考虑初始几何缺陷(即初始曲面形状的安装偏差)的影响,其分布形式采用结构的最低阶屈曲模态(一致缺陷模态法),其缺陷最大计算值按网壳跨度的 1/300 取值。为便于说明,单层球面网壳统一编号,编号表示方法如图 10.14 所示,表 10.3 列出了部分模拟的单层球面网壳的结构参数及主频率。

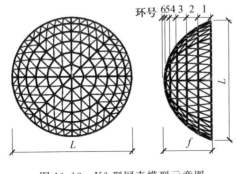

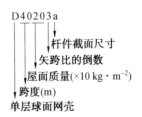

图 10.13　K6 型网壳模型示意图　　　　图 10.14　网壳编号示意图

表 10.3   部分模拟的单层球面网壳的结构参数及主频率

网壳编号	肋杆和环杆/(mm×mm)	斜杆/(mm×mm)	主频率/Hz
D40207	146.0×5.0	140.0×5.0	2.72
D40203a	114.0×3.0	114.0×3.0	2.04
D40203b	121.0×3.5	114.0×3.0	2.22
D40205a	114.0×3.0	114.0×3.0	2.12
D50203	114.0×3.0	114.0×3.0	1.47
D50203a	140.0×4.0	127.0×3.5	1.102
D50205	114.0×3.0	114.0×3.0	1.68
D50207	114.0×3.0	114.0×3.0	1.17
D60203	114.0×3.0	114.0×3.0	1.12
D60205	114.0×3.0	114.0×3.0	1.30
D60063	114.0×6.0	168.0×6.0	4.04

10.4.2   网壳模型数值模拟与试验结果对比

用 ANSYS 软件进行模拟的试验网壳模型为:跨度 0.52 m,矢高 0.15m,杆件截面尺寸 ϕ1.5 mm×0.15 mm,柱节点 20 mm×20 mm,配重 0.484 7 kg。节点与杆件之间刚性连接,选择 Shell43 壳单元和 Solid65 体单元分别来模拟节点间的连接杆件和柱节点。材料本构关系采用材性试验得到的本构模型:屈服强度 f_y=255 MPa,弹性模量为 E=1 810 GPa,切线模量 E_t=2.4 GPa。采用模型实测 Reileigh 阻尼(0.04)。地震动为振动台台面实测得到的加速度(单向简谐荷载)。表 10.4 中列出了通过试验测得的和基于有限元软件 AN-SYS 模拟得到的结构前五阶固有频率的对比结果。可见,测得的模型频率与有限元计算结果是接近的。

表 10.4   试验和有限元软件 ANSYS 模拟得到的结构自振频率比较

频率序号	试验模型频率/Hz	有限元模型频率/Hz	误差/%
f_1	8.73	8.510	1.60
f_2	10.72	10.25	4.84
f_3	10.21	10.82	5.15
f_4	11.10	11.04	0.54
f_5	11.71	11.21	4.30

图 10.15(a)给出了网壳模型在幅值为 0.4 m/s² 的简谐波作用下节点 1 的试验和数值模拟水平向位移时程曲线,可见二者基本是一致的。图 10.15(b)给出了基于实测和有限元模拟所得的节点 1 位移一加速度峰值曲线,可见二者也是一致的。图 10.15(c)(d)给出了实测与模拟的网壳模型倒塌模式,可见在第三环以内均破坏较为严重,第四环均破坏较轻;杆件破坏严重,节点连接完好。通过数值模拟与试验结果对比可见,实测与模拟的网壳模型

前五阶固有频率差异均在 10% 以内,节点位移时程曲线和节点位移-加速度峰值曲线都比较接近。结果表明,试验与模拟的网壳模型倒塌模式、破坏区域一致。据此可以得出结论:试验数据与有限元模拟(FEA)结果吻合得较好,有限元程序可以有效模拟网壳结构响应。

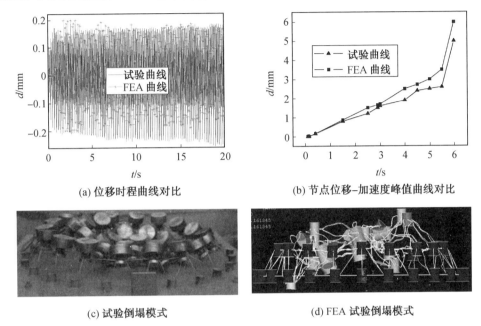

(a) 位移时程曲线对比

(b) 节点位移-加速度峰值曲线对比

(c) 试验倒塌模式

(d) FEA 试验倒塌模式

图 10.15　K6 型网壳模型试验与模拟倒塌模式

10.5　结构动力受力状态分析方法

地震对结构的作用是一种能量的传递、转化与耗散的过程,即结构内能量演变的过程。因此选择能量作为判断结构失效准则的参数是合理的。但是,结构的能量包括动能、阻尼耗能和变形能等,需要探讨适合的能量参数形式来表述结构失效准则。

10.5.1　能量平衡方程与结构受力状态参数选取

在任意时刻 t,集中质量多自由度体系运动方程为

$$M\ddot{\boldsymbol{v}}(t) + C\dot{\boldsymbol{v}}(t) + K\boldsymbol{v}(t) = -M\ddot{\boldsymbol{v}}_{\mathrm{g}}(t) \tag{10.4}$$

相应的能量平衡方程为

$$\int_0^t \dot{\boldsymbol{v}}(t)^{\mathrm{T}} M\ddot{\boldsymbol{v}}(t)\mathrm{d}t + \int_0^t \dot{\boldsymbol{v}}(t)^{\mathrm{T}} C\dot{\boldsymbol{v}}(t)\mathrm{d}t + \int_0^t \dot{\boldsymbol{v}}(t)^{\mathrm{T}} K\boldsymbol{v}(t)\mathrm{d}t = -\int_0^t \dot{\boldsymbol{v}}(t)^{\mathrm{T}} M\ddot{\boldsymbol{v}}_{\mathrm{g}}(t)\mathrm{d}t \tag{10.5}$$

式中,$\ddot{\boldsymbol{v}}(t)$、$\dot{\boldsymbol{v}}(t)$、$\boldsymbol{v}(t)$ 分别为 t 时刻广义坐标相对于地面的加速度、速度、位移向量;M、C、K 为 t 时刻体系的质量、阻尼、刚度矩阵;动能 $E_{\mathrm{K}} = \int_0^t \dot{\boldsymbol{v}}(t)^{\mathrm{T}} M\ddot{\boldsymbol{v}}(t)\mathrm{d}t$,阻尼耗能 $E_{\mathrm{D}} = \int_0^t \dot{\boldsymbol{v}}(t)^{\mathrm{T}} C\dot{\boldsymbol{v}}(t)\mathrm{d}t$,应变能 $E_{\mathrm{S}} = \int_0^t \dot{\boldsymbol{v}}(t)^{\mathrm{T}} K\boldsymbol{v}(t)\mathrm{d}t$,总输入能量 $E_{\mathrm{I}} = -\int_0^t \dot{\boldsymbol{v}}(t)^{\mathrm{T}} M\ddot{\boldsymbol{v}}_{\mathrm{g}}(t)\mathrm{d}t$。

网壳结构的阻尼机制一般采用经典 Rayleigh 阻尼,阻尼比 ξ 取 2%。需要注意的是,当结构体系进入非线性工作状态时,随着结构塑性发展程度的加深,结构刚度逐渐退化,刚度

矩阵不断修正,需要在全荷载域动力时程分析的过程中,实时提取修正后的刚度矩阵,计算非常耗时且计算量巨大。本节取集中质量比例阻尼进行阻尼矩阵的求解。故阻尼矩阵的计算公式可简化为

$$C = \alpha M \tag{10.6}$$

得到结构阻尼矩阵 C 的计算式后,便可应用阻尼耗能计算式 E_D 来计算结构的阻尼耗能。

　　模拟提取的数据有节点位移、单元应变、应力、应变能、应变能密度、动能和单元体积等。根据前面提到的四种能量的计算方法,分别计算了总输入能量 E_I、动能 E_K、阻尼耗能 E_D 和应变能 E_S,并绘制成图,进行比较,验证能量平衡方程中四种能量分项计算公式的正确性,以及寻找合理的能量参数来体现结构受力状态演变特征。

10.5.2　单自由度体系受力状态能量参数选取

　　单自由度集中质量体系如图 10.16(a) 所示。其有限元模型杆件单元类型为 PIPE20,长度为 1.0 m(有限元模型划分为三段),截面尺寸为 $\phi 20$ mm×2 mm,如图 10.16(b) 所示。其中,弹性模量为 206 GPa,屈服点为 345 MPa,切线模量为 41.2 GPa,质量密度为 7 850 kg/m³,线膨胀系数为 $1.2×10^{-5}$,主泊松比为 0.3,非线性材料的特性通过 TB 命令定义(BISO)双线性等向强化,忽略温度对材料属性的影响。该单自由度集中质量体系的下端为固结,上端质量球用具有 6 个自由度的点单元 MASS21 模拟,质量为 50 kg。取 TAFT 波作用时间为 20 s,即 1 000 步。

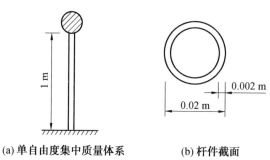

(a) 单自由度集中质量体系　　　　　**(b) 杆件截面**

图 10.16　单自由度集中质量体系模型

　　单向(X 向)TAFT 波作用于图 10.16 所示的单自由度集中质量体系的应变能、动能、阻尼耗能、总输入能量及各项能量之和 E_T 间的关系由图 10.17 给出。其中,图 10.17(a)是加速度峰值 0.11 m/s² 时上述五种能量与 TAFT 波作用时间的关系;图 10.17(b)表示上述五种能量与加速度峰值间的关系。此时,应变能和动能均取各级荷载作用下结构体系变形最终状态所对应的能量。从图 10.17 可知:

　　(1)随着地震波作用时间及加速度幅值的增加,应变能和动能同步增加,在整条地震波时程内,结构体系的总输入能量与各项能量均保持相同,即四种能量之和与总输入能量基本相等,验证了所编制的能量计算程序的正确性。

　　(2)当荷载幅值较小时,阻尼耗能要大于动能和应变能。随着荷载幅值增加,五种能量均增加,动能增加较为缓慢,应变能增速最快。当荷载增加到一定值后,应变能分量超过阻尼耗能分量,成为主要的影响因素。

　　(3)从图 10.17(a)中可见,TAFT 波作用的 5～10 s 区间内,结构的动能和应变能较大,

其原因是 TAFT 波的峰值处于这一区间。

（4）从图 10.17(b)可见，当结构处在正常工作状态时，动能、阻尼耗能和应变能等以稳定趋势变化。但当结构失效时，在加速度幅值增量较小的情况下，应变能增加量变大，呈突变状态。此时，其他能量也有增加现象，但增量远小于应变能增加量，故取应变能随外荷载的变化关系作为判断结构失效的参数是合理的。

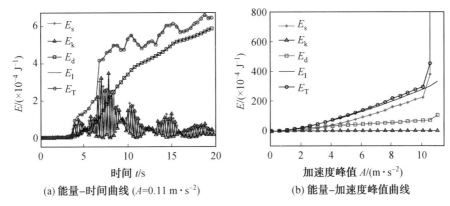

(a) 能量–时间曲线 (A=0.11 m·s^{-2})　　　　　(b) 能量–加速度峰值曲线

图 10.17　单向 TAFT 波作用下单集中质量体系能量分析

上述结论是在单向 TAFT 波作用下的集中质量体系分析中得出的，对上述集中质量体系分别输入三维 TAFT 波及频率为 1 Hz 的三向简谐波($X:Y:Z=1:0.85:0.65$，持续时间为 60 s)，应用 ANSYS 10.0 对其分别进行全荷载域动力时程分析，实时提取应变能及动能，并计算总输入能量及阻尼耗能等，将五种能量变化分别绘制于图 10.18 和图 10.19 中。可以看出，总输入能量与各项能量和基本相等，表明所编制的能量计算程序的正确性。当动荷载(三向 TAFT 波和简谐波)增加到结构失效荷载时，应变能同样发生了突变，说明结构应变能突变这一现象与荷载类型无关，即适合于任何种类的荷载。

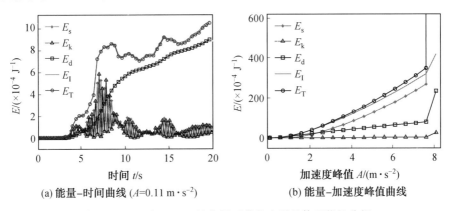

(a) 能量–时间曲线 (A=0.11 m·s^{-2})　　　　　(b) 能量–加速度峰值曲线

图 10.18　三向 TAFT 波作用下单集中质量体系能量分析

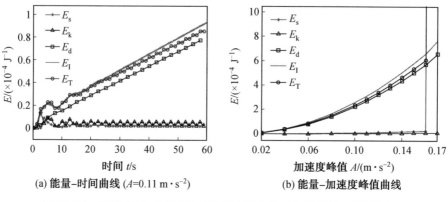

(a) 能量–时间曲线 ($A=0.11\ \mathrm{m\cdot s^{-2}}$)   (b) 能量–加速度峰值曲线

图 10.19　简谐波（$f=1\ \mathrm{Hz}$）作用下集中质量体系能量分析（后附彩图）

10.5.3　双自由度体系受力状态能量参数选取

本节所选定的超静定结构体系由三个集中质量和一榀钢框架组成，如图 10.20 所示，钢框架底部与地面固结。集中质量 $m_1=m_3=200\ \mathrm{kg}$，$m_2=400\ \mathrm{kg}$，钢管长度 $L=0.5\ \mathrm{m}$。有限元模型杆件单元类型为 PIPE20，截面尺寸为 $\phi20\ \mathrm{mm}\times2\ \mathrm{mm}$（与图 10.1(b)一致）。其中，弹性模量为 206 GPa，屈服点为 345 MPa，切线模量为 41.2 GPa，质量密度为 7 850 $\mathrm{kg/m^3}$，线膨胀系数为 1.2×10^{-5}，主泊松比为 0.3，非线性材料的特性通过 TB 命令定义（BISO）双线性等向强化。集中质量球用具有 6 个自由度的点单元 MASS21 模拟。输入二维 TAFT 波（水平 X 向和竖向），作用时间长为 20 s，即 1 000 步。与单质点体系五种能量分析方法相同。对超静定结构体系进行有限元全荷载域动力时程分析，实时提取出应变能和动能计算出总输入能量和阻尼耗能后，将体系的五种能量变化绘制于图 10.21 中。从图 10.21 可以看出：结构体系失效时，应变能仍然发生了突变，说明应变能突变这一现象在超静定结构体系中仍然成立。与上述集中质量体系相比较，可以说明结构失效时应变能突变这种现象与结构体系的类型无关，即适合于任何类型的结构体系。同时，不论何种荷载作用在何种类型结构体系上，结构失效时结构体系整体应变能均发生突变，因此以下将通过网壳结构应变能来表征结构受力状态。

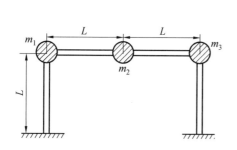

图 10.20　超静定结构模型

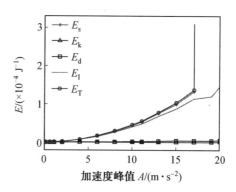

图 10.21　TAFT 波作用下结构能量曲线（后附彩图）

10.6　网壳结构动力受力状态分析

图 10.22 展示了单层球面网壳 D40207 在 TAFT 地震波作用下的结构指数应变能密度和值 I_d 随地震加速度峰值 A 的变化曲线(关于指数应变能的介绍将在下一节给出),可以看出:结构受力状态包括结构正常工作状态(其所对应的长度称为工作区间)和失效状态,而结构正常工作状态又分为弹性工作状态和弹塑性工作状态,其所对应的长度分别称为弹性工作区间和弹塑性工作区间。从能量的角度来看,可认为当外界对结构输入的能量小于等于结构自身极限耗能时,结构的受力状态表现为正常工作状态;当外界对结构输入的能量大于结构极限耗能时,结构将丧失稳定地执行规定功能的状态,此时表现为结构的失效状态的演变。

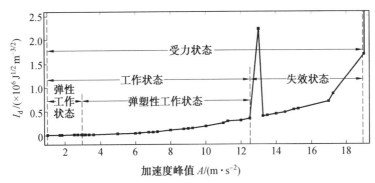

图 10.22　结构受力状态概念适用范围

10.6.1　简谐荷载作用下网壳受力状态模式及特征

为了理清结构局部受力状态与整体受力状态间的关系,本节将指数应变能密度作为受力状态基本参变量(状态变量),分析网壳 D40207 在水平向频率为 5 Hz 简谐荷载作用下各个组成部分的受力状态特征。图 10.23(a)(b)(c)分别展示了对应于每一级水平向简谐荷载加速度峰值的单层球面网壳不同环位置处的环杆、径杆和斜杆单元间指数应变能密度平均值的比值,这些图能够显示球网壳不同环位置处同一种类型单元在抵御地震过程中的作用大小。图 10.23(d)展示了三种类型杆件单元指数应变能密度和值分别与结构总的指数应变能密度和值的比值随加速度峰值的变化关系,目的是考察不同种类单元在球面网壳工作过程中的贡献。从图 10.23 中可见:

(1)从图 10.23(a)(b)(c)中可以看出,发生最大响应的环杆、径杆和斜杆均位于网壳 D40207 上的第四环和第五环[①];换句话说,在抵抗地震荷载作用时,第四环和第五环的杆件单元起主要作用。另外,图中还显示了结构处于弹性阶段时,指数应变能密度比值曲线较为接近,表明各种类型的杆件内部间稳定地协调工作;但是,当结构处于弹塑性工作状态时,指数应变能密度比值曲线彼此间逐渐疏远,表明不同环间同种类型杆件单元彼此协调合作的

---

①　网壳 D40207 上的环数参见图 10.13。

能力在下降。

（2）图 10.23(d)中指出了网壳 D40207 的三个工作特点：①三种杆件类型相比较，在结构处于工作状态过程中，径杆单元的指数应变能密度和值一直是最低的。②弹性工作状态时，斜杆单元的指数应变能密度和值一直处于较高水平，但是弹塑性工作状态时，环杆单元的指数应变能密度和值变得最大。③相比较而言，在弹性工作状态，斜杆和环杆两种类型杆件承担主要地震输入能量；在弹塑性工作状态，环杆单元承担主要的地震输入能量。这表明结构工作状态是相对稳定的，但是在弹性和弹塑性工作状态时略有不同。

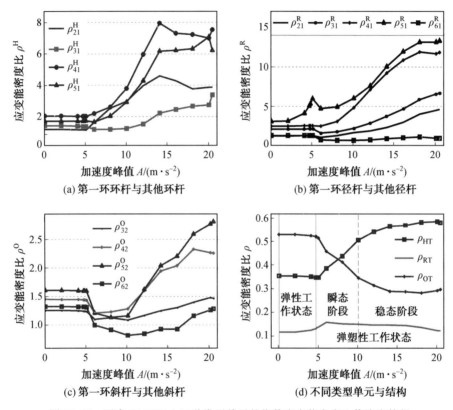

图 10.23　网壳 D40207 上三种类型单元的指数应变能密度比值演变特征

10.6.2　三向 TAFT 波作用下网壳受力状态模式及特征

与图 10.23 类似，对应于每一级 TAFT 波加速度峰值作用下的单层球面网壳不同环位置处的环杆、径杆和斜杆单元间指数应变能密度平均值的比值分别展示于图 10.24(a)(b)(c)中。同时，图 10.24(d)展示了不同类型杆件单元指数应变能密度和值分别与结构总的指数应变能密度和值的比值随加速度峰值的变化关系，从图 10.24 中可以见：

（1）如图 10.24(a)(b)(c)所示，发生最大响应的环杆、径杆和斜杆均位于网壳 D40207 上的顶部环处，主要在第二环附近，原因是单层网壳的竖向刚度较弱，较易引起网壳结构在该方向较大的振动。图中还显示了结构处于弹性阶段时，指数应变能密度比值曲线较为接近，各种类型的杆件内部间协调工作相对稳定。但是，当结构处于弹塑性工作状态时，各种类型杆件单元间的指数应变能密度比值曲线彼此间逐渐疏远，表明不同环间同种类型杆件单元彼此协调合作的能力在下降。第三环环杆单元平均指数应变能密度值在接近工作状态末期时出现突变(图 10.24(a)),表明结构局部响应不能代表结构整体的受力状态。

(2)图 10.24(d)又一次展示出了网壳 D40207 的三个工作特点:①三种杆件类型相比较,在结构处于工作状态过程中,径杆单元的指数应变能密度和值一直是最低的。②弹性工作状态时,斜杆单元的指数应变能密度和值一直处于较高水平,但是弹塑性工作状态时,环杆单元的指数应变能密度和值变得最大。③相比较而言,在弹性工作状态,斜杆和环杆两种类型杆件承担主要地震输入能量;而在弹塑性工作状态,环杆单元承担主要的地震输入能量。这表明结构工作状态是相对稳定的,但是在弹性和弹塑性工作状态时略有不同。

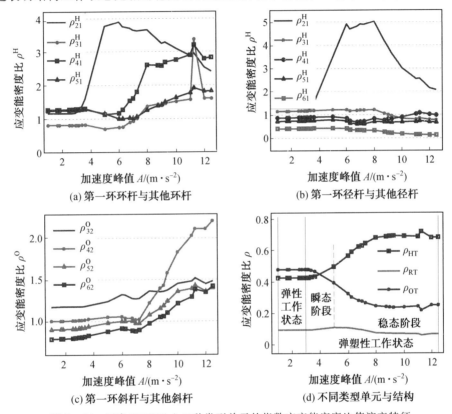

图 10.24　网壳 D40207 上三种类型单元的指数应变能密度比值演变特征

综上所述,通过对不同地震荷载作用下网壳 D40207 局部受力状态的分析研究可知,工作状态过程中不同类型杆件单元间存在彼此协调的能力,这个过程虽然使结构特征参数的响应模式发生了改变,但仍能保证结构整体受力状态处于工作状态,表明网壳结构具有优异的抗震性能。

10.7　网壳结构受力状态特征参数与失效判定准则

10.7.1　指数应变能密度

应变能是指物体在外力作用下产生变形时其内部所储存的能量,单位体积的应变能称为应变能密度,应变能有弹性应变能和塑性应变能等。在 ANSYS10.0 中,每个单元的应变能计算公式为

$$E_i = \frac{1}{2} \sum_{j=1}^{n} \boldsymbol{\sigma}^{\mathrm{T}} \boldsymbol{\varepsilon} v_j + E_e^p \tag{10.7}$$

式中，E_i 为单元 i 的应变能；n 为单元积分点数目；$\boldsymbol{\sigma}$ 为应力向量；$\boldsymbol{\varepsilon}$ 为弹性应变向量；v_j 为单元积分点 j 的体积；E_e^p 为单元塑性应变能。第 i 个单元的应变能密度 I_i 的计算公式见式(10.8)：

$$I_i = \frac{E_i}{v_i} \tag{10.8}$$

式中，v_i 为第 i 个单元的体积。通常情况下，应力和外力可以通过式(10.9)得到：

$$\boldsymbol{\sigma} = \boldsymbol{E}^{\mathrm{T}} \boldsymbol{\varepsilon}, \boldsymbol{\sigma} = \boldsymbol{F}^{\mathrm{T}} \boldsymbol{S}^{-1}, \boldsymbol{F} = \boldsymbol{M}\boldsymbol{T}\boldsymbol{A} \tag{10.9}$$

式中，A 为地面运动加速峰值。继而，可以得到每个单元的应变向量

$$\boldsymbol{\varepsilon} = \boldsymbol{E}^{-1} \boldsymbol{\sigma} = \boldsymbol{E}^{-1} \boldsymbol{F}^{\mathrm{T}} \boldsymbol{S}^{-1} = A\boldsymbol{E}^{-1} \boldsymbol{T}^{\mathrm{T}} \boldsymbol{M}^{\mathrm{T}} \boldsymbol{S}^{-1} \tag{10.10}$$

因此，经历了地震波作用后的第 i 个单元的应变向量 $\boldsymbol{\varepsilon}_i$ 可以写成

$$\boldsymbol{\varepsilon}_i = A(\boldsymbol{k}_{1i} + \boldsymbol{k}_{2i}) + \boldsymbol{b}_i, \ i = 1, 2, \cdots, n \tag{10.11}$$

式中，$\boldsymbol{k}_{1i} = \boldsymbol{E}_1^{-1} \boldsymbol{T}^{\mathrm{T}} \boldsymbol{m}_i^{\mathrm{T}} \boldsymbol{S}^{-1}$ 和 $\boldsymbol{k}_{2i} = \boldsymbol{E}_2^{-1} \boldsymbol{T}^{\mathrm{T}} \boldsymbol{m}_i^{\mathrm{T}} \boldsymbol{S}^{-1}$ 为外力与应变的转换函数矩阵；$\boldsymbol{S}_i$ 为第 i 个单元的各个截面面积向量；$\boldsymbol{E}_1$ 和 $\boldsymbol{E}_2$ 为材料弹塑性阶段的本构关系矩阵，且 $\boldsymbol{E}_2 = 0.02 \boldsymbol{E}_1$；$\boldsymbol{m}_i$ 为第 i 个单元的等效质量矩阵；A 为加速度峰值；$\boldsymbol{b}_i$ 为第 i 个单元的等效初始应变向量；$\boldsymbol{T}$ 为转置矩阵。将式(10.10)和式(10.11)代入式(10.7)，可得

$$I_i = \frac{1}{2}(\boldsymbol{\varepsilon}^{\mathrm{T}} \boldsymbol{E}_1 \boldsymbol{\varepsilon} + \boldsymbol{\varepsilon}^{\mathrm{T}} \boldsymbol{E}_2 \boldsymbol{\varepsilon}) \tag{10.12}$$

式中，I_i 与加速度峰值 A 有关，式(10.12)可以进一步表达成式(10.13)的形式：

$$2I_i = aA^2 + bA + c \tag{10.13}$$

式中，$a = \boldsymbol{k}_{1i}^{\mathrm{T}} \boldsymbol{E}_1 \boldsymbol{k}_{1i} + \boldsymbol{k}_{2i}^{\mathrm{T}} \boldsymbol{E}_2 \boldsymbol{k}_{2i}$；$b = \boldsymbol{k}_{1i}^{\mathrm{T}} \boldsymbol{E}_1 \boldsymbol{b}_i + \boldsymbol{b}_i^{\mathrm{T}} \boldsymbol{E}_1 \boldsymbol{k}_{1i} + \boldsymbol{k}_{2i}^{\mathrm{T}} \boldsymbol{E}_2 \boldsymbol{b}_i + \boldsymbol{b}_i^{\mathrm{T}} \boldsymbol{E}_2 \boldsymbol{k}_{2i}$；$c = \boldsymbol{b}_i^{\mathrm{T}} \boldsymbol{E}_1 \boldsymbol{b}_i + \boldsymbol{b}_i^{\mathrm{T}} \boldsymbol{E}_2 \boldsymbol{b}_i$。

对于理想弹塑性双线性随动强化模型而言，$\boldsymbol{E}_1$ 和 $\boldsymbol{E}_2$ 是常量，所以式(10.13)可以看成是一个完全平方式，进而可以改写成式(10.14)的形式：

$$\sqrt{2} \, I_i^{\frac{1}{2}} = eA + d \tag{10.14}$$

式中，$e = \sqrt{a}(1 + \delta(A^{-r}))$ 和 $\delta(A^{-r})$ 为结构几何非线性贡献系数，$r(1 > r > 0)$ 为其贡献因子；$d = \sqrt{c}$，$b = 2ed$。因此，用式(10.14)左边的和值作为网壳结构的受力状态特征参数：

$$I_d = \sum_{i=1}^{N} \sqrt{2} \, I_i^{\frac{1}{2}} \tag{10.15}$$

式中，I_d 为结构的指数应变能密度和值；N 为结构的单元数目。这里有必要指出，I_i 为时程响应分析中最后一荷载子步处结构的第 i 个单元的应变能密度。

另外，考虑结构几何非线性时，单元截面面积值可由式(10.16)来计算：

$$A_s = \frac{F}{\sigma_{\mathrm{real}}} \tag{10.16}$$

式中，σ_{real} 为单元的真实应力，也称为 Cauchy 应力。

10.7.2　基于特征参数 I_d 的网壳结构失效准则

以结构受力状态概念和网壳结构全荷载域动力时程分析数据为基础,可以建立基于结构指数应变能密度的网壳结构强震失效判定准则。为了分析指数应变能密度和值 I_d(结构受力状态特征参数)与加速度峰值 A 的关系,图 10.25 给出了频率为 5 Hz 简谐荷载作用下网壳 D40207 的 $I_d - A$ 曲线和失效指数(下面介绍的 FI 指数)与加速度幅值的关系图。图中 P 点表示结构由弹性工作状态进入弹塑性工作状态的临界点,U 点表示结构失效点。明显地,$I_d - A$ 曲线体现了结构工作状态的三个工作状态。

(1) 当加速度峰值 A 小于 4.72 m/s^2 时,网壳 D40207 上的所有单元均处于弹性状态,I_d 必然与加速度 A 保持线性关系。

(2) 当加速度峰值 A 超过 4.72 m/s^2 且小于结构失效荷载 20.5 m/s^2 时,网壳 D40207 上一个或多个单元进入塑性状态,该网壳处于弹塑性工作状态,I_d 与加速度峰值 A 为非线性关系,此时的加速度峰值 4.72 m/s^2 即是结构的弹塑性分支点。

(3) 当加速度峰值超过 20.5 m/s^2 时,I_d 急剧增加。这种现象意味着网壳 D40207 进入了失效状态,该网壳在这一阶段已经失去了正常的工作状态,此时的加速度峰值 20.5 m/s^2 即是结构的失效荷载。

网壳结构的 $I_d - A$ 曲线(图 10.25(a))体现了结构的失效点 U,据此可以构建结构工作状态的失效指数曲线,即图 10.25(b),其中横坐标为加速度峰值 A,纵坐标为失效指数 FI,FI 由式(10.17)判别。从物理意义上讲,当加速度峰值达到一定值时,结构的指数应变能密度和值急剧增加,表现为 $I_d - A$ 曲线上出现一特征点 U。从数学角度讲,曲线的斜率能够反映曲线在任意一点的增减性变化的程度,即曲线的斜率能够非常敏感地捕捉到曲线上的特征点 U,据此,构建了基于 $I_d - A$ 曲线斜率的单层网壳结构失效荷载判定准则,称为斜率增量判定准则

$$FI_i = \frac{(I_{d,i} - I_{d,1}) \, \max(A_i)}{(A_i - A_1) \, \max(I_{d,i})} \geqslant 1 \qquad (10.17)$$

式中,FI_i 是结构工作状态 $I_d - A$ 曲线在第 i 阶加速度峰值 A_i 与第一阶加速度峰值 A_1 作用下的斜率。在这里,FI_i 被定义为结构的失效指数。任何一个网壳的结构工作状态指数曲线上确实存在特征点 U(失效荷载);统计分析即根据公式(10.17)计算出的 FI_i 值统计出该失效准则的判定阀值。当然,还需要进行更深入的研究以便使这个阀值确定得更加合理。

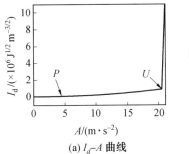
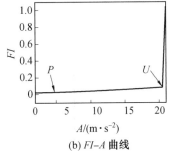

(a) I_d–A 曲线　　　　　　　　(b) FI–A 曲线

图 10.25　$I_d - A$ 曲线和失效指数与加速度幅值的关系

10.7.3　结构失效准则与现有结构失效准则比较

目前,典型的单层网壳动力失效荷载破坏荷载判定准则有三种。

(1) 基于结构失效定律的结构失效准则,见式(10.17)。

(2) 单层球面和柱面网壳的动力强度破坏及失稳破坏准则,见式(10.18)和式(10.19)。

$$D_s = 3.2 \times \sqrt{(f/L) \cdot (100 \times ((\frac{d_m - d_e}{L})^2 + (\frac{\varepsilon_a}{\varepsilon_u})^2) + r_1^2 + r_8^2)} \qquad (10.18)$$

$$D_s = 0.9 \times \sqrt{100 \times ((\frac{d_m - d_e}{L})^2 + (\frac{\varepsilon_a}{\varepsilon_u})^2) + r_1^2 + r_8^2} \qquad (10.19)$$

式中,D_s 为结构损伤因子;L 为网壳跨度;f 为矢高;ε_a 为结构平均塑性应变(网壳所有杆件应变的加权平均值,表示结构的整体塑性发展深度);ε_u 为钢材极限应变;d_m 为最大节点位移(结构在整个动力时程中的最大变形值);d_e 为网壳材料出现塑性时的位移;r_1 为 1P 杆件(表示杆件截面共 8 个材料点中至少 1 个发生塑性应变)比例;r_8 为 8P 杆件(表示全截面屈服杆件)比例。

(3) 基于不平衡力和位移的有限元程序计算终止的结构失效准则,见式(10.20)。

$$TOF > \sqrt{\sum (\text{Force Imbalances})^2}, TOD > \sqrt{\sum (u_i - u_{i-1})^2} \qquad (10.20)$$

式中,TOF、TOD 为程序终止计算的阈值,u 为节点在相邻两荷载下各节点的位移值。

表 10.5 列出了两失效准则界定的 TAFT 波作用下的网壳结构失效荷载。对于式(10.18)和式(10.17)判定的 TAFT 波作用下网壳结构的失效荷载而言,有些相近,但有些却相差较远。表 10.5 表明:式(10.17)基于结构失效定律来判断结构工作状态的失效,结构受力状态及特征参数发生了自然定律(量质变规律定律)支配的量变到质变的突变,是物理规律的体现。而公式(10.18)以工程经验为主,人为设定或经验判断最大节点位移值的许用范围,来界定结构工作的失效,表现的是结构外在的局部工作特征,没有完全地反映结构工作规律。

表 10.5　TAFT 作用下不同失效准则计算出的单层球面网壳的失效荷载

网壳编号	式 (10.17)				式 (10.18)			
	失效荷载 /(m·s⁻²)	最大节点 位移 /m	1P 比例	8P 比例	失效荷载 /(m·s⁻²)	最大节点 位移 /m	1P 比例	8P 比例
D40203	8.1	0.080	0.510 8	0.021	31.5	1.154	0.107 1	0.537
D40205	18.0	0.101 0	0.706	0.203	18.0	0.101 0	0.706	0.203
D40207	20.1	0.163	0.848	0.250	22.5	0.141	0.510 4	0.112
D50063	28.1	0.111 0	0.564	0.026	64.2	1.705	0.831	0.461 0
D50065	33.6	0.131 0	0.722	0.081	76.5	1.065	0.102 6	0.625
D50067	48.1	0.348	0.862	0.256	61.0	0.567	0.100 4	0.612
D60063	30.1	0.208	0.585	0.067	68.10	2.465	0.842	0.410 7
D60065	53.0	0.271 0	0.847	0.443	53.0	0.271 0	0.847	0.443
D60067	34.8	0.504	0.831	0.103	34.8	0.504	0.831	0.103

为了进一步展示指数应变能密度失效准则的合理性,图 10.26 给出了单层球面网壳 D40207 在频率为 5 Hz 简谐荷载作用下的响应,这些响应包括最大节点位移 $d_{T,\max}$、指数应变能密度 I_d 和单元的屈服比 R_P。与此同时,图中分别给出了由三种失效准则计算出的该网壳的失效荷载,分别如图中点线(1)(2)和(3)所示:点线(1)是指数应变能密度失效准则(式(10.17)),点线(2)是动力强度破坏准则(式(10.18)),点线(3)是有限元程序收敛准则(式(10.20))。从图 10.26 中可以看出:

(1) 在图 10.26(a) 中节点位移－加速度峰值曲线上,很难判断结构的失效荷载,因为这条曲线上没有一个明显的特征点去界定结构失效。进一步来讲,从图 10.26(a) 中很难找到任何一个特征点建立失效准则进而预测结构的失效荷载及失效模式。此外,最大节点位移只表征结构的局部响应,并不能反映结构整体的荷载效应。且最大节点的位置可能会不同,即图中的最大节点位移并非是同一节点位移。

(2) 当加速度峰值超过基于指数应变能密度准则计算出的失效荷载后,结构的塑性发展程度已经非常深了(1P 比例已达到了 50%)且响应处于不稳定状态,如图 10.26(b) 所示。图 10.26(c) 展示了不同屈服点数杆件数目随 A 增加的情形,不稳定状态区域的放大图置于其右侧),这种现象表明该结构已经失去了其先前的工作状态,即该结构已经进入不稳定的工作状态。因此,从力学意义上来讲,基于 $I_d - A$ 曲线的失效准则更合理。

(3) 与动力强度破坏准则和有限元程序收敛准则相比,基于指数应变能密度准则计算出的结构失效荷载要小。分析其原因,可能是在强度不变的简谐荷载作用下,结构的应变能响应累积量要比位移响应大,即应变能参数对外荷载的变化更加敏感。

(4) 程序自带的收敛准则反映了结构的倒塌状态,此时已严重超过了结构的正常工作状态。$I_d - A$ 曲线反映的是结构处于正常工作状态时的整体工作性能。因此与基于程序自带失效准则相比,基于 $I_d - A$ 曲线的失效准则物理意义更为明确。

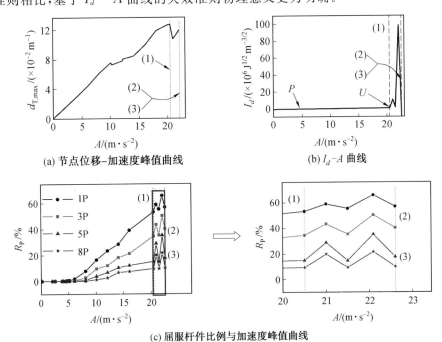

(a) 节点位移–加速度峰值曲线　　(b) I_d-A 曲线

(c) 屈服杆件比例与加速度峰值曲线

图 10.26　简谐荷载作用下网壳 D40207 的响应及其由不同失效准则给出的失效荷载

表 10.6 给出了 TAFT 波作用下九个典型网壳的失效荷载 F_{fail} 及其所对应的不同屈服杆件比例 R_{iP} 和最大节点位移 $d_{T,max}$,意在进一步说明指数应变能密度失效准则的合理性。从表 10.6 可见,TAFT 波作用下九个典型网壳结构失效荷载处所对应的 1P、3P、5P 和 8P 比例均超过了 50%、38%、18% 及 11%,说明这些网壳结构的塑性发展程度较深。从表 10.6 第 6 列可见,所有网壳结构的 $d_{T,max}$ 已达到甚至超过了人们的经验许可范围。与此同时,这些网壳结构的失效荷载均较大,也达到甚至超过了强震所对应的加速度峰值,这与网壳结构具有良好抗震性能的事实相符。以上事实表明,这些网壳结构在 TAFT 地震波作用下均达到了承载能力极限状态,这进一步证明了指数应变能密度失效准则的合理性。

表 10.6 部分网壳失效荷载处的最大节点位移和不同屈服比例

网壳编号	$R_{1P}/\%$	$R_{3P}/\%$	$R_{5P}/\%$	$R_{8P}/\%$	$d_{T,max}/m$	$F_{fail}/(m \cdot s^{-2})$
D40203	107.1	85.3	65.4	53.7	1.154	31.5
D40205	70.6	62.3	32.2	20.4	0.101 0	18.5
D40207	510.4	38.4	18.4	11.2	0.141	12.5
D50063	83.1	77.3	510.3	46.10	1.705	64.2
D50065	102.7	87.0	77.10	62.5	1.065	76.5
D50067	100.4	810.1	81.0	61.2	0.567	610.0
D60063	84.3	78.3	63.1	410.8	2.465	68.10
D60065	84.8	80.6	67.4	44.4	0.271 0	53.0
D60067	83.1	65.10	32.6	10.4	0.504	34.8

10.7.4 网壳结构动力失效准则的统一性

目前所知的网壳结构失效形式主要有动力失稳和动力强度破坏两类,但对于某些网壳结构失效而言,很难区别是哪种破坏形式。另外动力强度判断准则仅局限于单层球面网壳和柱面网壳等失效荷载判定,对于其他不同构造的网壳,没有与之相应的失效准则。然而,基于指数应变能密度方法可以反映网壳结构一般失效特征,可以预测任何构造网壳结构的失效荷载。图 10.27 分别给出简谐荷载与 TAFT 波作用下单层球面网壳 D40207 的典型特征响应与加速度峰值间的关系曲线。其中图 10.27(a)是典型的动力失稳破坏形式,图 10.27(c)是典型的动力强度破坏形式,图 10.27(b)(d)分别是与之对应的 $I_d - A$ 曲线。图上(1)(2)和(3)表示分别式(10.17)、式(10.18)和式(10.20)的失效位置及失效荷载。

从图 10.27(a)中可见,对于动力失稳位置及失效荷载的预测结果基本一致,即对于动力失稳荷载的预测而言,式(10.17)和式(10.18)是通用的。但两公式预测图 10.27(c)的失效荷载却有着非常大的差距。此时,显然式(10.17)的预测结果更可信。基于指数应变能密度方法,无论是上述哪种破坏模式,$I_d - A$ 曲线上均有明显的突变点 U(图 10.27(b)(d)),U 点对应的地面加速度峰值和结构响应模式(结构受力状态特征对)体现的是结构的一般失效特征。因此,基于指数应变能密度的网壳结构失效判定准则是统一的判定准则。

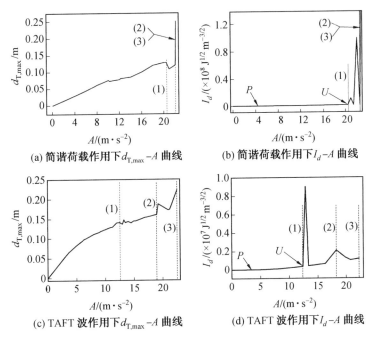

图 10.27　简谐荷载与 TAFT 波作用下结构特征参数与地震加速度关系曲线

结构存在两种失稳形式,分支点失稳和极值点失稳。分支点失稳是指当作用于结构上的外荷载小于分支点荷载值时结构的特征响应保持稳定的平衡状态。此时,对该结构施加一个小干扰并不能使结构永久地偏离原平衡位置,干扰解除后,结构仍能回复到最初的平衡位置。但是当外荷载超过分支点所对应的临界荷载时,结构的平衡就不稳定了。对其施加干扰后,平衡路径将发生改变,结构的平衡状态也发生了改变,但仍与外荷载保持平衡状态。失稳前后平衡状态所对应的变形性质发生改变。在分支点处,既可在初始位置处平衡,亦可在偏离后新的位置平衡,即平衡具有二重性。只有理想的结构才可能发生分支点失稳,实际结构中几乎不存在分支点失稳。极值点失稳是指在荷载—位移全荷载域分析中,平衡点沿着稳定的基本平衡路线移动,随着荷载增加,位移不断变化,直至达到平衡图形中的一个尖点,过此点后,结构平衡不稳定。对于网壳结构这两种失稳荷载的判定,目前是基于经验性、统计性分析给出的公式来判定的,很大程度上认为结构失效状态具有不确定性的本性。但是,基于结构失效定律所定义的结构失效是指结构失去稳定地执行预定功能的能力,根据 $I_d - A$ 曲线来判断,结构失效状态属性是确定性的。同时,两种结构失稳破坏统一在结构失效定律下的结构受力状态量质变跳跃规律下,可以用一个准则予以判定。

本章参考文献

[1]JAMSHIDI M,MAJID T A,DARVISHI A,et al. Dynamic study of double layer lattice domes [J]. Trends in Applied Sciences Research,2012,7(3):221-230.

[2]蓝天,张毅刚. 大跨度屋盖结构抗震设计[M].北京:中国建筑工业出版社,2002.

[3]KAWAGUCHI K. A report on large roof structures damaged by the great Hanshin-Awaji earthquake[J]. International Journal of Space Structures,1997,12(3&4):135-147.

［4］HOUSNER G W. Behavior of structures during［J］. Journal of the Engineering Mechanics Division，1959，85(4)：109-129.

［5］陈永祁，龚思礼. 结构在地震动时延性和累积塑性耗能的双重破坏准［J］. 建筑结构学报，1996，1：35-48.

［6］YE L P，OTANI S. Maximum seismic displacement of inelastic systems based on energy concept［J］. Earthquake Engineering & Structural Dynamics，1999，28(12)：1483-1499.

［7］YAMADA S. Vibration behavior of single-layer latticed cylindrical roofs［J］. International Journal of Space Structures，1997，12(3)：181-190.

［8］KUMAGAI T，OGAWA T. Dynamic buckling behavior of single-layer latticed domes subjected to horizontal step wave［J］. Journal of the International Association for Shell and Spatial Structures，2003，44(3)：167-174.

［9］聂桂波. 网壳结构基于损伤累积本构强震失效机理及抗震性能评估［D］. 哈尔滨：哈尔滨工业大学，2012.

［10］刘英亮，邢佶慧. 基于能量的单层球面网壳强震响应规律研究［J］. 建筑结构学报（增刊2），2010(S2)：30-33.

［11］支旭东. 网壳结构在强震下的失效机理［J］. 哈尔滨：哈尔滨工业大学，2006.

［12］DU W F，YU F D，ZHOU Z Y. Dynamic stability analysis of k8 single-layer latticed shell structures suffered from earthquakes［J］. Applied Mechanics and Materials，2011，94：52-56.

［13］YAMADA S. Vibration behavior of single-layer latticed cylindrical roofs［J］. International Journal of Space Structures，1997，12(3&4)：181-190.

［14］KUMAGAI T，OGAWA T. Dynamic buckling behavior of single layer lattice shells subjected to horizontal step wave［J］. Journal of the International Association for Shell and Spatial Structures，2003，44(3)：167-174.

［15］ZHI X D，FAN F，SHEN S Z. Elastic-plastic instability of single-layer reticulated shells under dynamic actions［J］. Thin-Walled Structures 2010，48(10)：837-845.

［16］韦征，叶继红，沈世钊. 基于最大熵法的单层球面网壳在地震作用下的破坏模式预测［J］. 振动与冲击，2008，27(6)：64-69.

［17］沈世钊，支旭东. 球面网壳结构在强震下的失效机理［J］. 土木工程学报，2005，38(1)：11-20.

［18］苑宏宇. 单层球面网壳的最不利动荷载分析和动力失效分析［D］. 南京：东南大学，2006.

［19］苑宏宇，叶继红，沈世钊，等. 单层球面网壳在简单动荷载作用下的失效研究［J］. 工程抗震与加固改造，2006，28(4)：10-17.

［20］American Institute of Steel Construction. Seismic provisions for structural steel buildings：ANSI/AISC 341-10［S］. Chicago：Press Release offices，2010.

［21］European Committee for Standardization. Eurocode 8，Design of structures for earthquake resistance. Part 1：general rules，seismic actions and rules for buildings：EN

1998-1:2004 [S]. Brussels：CEN，2005.

[22]CHOPRA A K. Dynamics of structures[M]. New Jersey：Prentice Hal Press，2006.

[23]张辉东，王元丰. 基于能量指标的高层钢结构动力弹塑性抗震能力研究[J]. 土木工程学报，2012，45(6)：65-73.

[24]刘英亮. 基于能量的网壳结构动力极限状态研究[D].北京：北京交通大学，2011.

[25]MICHAEL ROTTER J. Shell structures：the new european standard and current research needs[J]. Thin-Walled Structures，1998，31(1)：3-23.

[26]莫维尼. 有限元分析——ANSYS 理论与应用[M]. 王崧，董春敏，金云平，等译. 北京:电子工业出版社，2005.

[27]黄艳霞,张瑀,刘传卿,等. 预测砌体墙板破坏荷载的广义应变能密度方法[J]. 哈尔滨工业大学学报,2014,46(2):6-10.

[28]张明. 基于能量的网壳结构地震响应及失效准则研究[D].哈尔滨:哈尔滨工业大学，2014.

第 11 章　状态构形插值法及应用实例

11.1　引　　言

　　前文介绍的几种结构的受力状态分析中,是用截面几个点的应变测值构造特征值,近似表征该截面的受力状态。例如,用截面测点应变的平均值计算轴力来近似表征截面的轴压效应,用几个测点的广义应变能密度和值来判别截面受力状态演变规律。然而,这种受力状态建模分析虽然能在一定程度上反映出截面受力状态变化特征,但受力状态模型和物理含义不够严格,遗漏了截面未测部位的响应,进而就可能遗漏重要的结构受力状态特征。因此,需要对有限的实测数据在截面上进行合理扩展,弥补遗漏,以此来得到更精确的截面受力状态特征量,以实现全面的结构的局部(以截面为代表)受力状态分析。本章针对数目较少、误差在合理范围内、具有拓展价值的试验数据,研究其插值方法。

　　在科学研究和工程应用中,拟合和插值是常用的两大数学手段。它们都是用连续函数来补充离散数据和揭示数据规律。拟合主要用于有较强随机性的离散数据,从整体上描述其变化规律;插值通常用于补充数据系列内部区间数据的缺失(经过数据点)。一般来说,数据点越多,插值效果越好,但对于整体多项式插值,随着插值数据的增多,插值函数次数会逐渐趋高,会出现 Runge 现象,插值函数参数敏感性增大,微小的数据波动会引起插值函数参数的剧烈变化。对于分段插值,其插值更关注局部,这导致外插的效果并不理想,并且离某一分段较远的点对该段的插值没有影响,不符合实际情况,所以选择合适的插值方法和插值函数既是插值的关键,也是难题。常规的插值函数如拉格朗日插值、牛顿插值和样条插值函数都没有明确的物理意义,要根据实际问题调整插值函数。曾有学者对函数和物理做了初步结合,例如基于能量最小化控制点的 B 样条插值算法等,但只是对几个控制参数进行调整,函数本身的问题并没有解决。可见,目前的插值方法没考虑具体物理模型,数学和物理模型未能有机地结合起来,致使对具体问题插值误差较大、甚至失真。但是,试验中的物理模型一般情况下总能体现相当程度的客观性,并存在于大部分试验数据中,因此综合运用尽可能多的试验信息进行插值,才能更好地反映试验数据延伸的内在规律,弥补试验数据的缺失。

　　模拟和试验是认识物理规律的两大重要手段,模拟能反映出理想条件和理想模型的运行情况。但是试验中的误差、不确定性是不可避免的,模拟和试验结果有时不够相符甚至差异较大,难以鉴别是模拟还是试验失效了。为此假设模拟能基本反映出被试验模型的一般响应(并不关注数值幅度与试验的差异),研究把模拟结果和试验数据相结合的方法,基本思路为:以模拟得到插值函数,再依据插值函数对试验数据进行插值,使插值结果即拓展的试验数据更接近试验情况,为结构受力状态分析奠定充实的数据基础。

11.2　状态构形插值法

本书提出的"状态构形插值法"使用有限元数值模拟的方法构造符合模型物理特性的形函数,通过以试验数据为权重、以数值形函数场为基向量的线性组合来形成试验数据插值场,在引入常规有限元模拟的先验场后,用数值形函数进行迭代调整,使插值接近试验数据所在的范围。换句话说,所建立的新插值方法是通过模拟获得受力状态基本构形,再以试验数据和形函数对受力状态基本构形进行修正并赋值,使插值贴近真实试验数据场。

11.2.1　等参元形函数理论

1. 等参元基础理论

目前在有限元中广泛应用的只有几种使用低阶函数构造的规整形状的形函数,如平面三角形、正方形、空间四面体、正方体等。以平面四边形单元为例,如图 11.1 所示,在 Canonical 正则坐标系(ξ,η)下,单元位移场可用节点位移表示为

$$u = \sum_{i=1}^{4} \boldsymbol{u}_i N_i(\xi,\eta), v = \sum_{i=1}^{4} \boldsymbol{v}_i N_i(\xi,\eta) \tag{11.1}$$

式中,(u,v)为单元的位移场;$(\boldsymbol{u}_i,\boldsymbol{v}_i)$为单元节点 i 的位移向量;N_i 为节点 i 处发生单位位移的形函数。

由式(11.1)可以看出,在有限单元法中,可以把单元位移场函数表示为形函数的线性组合,而节点位移正好是对应的形函数的权重。形函数是定义于单元内部的平滑连续的函数,它一般需要满足以下 4 条性质:

(1) 在节点 i 处,$N_i=1$;在其他节点处,$N_i=0$。

(2) 能保证用它表示的物理量在相邻单元之间的连续性。

(3) 应包含任意线性项,使用它定义的单元唯一且满足常应变条件,特别是要能满足刚体位移条件。

(4) 应满足下列等式:$\sum_i N_i = 1$。正则坐标系(ξ,η)下其形函数 N_i 表示为

$$N_i = \frac{(1+\xi_i)(1+\eta_i)}{4}, i=1,2,3,4 \tag{11.2}$$

式中,ξ_i 和 η_i 分别为节点 i 的横、纵坐标。形函数 N_1 的示意图如图11.2所示,节点 1 处形函数值为 1,其余节点处其值为 0。

在实际应用中,为了划分曲线边界,划分的单元形状一般不太规则。这时规则单元的形函数不能直接使用,需要将正则坐标系(ξ,η)下的正方形母单元(图 11.2)通过坐标变换转换成曲边子单元(图 11.3),建立直边单元与曲边单元上各点的对应关系(母子单元之间关系),并由母单元的位移场变换得到子单元的形状场,即从母单元的局部坐标(与母单元的正则坐标一致)映射得到子单元的整体坐标。进而,得到子单元的单元形状特性公式,建立曲边单元。从母单元映射到任意子单元的映射关系可表示为

$$x = \sum_{i=1}^{4} x_i N_i(\xi,\eta), y = \sum_{i=1}^{4} y_i N_i(\xi,\eta) \tag{11.3}$$

式中,(x,y)为整体坐标系下子单元任一点的坐标;(x_i,y_i)为子单元节点坐标,$N_i(\xi,\eta)$为

母单元形函数。由此可根据子单元的局部坐标得到子单元的整体坐标。

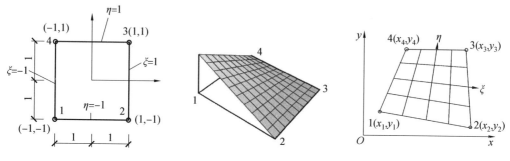

图 11.1　Canonical 正则坐标系　　　图 11.2　形函数 N_1 示意图　　　图 11.3　子单元示意图

　　然后在局部坐标系 (ξ, η) 下,利用母单元的形函数通过式(11.3)得到子单元的位移场,其中的坐标都为子单元的局部坐标。由此可见,单元位移场与单元几何形状都是用相同的形函数构造的,并且用相同个数的节点参数(节点位移和节点坐标)来描述,因此称此子单元为等参数单元,称式(11.3)所描述的过程为等参变换。当子单元内部,这种由局部坐标确定整体坐标的正向变换过程形成的形函数总是光滑连续的,即使子单元的形状是凹多边形。图 11.4 给出了由四边形映射到三角形的在整体坐标系下的局部坐标系网格和形函数示意图。

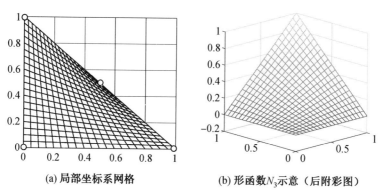

(a) 局部坐标系网格　　　　　　　(b) 形函数 N_3 示意(后附彩图)

图 11.4　等参变换示例

　　用等参元的方法插值单元内部位移场时,是从局部坐标映射得到整体坐标,单从式(11.1)和式(11.3)无法得到整体坐标下一点 (x_0, y_0) 的位移值。可以在局部坐标系下把单元划分成较密网格,进行等参变换得到整体坐标下网格点处的坐标和位移(图 11.4),采用适当的算法找离点 (x_0, y_0) 最近的网格点,用其位移值作为近似值,或者寻找到点 (x_0, y_0) 所在的网格,对其上的几个节点的位移进行简单插值作为近似值。但是这种做法运算量大而且结果并不精确,因此需要找到逆变换的高效算法。

2. 等参逆变换方法

　　一般情况下单元矩阵推导分析均在局部坐标中进行,但在某些情况下无法避免由整体坐标确定局部坐标的等参逆变换问题,例如集中荷载作用在非网格节点和单元边界作用有非满跨分布荷载时,均需要确定相应局部坐标,才能转换为等效节点荷载。钱向东等人提出通过对等参变换公式进行 Taylor 展开,用其线性项进行逆变换,并对算法的收敛性和收敛速度分别给出了理论证明和数值检验。该算法形式简单、理论上适合于任何类型的等参单元,是一种高效实用的逆变换算法,其做法为:将式(11.3)中的 x,y 在 (ξ_0,η_0) 进行 Taylor 级数展开,仅保留线性项,则有

$$
\left.
\begin{aligned}
x_0 + \sum_{i=1}^{4} x_i \left.\frac{\partial N_i}{\partial \xi}\right|_{(\xi_0,\eta_0)} (\xi-\xi_0) + \sum_{i=1}^{4} x_i \left.\frac{\partial N_i}{\partial \eta}\right|_{(\xi_0,\eta_0)} (\eta-\eta_0) \\
y_0 + \sum_{i=1}^{4} y_i \left.\frac{\partial N_i}{\partial \xi}\right|_{(\xi_0,\eta_0)} (\xi-\xi_0) + \sum_{i=1}^{4} y_i \left.\frac{\partial N_i}{\partial \eta}\right|_{(\xi_0,\eta_0)} (\eta-\eta_0)
\end{aligned}
\right\}
\tag{11.4}
$$

式中 (x_0,y_0) 为整体坐标,用矩阵形式可表示为

$$
\boldsymbol{x} = \boldsymbol{x}_0 + \boldsymbol{J}_0(\xi-\xi_0)
\tag{11.5}
$$

其中 $\boldsymbol{J}_0$ 为 ξ_0 处的 Jacobi 矩阵。上式是一个线性表达,可直接解出:

$$
\xi = \xi_0 + \boldsymbol{J}_0^{-1}(\boldsymbol{x}-\boldsymbol{x}_0)
\tag{11.6}
$$

式中 $\boldsymbol{J}_0^{-1}$ 为 ξ_0 处的 Jacobi 逆矩阵。由式(11.6)可建立求解单元内任意一点 x_p 对应的局部坐标 ξ_p 的迭代公式

$$
\xi_{k+1} = \xi_k + \boldsymbol{J}_k^{-1}(\boldsymbol{x}_p-\boldsymbol{x}_k)
\tag{11.7}
$$

式中,ξ_k 表示 ξ_p 的第 k 次近似值;$\boldsymbol{x}_k$ 为 ξ_k 对应的整体坐标向量;$\boldsymbol{J}_k^{-1}$ 为 ξ_k 处的 Jacobi 逆矩阵,当 $\parallel \boldsymbol{x}_p-\boldsymbol{x}_k \parallel \leqslant \varepsilon$ 时,取 $\xi_p=\xi_k$。该算法用 Taylor 展开的线性项进行逆变换,虽然公式简洁适合于任何类型的等参单元,但是 Jacobi 逆矩阵计算比较复杂并且不是任何形状的子单元都存在 Jacobi 逆矩阵。比如对平面四边形等参元来说,当子单元边界严重扭曲、正方形母单元映射成三角形单元、子单元边线的切线夹角接近 180° 时都会使 Jacobi 矩阵的行列式为 0 从而导致无法求逆,也就无法使用迭代公式(11.7)。而且在此算法中当计算点靠近单元边界时,迭代将难以收敛于单元内。

朱以文等从四节点平面等参元入手,通过分析等参变换中的几何不变特性,提出了一种等参元逆变换的高效算法。优点是把等参逆变换写成整体坐标的显式表达,直接计算就可得到整体坐标对应的局部坐标,对任意位置的计算点都可以快速高效地求出其逆变换。具体做法是(以图 11.5 平面四边形单元为例,等参逆变换问题的简单描述如下):已知点 P 的整体坐标 (x_p,y_p),确定 P 点所属单元,并求出其相应的局部坐标 (ξ_p,η_p)。

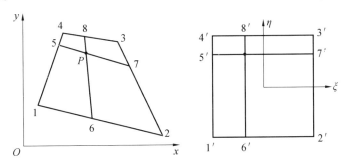

图 11.5　等参元示意图

设单元的节点坐标 (x_i,y_i),$i=1,2,3,4$,过局部坐标系 (ξ,η) 中点 (ξ_p,η_p) 做坐标轴的平行线 $l_{5'7'}$ 与 $l_{6'8'}$,则在整体坐标系 (x,y) 中对应的 l_{57} 与 l_{68} 必为直线,如图 11.5 所示。其线段长度有如下的比例关系:

$$\frac{\overline{3'7'}}{\overline{3'2'}}=\frac{\overline{37}}{32}=\frac{\overline{4'5'}}{\overline{4'1'}}=\frac{\overline{45}}{41}=r_1,\ \frac{\overline{3'8'}}{\overline{3'4'}}=\frac{\overline{38}}{34}=\frac{\overline{2'6'}}{\overline{2'1'}}=\frac{\overline{26}}{21}=r_2 \tag{11.8}$$

式中，$\overline{ab}$ 表示线段 l_{ab} 的长度（a、b 是节点坐标角标号码）；r_1、r_2 是两个待求参数，而 P 点为 l_{57} 与 l_{68} 两条直线的交点，所以有

$$\frac{y_p-y_5}{y_7-y_5}=\frac{x_p-x_5}{x_7-x_5},\ \frac{y_p-y_8}{y_6-y_8}=\frac{x_p-x_8}{x_6-x_8} \tag{11.9}$$

将式(11.8)代入式(11.9)可得

$$\begin{cases}Ar_1^2+Br_1+D=0\\A'r_1^2+B'r_1+D'=0\end{cases} \tag{11.10}$$

式中 A，B，D，A'，B'，D' 均为已知参数。若记 $x_{i\pm j}$ 为 $x_i\pm x_j(i,j=1,2,3,4)$，则有

$$\begin{cases}A=x_{1-4}y_{2-3}-y_{1-4}x_{2-3}\\A'=x_{1-2}y_{3-4}-y_{1-2}x_{3-4}\\B=x_{1-4}y_{3-4}-y_{1-4}x_{3-4}+x_{p-4}y_{1-2+3-4}-y_{p-4}x_{1-2+3-4}\\B'=x_{2-3}y_{3-4}-y_{3-4}x_{2-3}-x_{p-3}y_{1-2+3-4}+y_{p-3}x_{1-2+3-4}\\D=x_{3-4}y_{p-4}-y_{3-4}x_{p-4}\\D'=x_{2-3}y_{p-3}-y_{2-3}x_{p-3}\end{cases} \tag{11.11}$$

若 P 点在单元内，则 $B^2-4AD\geqslant0$ 与 $B'^2-4A'D'\geqslant0$。式 (11.10) 方程有实根，求解可得：

$$\begin{cases}r_1=-\dfrac{D}{B}\ (A=0),\ r_1=\dfrac{-B\pm\sqrt{B^2-4AC}}{2A}\ (A\neq0)\\r_2=-\dfrac{D'}{B}(A'=0),\ r_2=\dfrac{-B'\pm\sqrt{B'^2-4A'C'}}{2A'}(A'\neq0)\end{cases} \tag{11.12}$$

式 (11.12) 中的根应满足 $0\leqslant r_1\leqslant1$ 和 $0\leqslant r_2\leqslant1$，由此确定正负号。从而可得 ξ_p、η_p 分别为

$$\xi_p=1-2r_1,\ \eta_p=1-2r_2 \tag{11.13}$$

该方法充分利用平面四边形等参元的几何特性，即直线变换后仍为直线，推导出等参逆变换的显式公式，是一种方便高效的算法。但是这种算法只对平面四边形单元适用，还推导出了空间八节点正方体单元的显式公式。但是对于二次单元等较复杂的单元很难推导出显式公式，这就限制了其应用。

综上所述，所介绍的两种算法各有优缺点，都能在一定程度上有效地解决等参逆变换问题，构造出光滑的形函数并能得到整体坐标系下对应点的位移值，但是形函数方法本质上还是一种数学意义上的插值函数，与常规插值函数本质一样，并没有考虑具体模型的物理特性，存在以下几点缺陷：

（1）单就一个单元来讲，用多项式来构造形函数并没有物理意义，不贴合实际位移场。所以得用足够多的单元来模拟实际位移，用数量换取精度。

（2）构造满足所有条件的形函数十分困难，目前只有少数的几种单元类型。

（3）对不规则的单元可以用等参变换来得其位移插值场，但并不是所有形状的单元都能进行等参变换。

正是由于以上原因，形函数的应用只是局限于微小有限单元内部的位移插值，通过虚位

移原理建立刚度方程求解得到的整体节点位移的近似值,而形函数构造的初衷是把单元位移场表示成以节点位移为权重,以形函数为基向量的线性组合,方便单元刚度矩阵的建立和整体刚度方程计算。本书试图合理利用形函数这一性质,把试验数据的插值场写成以试验数据为权重,以形函数为基向量的线性组合。但由于试验数据个数和坐标任意,很难构造对应的常规形函数并且更难得到相应的等参逆变换公式。因此通过数值模拟方法构造有物理意义的形函数,形成一种对任意个数和任意位置试验数据都有效的插值函数。

11.2.2　数值形函数

以板的挠度场为例,为了构造出合理的形函数以较精确地反映板的实际位移场,采用数值模拟的方法进行构造。用通用软件 ANSYS 软件进行建模,有限元模型如图 11.6 所示,边长为 1 m、板厚 0.05 m 的正方形板划分为 20×20 个单元,采用 181 号壳单元进行模拟,材料弹性模量为 200 GPa。已知板角点四个测点的挠度,四个测点即为数值形函数的节点,具体构造方法如下:

(1) 把整个板看成一个超级单元,划分成适当多的小单元,小单元内的位移场插值虽然不精确,但通过虚位移原理建立平衡方程求解得到的整体节点位移较为精确。

(2) 形函数 N_1 的物理意义为在节点 1 处加 z 方向的单位位移,在其他节点处加 z 向的固定约束,并限制其刚体位移,然后进行静力分析,得到的 z 向位移场即为 N_1,如图 11.7(a) 所示。分析中不考虑大变形和弹塑性,根据卡氏定理,只有这样构造的位移场与加载路径无关,模拟结果能进行线性叠加。

(3) 同理可以得到其他形函数 $N_i(i=2,3,4)$,组成形函数矩阵。已知板角点四个测点的挠度,用公式 $\sum u_i N_i$ 就可得到整个板的挠度场。

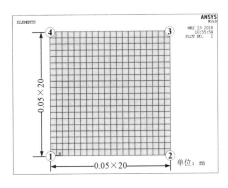

图 11.6　有限元模型

图 11.7 给出了形函数 $N_i(i=1,2,3,4)$ 的示意图,根据模型和测点的几何对称特性,依据 11.2.1 节中的形函数理论,形函数的构造需要满足四条性质。而性质(1) 因为数值模拟中的约束条件而自动满足,因为 shell181 单元本身满足协调性和完备性,所以性质(2) 和性质(3) 也满足,因此只需要检验性质(4): $\sum N_i = 1$。图 11.8 用箱形图表示出其误差统计信息,可见检验误差在 $-4 \times 10^{-10} \sim 4 \times 10^{-10}$ 之间,误差很小,说明模拟中约束施加合理,没有产生多余的约束。

为体现数值形函数和常规的插值函数的不同,以形函数 N_3 的插值效果为例,即测点 3

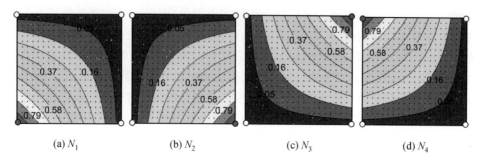

(a) N_1　　　　　(b) N_2　　　　　(c) N_3　　　　　(d) N_4

图 11.7　有限元模型形函数 N_i 等值线图

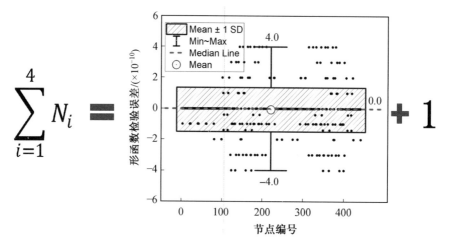

图 11.8　形函数检验误差箱形图

处试验数据值为 1，其余测点处为 0。分别与 MATLAB 软件的"linear"（线性）、"cubic"（三次多项式）插值函数和 11.2.1 节介绍的等参元方法做比较，形函数检验误差如图 11.9 所示。可以看出线性插值函数是把插值区域划分为三角形，每个三角形的插值结果为一平面。而三次多项式插值网格线变换后为光滑曲线，但整体过渡并不平滑，局部曲率较大。等参元方法插值后网格线仍为直线，整体过渡平滑。数值形函数的结果与等参元方法基本一致，网格线变换后为光滑曲线且整体过渡平滑，所以数值模拟的位移场符合薄板位移传递过程中的物理特性。

　　从数值形函数的构造方法可知，其适用于任意个数和位置的测点分布。在上述四测点正方形板的中心增加一测点，如图 11.10(a) 所示。图 11.10(b) 为形函数 N_1、N_2 到 N_4 和 N_1 旋转对称，这里不再展示，N_5 如图 11.10(c) 所示。检验性质(4) 如图 11.11 所示，检验误差在 $-20 \times 10^{-10} \sim 10 \times 10^{-10}$ 之间，误差同样很小可以忽略不计。形函数检验通过后，用公式 $\sum u_i N_i$ 计算整个板的位移场。

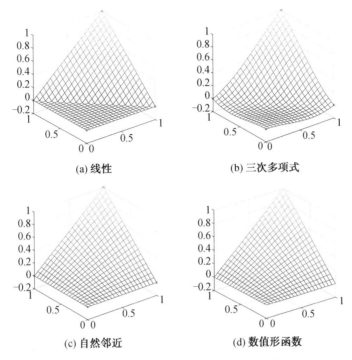

(a) 线性　　　　　　　　　(b) 三次多项式

(c) 自然邻近　　　　　　　(d) 数值形函数

图 11.9　形函数检验误差（不同插值函数）（后附彩图）

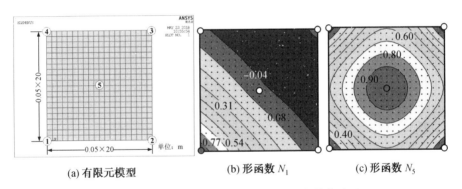

(a) 有限元模型　　　　(b) 形函数 N_1　　　　(c) 形函数 N_5

图 11.10　五测点的有限元模型及形函数等值线图

　　对于五测点的数值形函数，假设测点 3 处试验数据值为 0.5，测点 5 处为 1，其余测点处为 0，因为很难构造合适的五节点等参元，所以与常规的"natural"（自然邻近）插值和前文中提到的线性、三次多项式插值函数做比较，如图 11.12 所示。线性和三次多项式插值函数的特点与前面所述一致；自然邻近插值的效果介于两者之间，整体接近线性插值，但是斜面之间过渡更加圆滑；数值形函数网格线变换后为光滑曲线，整体过渡平滑，符合薄板的形变特征。

　　综上所述，数值形函数适合构造任意个数和位置的测点分布的插值场，得到二维板的位移场光滑且符合物理特性，对三维实体也适用，构造方法通用高效。在数值形函数构造过程中位移荷载作用于测点，但是实际情况的荷载不一定作用于测点。只有当荷载作用点正好处于测点位置时，在物理意义上才完全契合，使用数值形函数构造的位移场才能足够贴合真实位移场。数值形函数仅仅是得到有一定物理意义的光滑插值场，要对试验数据点外的其

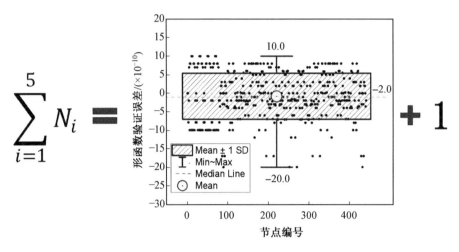

图 11.11　形函数检验误差

他点处的相应物理量做出准确预测,需要考虑真实的荷载作用和边界条件,综合运用尽可能
多的试验信息才能更好地进行预测。因此建立以考虑真实荷载作用和边界条件的常规有限
元模拟场为先验场,通过数值形函数进行综合调整。

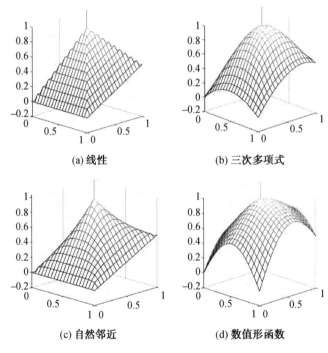

图 11.12　不同插值函数比较

11.2.3　状态构形插值法验证

1. 状态构形插值法基础和验证模型

有限元模拟的结果往往和试验数据不相符,因为真实模型存在很多不确定性,例如荷载
不确定、材料未知缺陷等,所以需要根据试验数据对模拟结果进行调整。本节建立了以数值

模拟得到的先验场作为基本构形,并结合数值形函数进行综合调整的插值方法,即状态构形插值法,公式为

$$u^{\mathrm{p}} = u^{\mathrm{s}} \circ \sum_{i=1}^{m} \frac{u_i^{\mathrm{r}}}{u_i^{\mathrm{s}}} N_i \tag{11.14}$$

式中,"$\circ$"表示矩阵的哈达马积运算,即矩阵对应元素相乘;u^{p} 为该方法得到的插值试验数据场向量;u^{s} 为数值方法得到的模拟场向量,作为基本状态构形;m 为测点个数;u_i^{r} 为测点 i 的试验数据;u_i^{s} 为测点 i 的模拟数据;N_i 为测点 i 处的数值形函数场向量。

为验证状态构形插值法的正确性,构造了两种数值模拟板模型:一种是理想情况下的模型板,是根据真实模型的不完全信息而建立的理想模型,称为理想板;一种是假定了试验不确定性来模拟真实板的模型板,称为拟真实板。为考察式(11.14)的合理性,先讨论线弹性材料且不计大变形效应的板,且只考虑荷载大小的不确定性。在这些假设下,拟真实板的各点位移和理想板的各点位移成比例,设比例系数为 k,则有 $u_i^{\mathrm{p}}/u_i^{\mathrm{s}} = k$。又因为 $\sum N_i = 1$,对公式右端提取公因式可得 $u^{\mathrm{p}} = k u^{\mathrm{s}}$,与假设条件一致。而且仅需一个测点就能实现等比例调整。下面讨论考虑弹塑性和大变形板的验证问题。

图 11.13(a) 给出了理想板的荷载作用和边界条件,板中心有 100 kN 的竖向集中力,方向向上,右上角点也作用有 100 kN 的集中力,方向竖直向下。板左端固接,约束 6 个方向自由度,右下角点仅约束竖直方向自由度。材料为屈服强度 300 MPa、弹性模量为 200 GPa 的钢材。假设真实板存在薄弱区域,弹性模量为 100 GPa,是原材料一半,而且考虑荷载的不确定性,假设板中心真实荷载为 150 kN,则拟真实板的模型如图 11.13(b) 所示。测点位置和板的尺寸与图 11.10(a) 一致。

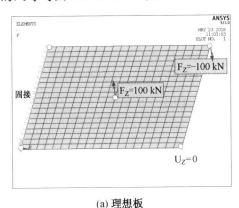

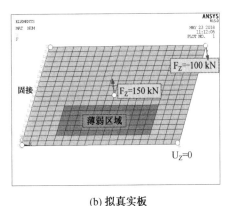

(a) 理想板　　　　　　　　　　　　　(b) 拟真实板

图 11.13　两种板的有限元模型

2. 位移场验证

拟真实板的有限元模拟结果如图 11.14(a) 所示,最大竖向位移发生在右上角点,其绝对值为 22.1 mm。理想板的有限元结果如图 11.14(b) 所示,右上角点处有最大位移,其绝对值为 24.1 mm。图 11.14(c) 给出了理想板和拟真实板的位移场误差,绝对误差最大位置仍为右上角点(测点 3),其值为 1.96 mm。而板中心测点处的绝对误差为 0.13 mm。从图中可以看出等值条带凹陷进薄弱区域,说明薄弱区域处模拟误差较大。

为比较整体误差水平,使用平均绝对误差(MAD),公式为

$$\text{MAD} = \frac{1}{A} \iint_{\Omega} |u^{\text{s}} - u^{\text{r}}| \, \mathrm{d}A \tag{11.15}$$

式中，A 表示积分区域 Ω 的面积；u^{s} 为理想板的数值模拟场函数；u^{r} 为拟真实板的数值模拟场函数。实际操作中用有限元模拟得到的离散数据列向量 $\boldsymbol{u}^{\text{s}}$ 和 $\boldsymbol{u}^{\text{r}}$ 近似代替函数 u^{s} 和 u^{r}，采用梯形数值积分方法计算 MAD，可得理想板的 MAD 为 10.61 mm。

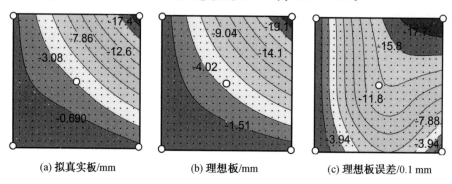

(a) 拟真实板/mm　　　　(b) 理想板/mm　　　　(c) 理想板误差/0.1 mm

图 11.14　常规有限元模拟的位移场及其误差场

用理想板的位移场作为基本状态构形，使用式（11.14）进行调整时会出现测点 i_0 的模拟数据 $u_i^{\text{s}}(i=i_0)$ 为 0 的情况，导致公式中权重系数 $(u_i^{\text{r}}/u_i^{\text{s}})(i=i_0)$ 的分母为 0。出现这种情况有两种原因：一是因为测点位置处于约束点处，发生 0 除 0 错误；二是因为恰巧测点处物理量正好为 0。因为一般出现分母为 0 的情况极少，一旦出现有两种解决方案需要讨论。方案一是忽略该点处权重系数，将其设为 0，形函数场 N_i 不改变；方案二是舍弃该测点，重新计算形函数场 $N_i{'}(i \neq i_0)$，即满足 $\sum N_i{'}(i \neq i_0)$ 为 1。对这两种方案分别进行验算，结果在下文给出（注：下文测点 1～5 位置如图 11.10(a) 所示）。

图 11.15 为方案一的插值试验数据的位移场和位移误差场。忽略测点 1、2 和 4，即权重系数 $(u_i^{\text{r}}/u_i^{\text{s}})(i=1,2,4)$ 为 0。用状态构形插值法计算的位移场如图 11.15(a) 所示，最大位移发生在右角点（测点 3）处，其绝对值为 22.1，与拟真实板该点处值一致。测点 A5EA 处的位移绝对值为 0.33 mm，也与拟真实板的一样。说明状态构形插值法得到的所有测点处物理量和试验数据相同，这点直接从公式的构造上可以看出。从图 11.15(b) 可以看出，绝对误差最大发生在板的右边缘中下部，其值为 2.45 mm，比直接用理想板的最大绝对误差还大，而且误差场很不光滑。用 $\boldsymbol{u}^{\text{p}}$ 代替 $\boldsymbol{u}^{\text{s}}$ 代入式（11.15）可得 MAD 为 6.50 mm，比理想板要好。总体来说并没有体现出状态构形插值法的优越性，说明方案一不可行。

图 11.16 给出了方案二的插值试验数据的位移场和位移误差场。直接舍弃测点 1、2 和 4，即剩两个有效测点，重新计算形函数场 $N_i{'}(i \neq i_0)$。因为过两点能构成无数个平面，所以约束其绕两点连线方向的转动，使得形函数平面和 Oxy 平面的交线与这两点连线垂直。假定平面在 $N_i{'}$ 替换 N_i 后用状态构形插值法计算的位移场如图 11.16(a) 所示，最大位移发生在右角点（测点 3）处，且测点 3、5 处的位移场与拟真实板的值一致。从图 11.16(b) 可以看出绝对误差最大发生在板的下边缘中部，其值为 1.13 mm。和用理想板计算的绝对误差最大值相比，误差下降了 41%。而且和图 11.16(b) 比较可看出方案二得出的误差场更加平滑，MAD 为 4.34 mm，比理想板的计算结果下降了 59%。整体效果比方案一要好，说明方案二正确，所以本书以下的状态构形插值法默认采用方案二。当采用五个有效测点时其误

差如图 11.16(c) 所示,绝对误差最大值为 1.69 mm,略小于模型板的结果。而 MAD 为 3.61 mm,比理想板下降了 66%,比两个有效测点的结果要好。以上内容是用拟真实板进行验证的,但是因为真实的材料缺陷等不确定性因素的空间分布位置未知,所以误差的大小和分布也无法得到。但是一般来说,测点数越多、分布越均匀,则整体误差越小。

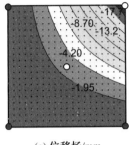
(a) 位移场/mm

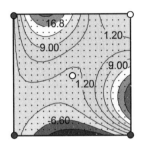
(b) 移位误差场/0.1 mm

图 11.15　状态构形插值法(方案一) 的位移与位移误差场

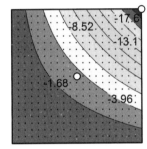
(a) 2 个有效测点位移场/mm

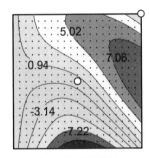
(b) 2 个有效测点位移误差场/0.1 mm　(c) 5 个有效测点位移误差场/0.1 mm

图 11.16　状态构形插值法(方案二) 的位移与位移误差场

3. 应变场验证

试验中测得的结构响应数据,不仅有位移数据还有应变数据。因为无法直接通过加应变的方式构造出满足要求的形函数,所以用同方向的位移形函数来近似代替。主要基于以下两点考虑:一是位移是最接近应变的物理量,物理特性相近,应变突变的地方位移也有明显拐点;二是位移形函数能直接构造,且位移形函数连续光滑,使应变场的调整结果渐变而不突变。

使用上一节中同样的板,如图 11.13 所示,通过 x 方向的位移形函数来对 x 方向的应变进行数值调整并加以验证。如图 11.17 所示,两种材料边界处应变不一致,所以在边界处采用加权平均处理。理想板的应变场最大绝对误差为 9.02 $\mu\varepsilon$,MAD 为 4.46 $\mu\varepsilon$。而状态构形插值法得到的应变场最大绝对误差为 2.60 $\mu\varepsilon$,下降了 71%,其 MAD 为 1.08 $\mu\varepsilon$,下降了 76%。由此可见,数值调整方法不仅对位移场有很好的调整,对应变场也有较理想的调整结果,同时也了验证了用位移形函数来调整应变场的合理性。

综上所述,状态构形插值法应用于位移场和应变场都有较理想的结果,但该方法不仅适用于力学模型,也可用于其他物理场,如温度场等。

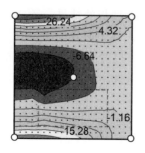 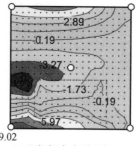 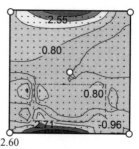

(a) 拟真实板应变场/με　(b) 理想板应变误差场/με　(c) 状态构型插值法的误差场/με

图 11.17　应变场的调整验证

11.3　单管拱拓展试验数据中的受力状态特征

对于第 6 章的钢管混凝土单管拱,通过状态构形插值法使数值模拟和试验数据深度结合,使有限的试验数据信息得以拓展,具体拓展内容如下:用截面所有测点的应变数据通过数值形函数扩展得到截面所有节点(有限元模型节点,可在截面任意位置)的应变值,即得到了整个截面的应变场。然后通过各个节点处的材料本构曲线可得到对应的应力场,再对每个节点的应力应变曲线进行积分可得到截面的应变能密度场。用这些节点的物理量再在截面区域上积分可计算出截面的轴力、弯矩和应变能密度和值(单位拱长度的应变能)。进而,依据拓展试验数据对单管拱进行受力状态分析。

11.3.1　节点受力状态特征

应用状态构形插值法对单管拱试验数据插值扩展,进而基于所得的插值试验数据场进行截面受力状态建模,揭示单管拱受力状态演变特征,即揭示平面内竖向荷载作用下单管拱的受力状态特征和失效荷载。以 A 拱和 D 拱为例,沿拱跨 $L/8$、$L/4$、$3L/8$、$L/2$、$5L/8$、$3L/4$、$7L/8$ 处及拱脚位置,每个截面位置都有均匀分布的四个纵向应变片,应变片的布置如图 6.2 所示,下面基于实测应变数据进行插值。

首先使用状态构形插值法得到 A 拱截面插值应变数据场(简称插值应变场),以跨中截面为例,在 125 kN 和 150 kN 处的插值应变场如图 11.18 所示。从图中可以看出跨中截面下部受拉、上部受压,这与经验判断一致。两级荷载下的插值应变场形态基本相同,变化主要体现在数值上。

图 11.19 绘出了 85 kN、110 kN、125 kN 及 150 kN 处的插值应变场图,横排为 9 个不同截面,对应编号 1 到 9;竖排为同一截面处不同荷载下的云图,图下方标出了最大值和最小值及 0 值在刻度尺的位置。在云图中标出了应变为 0 的分界线,箭头指向受拉区,表示该截面等效荷载方向,箭头开始点在截面内零线处,若零线不在截面内,则画在最接近零线的边界上。例如跨中截面直接受向下荷载作用,上部受压,下部受拉,箭头表示的截面等效荷载向下,与外荷载方向相同。从图 11.19 中可以看出,前三个荷载作用下等值线的形态基本不变且数值变化不大,从第三到第四个荷载值变化较明显。例如截面 1 处的数值变化剧烈,有明显突变;截面 6 处的等值线形态有明显变化,且数值变化也大,截面等效荷载方向发生突然转向。这一切都说明在 125 kN 以后单管拱的受力状态有明显突变。另外还可以看出,反弯

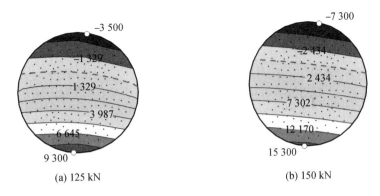

(a) 125 kN (b) 150 kN

图 11.18 A 拱跨中截面插值应变场(单位:με)

点的位置从左到右分别在 1~2、4~5、6~7(在 125 kN 后突变为 5~6)、8~9 之间(其中 $i~j$ 表示在截面 i 和截面 j 之间)。

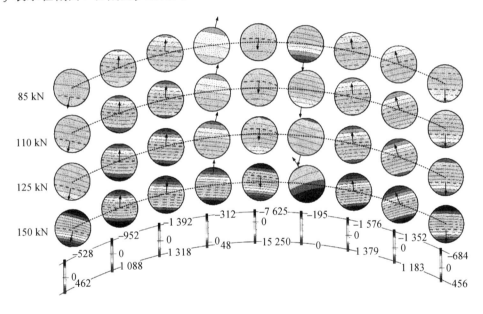

图 11.19 四个荷载值下 A 拱应变场(单位:με)

得到插值应变场后,可以用本构曲线积分得到插值应力场。但钢管混凝土拱处于三向复杂受力状态,只有一个方向的应变无法准确计算得到各方向的应力,因此采用 6.5.2 节的纤维模型法的本构,该本构基于大量试验模拟验证,是钢管混凝土的等效单轴本构,钢管对混凝土的约束作用考虑在本构内。图 11.20 给出了混凝土与钢材的本构曲线。

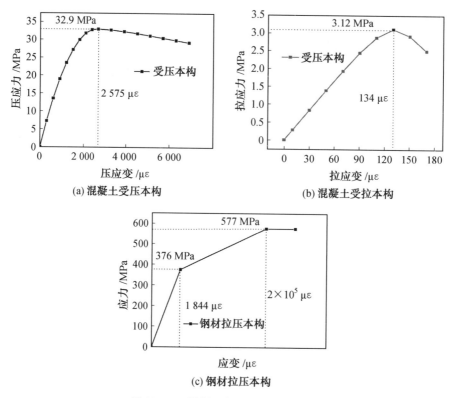

(a) 混凝土受压本构　　　　　(b) 混凝土受拉本构

(c) 钢材拉压本构

图 11.20　混凝土与钢材的本构曲线

　　用上述本构曲线对插值应变场进行梯形数值积分可得到截面应力场,如图 11.21 所示,分别为混凝土和钢管的应力场图。混凝土最大压应力为 28 MPa,接近圆柱体抗压强度。最大拉应力为 3.1 MPa,正好为极限拉应力,位置为截面中部,因为中部拉应变较小,而中下方拉应变大,混凝土受拉开裂,其应力为 0 MPa。钢管的最大压应力为 326 MPa,最大拉应力为 378 MPa,进入屈服状态。轴压的作用应使截面整体的压应力大于拉应力,而钢管的上缘压应力小于下缘拉应力,钢管整体拉应力较大,是因为跨中截面受弯较大,而混凝土在拉应力区基本不起作用,所以在弯矩较大的轴力弯矩耦合作用下混凝土以受压为主,基本不受拉,而钢管以受拉为主,承担一定的压应力。

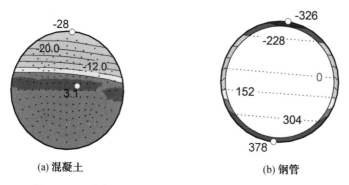

(a) 混凝土　　　　　　　　(b) 钢管

图 11.21　荷载在 85 kN 时跨中截面应力场(单位:MPa)

图 11.22 给出了跨中截面应变能密度场,从中可以看出,管内混凝土中下部的应变能密

度和值基本为 0,说明受拉区的混凝土基本没有应变能的积累。钢管中部偏上的应变能最小,上缘的应变能密度远小于下缘,即混凝土在受拉区基本不起作用,而在受压区协同钢管承担一定的压应力,分担了部分能量。

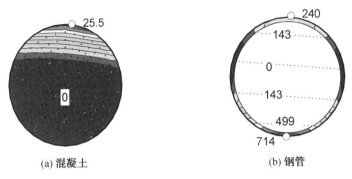

(a) 混凝土　　　　　　　　(b) 钢管

图 11.22　荷载在 85 kN 时跨中截面应变能密度场(单位:kJ/m³)

11.3.2　截面受力状态特征

1. A 拱的受力状态分析

单管拱在荷载作用下,因为其面外变形受到约束,主要承受轴向压力及面内的弯矩作用。为了研究在轴力、弯矩作用下结构受力状态的变化趋势,这里把轴力和弯矩作用彼此分开,即将整个受力状态模式分为轴压受力状态模式和弯矩受力状态模式,用各个截面的轴力、弯矩及截面应变能密度和作为状态变量,构建轴力与弯矩受力状态模式和特征参数,考察单管拱的受力状态演变规律。

图 11.23 是单管拱的轴压受力状态模式及其演变特征,为了更直观地观察相邻荷载前后轴力的变化情况,将截面 3 的轴力增量图绘制在模式图旁。从图中可以看出,单管拱所受轴力作用并非对称分布,这表明了单管拱存在一定的材料和几何非线性的问题。截面 5 的受力状况变化波动较大,在不同荷载作用下,先变为受压,后变为受拉,原因是拱顶在荷载作用下,其变形始终是最大的,相对于其他截面较为敏感,因此在轴压作用下表现得并不稳

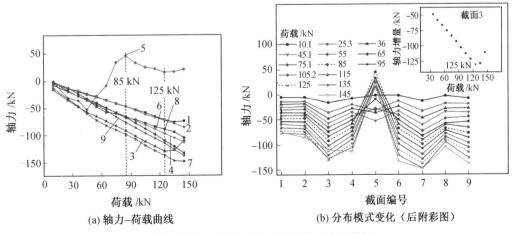

(a) 轴力-荷载曲线　　　　　　(b) 分布模式变化(后附彩图)

图 11.23　A 拱轴压受力状态模式演变特征

定。从截面8的增量图中可以明显地看到,在失效荷载(125 kN)之前,在相邻荷载前后单管拱的轴力未发生较大的骤变,但在125 kN之后,单管拱表现出的受力性能发生突然的改变,这证实了失效荷载的存在,即125 kN之后,单管拱不再是像之前那样能够通过自我调节继续承载,而是急速地趋于破坏。

单管拱所受的弯矩作用包括两个部分:一是平面内的弯矩作用,二是平面外的弯矩作用。在实际工程中,拱平面内的力学性能较好,具有较大的刚度、良好的跨度等优点,因此被广泛地应用于桥梁工程中。现通过上述的方法,将两种弯矩受力状态的模式图绘制出来,进一步分析该受力状态在失效荷载处的变化趋势。从图11.24和图11.25中可以看出,两种模式下的弯矩数值相差很大,拱在平面内所能承受的弯矩远大于平面外所能承受的弯矩,这也是面外约束起作用的体现。在拱平面内的弯矩效应模式图中,在荷载作用下,面内弯矩基本是以跨中为对称轴对称分布的。其变形也是对称的,从正面看去,除去拱脚后,大致呈"M"的形状。同样,为了直观地观察拱平面内弯矩受力状态在相邻荷载前后的变化情况,将截面7的弯矩增量图绘制在其模式图旁。从增量图中可以明显地看出,在125 kN之前,单管拱的平面内弯矩变化均匀;而在125 kN之后,单管拱的平面内弯矩变化与前面不同,说明单管拱开始处于不稳定的工作状态,单管拱上的裂纹越来越大,这种损伤积累到一定程度之后,单管拱最终会发生破坏。

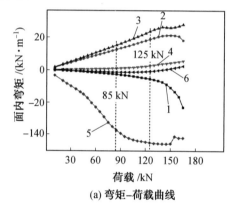

(a) 弯矩-荷载曲线

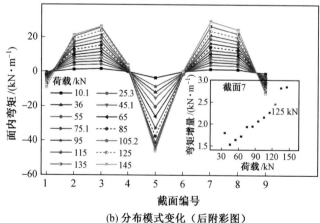

(b) 分布模式变化（后附彩图）

图 11.24　A拱面内弯矩受力状态模式演变特征

　　图 11.25 是拱平面外的弯矩受力状态模式演变特征图。与拱平面内不同,其弯矩的分布是非对称的,并且弯矩最大处并非出现在跨中截面处,而是出现在截面 8 处,这从一定程度上体现了拱平面外的力学性能对材料和几何非线性更加敏感。同样,为了直观地观察拱平面外弯矩受力状态在相邻荷载前后的变化情况,将截面 5 的增量图绘制在其模式图旁。从增量图中也可以看出,其变化的趋势没有平面内弯矩变化得那样均匀,但在 125 kN 处同样符合上述失效特征的变化趋势,在 125 kN 之后,单管拱的平面外弯矩变化趋势不规律,说明单管拱开始处于不稳定的工作状态,单管拱处于破坏逐渐加剧的状态。

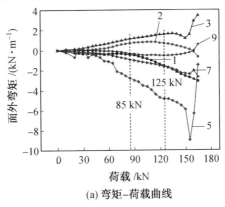

(a) 弯矩–荷载曲线

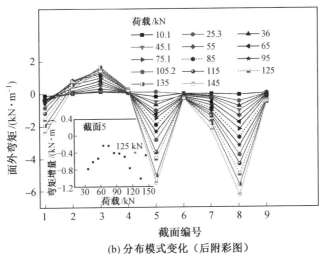

(b) 分布模式变化(后附彩图)

图 11.25　A 拱面外弯矩受力状态模式演变特征

　　再对截面应变能的变化趋势进行分析,观察各个截面的应变能密度和值在两个特征点处是否存在突变的现象。因此,以各个截面应变能密度和值构成受力状态模式,并展示模式演变特征,如图 11.26 所示。从图中可以看出,跨中截面的应变能密度和值最大,因为跨中截面是集中荷载直接作用点处。同时也说明该截面对单管拱的总应变能贡献最大,因此其变化趋势具有一定的代表性。从分布模式图中可以看出,在荷载作用下,单管拱的应变能密度和值基本是以跨中(截面 5)为对称轴对称分布的。其中截面 5 的应变能发展最为迅速,其余截面的应变能变化基本处于稳定状态,表明这些截面的工作状态相对于截面 5 是比较稳定的。对于截面 5,可以从增量图中明显地看出:在 85 kN 之前,截面的应变能变化稳定,说明拱顶基本处于稳定的弹性工作状态;在 85 ~ 125 kN 之间,截面的应变能有不稳定的变化趋势,表明单管拱处于弹塑性工作阶段,截面的受力性能在自我调节;在 125 kN 之后,截面应变能的变化趋势再次发生改变,表明之前的较为稳定的工作状态彻底发生改变,单管拱的协调承载能力进入失效的状态。对于其他截面,相比截面 5 而言对单管拱总应变能的贡献相对较小,但与截面 5 一样,在两个特征点处有一样的变化趋势。

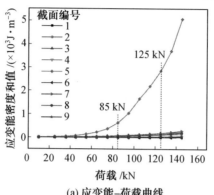

(a) 应变能-荷载曲线

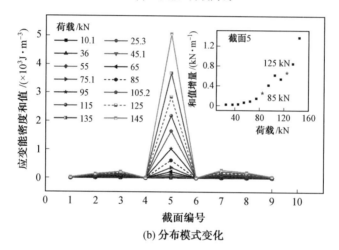

(b) 分布模式变化

图 11.26　A 拱截面应变能受力状态模式演变特征(后附彩图)

2. D 拱的受力状态分析

D 拱的模型尺寸与 A 拱一致,只是荷载作用方式不同,D 拱在左侧四分点处进行单点集中力加载。与 A 拱的分析思路一致,把整个受力状态模式分为轴压受力状态模式和弯矩受力状态模式,考察受力状态演变特征。

图 11.27 是截面轴力的变化图和分布模式图,从截面 5 的轴力增量图可以看出,在弹塑性分界点 60 kN 后轴力有小幅下降,但下降趋势比较稳定,说明单管拱在弹塑性阶段仍能协调工作。而在失效点 90 kN 以后截面轴力大幅下降,有明显的跳跃点。

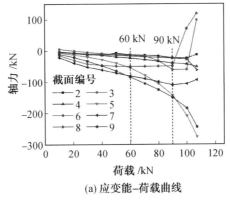

(a) 应变能–荷载曲线

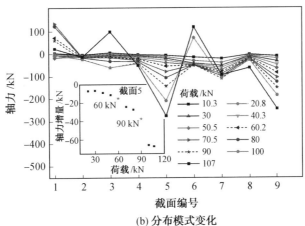

(b) 分布模式变化

图 11.27　D 拱截面轴力受力状态模式演变特征(后附彩图)

　　从图 11.28 和图 11.29 中可以看出,平面内的弯矩远大于平面外的弯矩,这也是面外约束起作用的体现。从面外弯矩和面内弯矩的变化图可以看出,在失效荷载 90 kN 处发生明显突变,失效在拱平面内的弯矩效应模式图中,从截面 3 的面外弯矩和截面 6 的面内弯矩增量图也能明确得到失效的值。因为面外有约束作用,面外的反弯点较多,基本以截面 5 和截面 6 中间为中心呈对称分布,大致呈 W 形状。而从面内弯矩的模式图可以看出,面内弯矩是以截面 4 和截面 5 中间为中心反对称分布的,大致呈倒 N 形状,对称轴略偏左而不是跨中。因为左侧截面 3 处作用有集中荷载,其模式图"尖锐",在截面 3 附近剧烈,而其他截面没有荷载直接作用,所以相比较而言过渡比较平滑。从各方面综合可得到 90 kN 处同样符合上述失效特征的变化趋势,在 90 kN 之后,单管拱的平面外弯矩变化趋势不规律,说明单管拱开始处于不稳定的工作状态,单管拱处于破坏逐渐加剧的状态。

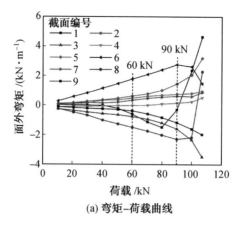

(a) 弯矩–荷载曲线

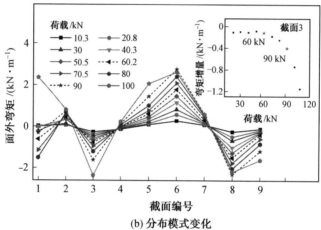

(b) 分布模式变化

图 11.28 D 拱面外弯矩受力状态模式演变特征(后附彩图)

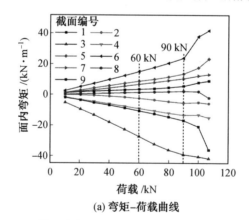

(a) 弯矩–荷载曲线

图 11.29 D 拱面内弯矩受力状态模式演变特征(后附彩图)

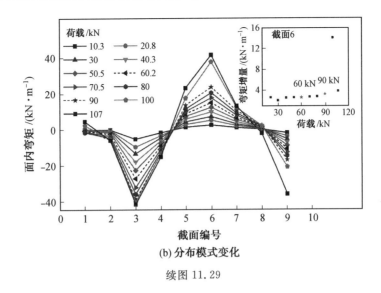

(b) 分布模式变化

续图 11.29

　　再对截面应变能的变化趋势进行分析,观察各个截面的应变能密度和值构成的受力状态模式在两个特征点处是否存在突变的现象。因此,绘制出各个截面的应变能密度和值随荷载变化的曲线和其分布模式图,如图 11.30 所示。从中可以看出失效荷载为 90 kN,截面 2 的应变能密度和值在失效前最大,而失效后截面 6 的应变能最大。而在截面 6 的增量图中失效点体现得更加明显:在 90 kN 之前,截面的应变能变化稳定,说明拱顶基本处于稳定的弹塑性工作状态;在 90 kN 之后,截面的应变能发生突变,表明之前较为稳定的工作状态彻底发生改变,单管拱原有的协调承载能力已经失效。

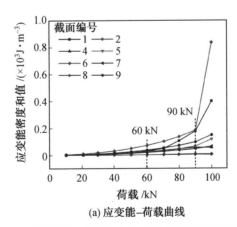

(a) 应变能–荷载曲线

图 11.30　D 拱截面应变能受力状态模式演变特征(后附彩图)

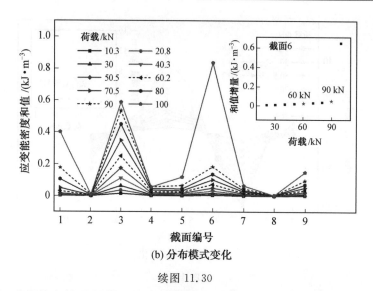

(b) 分布模式变化

续图 11.30

综上所述,采用状态构形插值法扩展试验数据,能综合运用所有截面应变数据得到截面应变场,并通过数值积分得到截面应力场和应变能密度场,从而进一步得到截面轴力、弯矩和应变能密度和值,再构成受力状态模式,最后展示出受力状态模式跳跃特征 —— 结构失效定律的体现。状态构形插值法丰富了结构受力状态分析理论,为找寻失效荷载提供了更多可靠的证据。

11.3.3 协调性能分析

1. A 拱协调性能分析

通过研究截面的轴力、弯矩和应变能和值等受力状态特征参数之间的线性相关关系,也可以揭示单管拱在不同加载阶段的不同截面的受力状态突变特征和协调工作性能。跨中截面因为直接作用有集中荷载使得其上局压和弯矩较大,对纵向应变中的轴压成分有很大干扰,计算得到的轴力并不可靠,而从轴力受力状态模式图 11.27(b) 可以看出,截面 3 和截面7 的轴力值为其对应局部段的峰值,能代表局部段的受力状态特性,因此仅选择截面 3 和截面 7 做相关性分析。图 11.31 为截面 7 与截面 3 轴力的相关性曲线,可以看出,125 kN 前两截面的轴力基本呈正相关的线性增长,且大小也基本相同;拐点发生在 125 kN 处,截面 3 轴力开始减小且减小一小段时间后截面 7 的轴力也跟着下降,反映了 125 kN 时单管拱的轴压状态发生了突变。也就是说,在失效点之后,单管拱进入了另一种不同的受力状态模式。图 11.32 给出了截面 3、截面 7 与截面 5 之间面内弯矩的相关性曲线,在弹塑性分界点 85 kN 之前,截面 3、截面 7 的面内弯矩与截面 5 的面内弯矩几乎呈线性正相关增长,截面 5 的面内弯矩增长速率缓慢增加;而在85 kN 之后,截面 3、截面 7 的面内弯矩增长速率急剧增大且越来越大,说明在单管拱的"弹塑性"分界点 85 kN 处不同截面的受弯状态发生了根本性的改变,即单管拱的不同截面的弯矩重新进行了协调分配,跨中截面难以承担过大弯矩而使其两侧的截面(以四分点截面 3 或截面 7 为例)分配到越来越多的弯矩,但截面 5 的弯矩仍然比截面 3 或截面 7 的大。到失效荷载 125 kN 时,截面 3 或截面 7 分配得到的弯矩过多而接近其极限的"协调承载能力"(跨中截面早已达到)使单管拱失效。需要强调的是:单管拱局部(用截面来反映)的"协调承载能力"不仅与截面的几何、材料参数有关,还与拱结构的几何构型和荷载作用位置、方式等有关。并不是截面越大材料越强,其协调承载能力越大,还要考虑不同截面之间内力的协调分配。

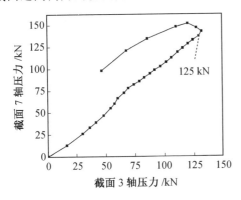
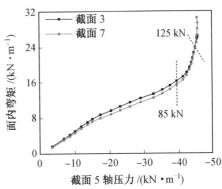

图 11.31　截面 7 与截面 3 的轴力相关性曲线　图 11.32　截面 3、7 与截面 5 的弯矩相关性曲线

在应变能密度和值的相关性曲线中更能体现这种协调工作性能,如图 11.33 所示,在"弹塑性"分界点 85 kN 之前,由于几何非线性,截面 5 承担的能量相对于截面 3、7 的越来越多且速率一直在增加;到 85 kN 之后、125 kN 之前,截面 5 与截面 3、7 的相关性曲线呈线性正相关,说明其相对速率保持稳定,各个截面开始协调工作。因为该段的相关性曲线并不过原点,所以并不是各个截面的能量分配比例保持不变,而是在该协调工作段各个截面的能量分配的相对速率基本保持不变。而在该协调工作段能量差仍有十几倍的差距,表明了能量分配原则是按截面"协调承载能力"大小进行分配的,而不是按截面的极限承载力分配。

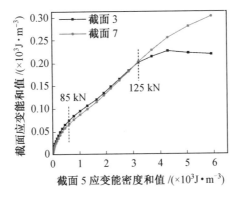

图 11.33　截面 3、7 与截面 5 的应变能密度和值相关性曲线

2. D 拱协调性能分析

与 A 拱研究方法基本一致,通过研究截面的轴力、弯矩和应变能和值等受力状态特征参数之间的线性相关关系来揭示单管拱的受力状态突变特征和协调工作性能。同样选择截面 5 和截面 7 做相关性分析。图 11.34 为截面 7 与截面 5 的轴力相关性曲线,从图中可以看出,60 kN 前截面 5 轴力的相对增长速率越来越大,但就轴力大小来说,截面 7 占主导;在 60 kN 和 90 kN 之间是单管拱协调工作段,轴力的相对增长速率基本保持一致;而在失效荷载 90 kN 处,截面 7 轴力开始减小,显而易见,单管拱的轴压状态发生了突变。

图 11.35 给出了截面 6、9 与截面 3(荷载直接作用截面)之间面内弯矩的相关性曲线,在失效荷载 90 kN 之前截面 6、9 的面内弯矩与截面 5 的几乎呈线性相关增长,而在 90 kN 之后,截面 6、9(相对于截面 5)的面内弯矩绝对值增长速率开始急剧增大,以至于达到和截面

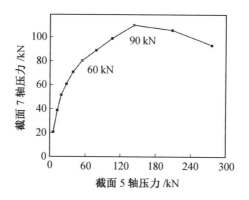

图 11.34　截面 7 与截面 5 的轴力相关性曲线

3 相同的水平,说明在失效荷载 90 kN 处单管拱的不同截面的受弯状态发生了根本性的改变,将失效荷载定义在 90 kN 处非常合理。截面 3 难以承担过大弯矩而使截面 6、9 分配到的弯矩急剧增多,直至单管拱最终破坏。

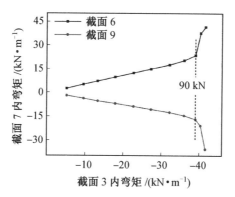

图 11.35　截面 6、截面 9 与截面 3 的面内弯矩相关性曲线

　　图 11.36 为截面 6、9 与截面 3(荷载直接作用截面)之间应变能相关性曲线,在失效荷载 90 kN 之前,相关性曲线呈线性正相关,说明其相对速率保持稳定且各个截面的能量分配比例保持不变;而在 90 kN 之后,截面 6、9 的相对截面应变能和值急剧增大,表明之前的较为稳定的工作状态彻底发生改变,单管拱的协调承载能力已经失效。

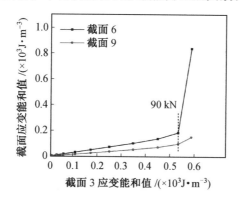

图 11.36　截面 6、截面 9 与截面 3 的应变能相关性曲线

11.4　弯梁桥拓展试验数据中的受力状态特征

与 11.3 节拱结构分析过程相同,本节通过状态构形插值法拓展弯梁桥试验数据,进而依据拓展试验数据进行钢弯箱梁桥的受力状态分析。

11.4.1　节点受力状态

对第 8 章的大曲率连续钢弯箱梁桥,应用状态构形插值法进行试验数据插值扩展,进而分析结构的受力状态演变特征和失效荷载。试验模型共有四跨,长度分别为 3 m、5 m、4 m 和 2.6 m,桥梁模型在三个中间支座和两个端部固定支座处均采用双支撑形式,桥梁模型的总体几何形状如图 8.1 所示。试验中记录了跨中截面 C 和截面 G,以及支座截面 E 的 6 个测点的应变数据,应变测点布置如图 8.4 所示。

首先使用状态构形插值法拓展应变实测数据,得到弯梁桥截面的插值应变场,如图 11.37 所示,红色区域表示受拉,蓝色区域表示受压,从图中可以看出,5 m 跨和 4 m 跨的跨中截面 C 和截面 G 下部受拉、上部受压,而支座截面 E 下部受压、上部受拉,这与经验判断一致。图中分别绘出了失效荷载前后 130 kN、140 kN、150 kN 及 156.7 kN 处的应变场图,横排为 3 个不同截面,分别对应截面 C、E 和 G;在所有截面中使用同一个比例刻度尺,并在云图中用紫色虚线标出了应变为 0 的分界线。从图中可以看出,在 130 kN 后截面 C 的等值线的形态和数值发生了变化,截面左下角点的应变突然增大,有明显突变,而相应的中下测点的应变值几乎不变,右下角点的应变值略有增大。对于截面 E,在 150 kN 之前(包括 150 kN),左上缘的应变明显大于右上缘的;而在 150 kN 之后,右上缘的应变突然增加到和左上缘相近的水平。这一切都说明在 130 kN 和 150 kN 处弯梁桥的受力状态有突变。

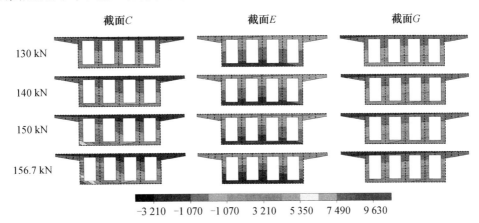

图 11.37　箱形截面应变云图(单位:μɛ)(后附彩图)

得到插值应变场后,可以用本构曲线积分得到应力场。采用三段式钢材本构,钢材为 A3 钢,屈服强度为 235 MPa。用该本构曲线对插值应变场进行梯形数值积分可得到截面应力场,如图 11.38 所示,130 kN 之后的截面 C、E 和 G 的上下缘的应力基本都达到屈服强度。同样可以明显看出在 130 kN 后截面 C 的等值线的形态和数值发生了变化,截面左下角点的应力突然增大,有明显突变;而在 150 kN 之后,截面 E 右上缘的屈服面积突然增加

变。在 130 kN 处,截面 C 的轴压力开始减小,截面 G 由轴拉变为轴压,轴压状态发生了第二次突变。在 150 kN 处,截面 E 的轴拉力开始下降,截面 G 的轴压力开始下降,表明轴压状态发生了第三次突变,直至最终破坏。

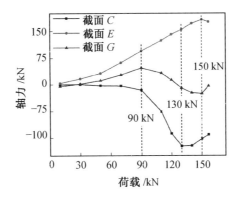

图 11.40 截面轴力－荷载曲线

从图 11.41 给出的三个截面的弯矩变化曲线可以看出,在 90 kN 处截面 C 的面外弯矩绝对值开始下降,面外弯矩的变化能反映出截面受扭的变化特征,说明在 90 kN 左右截面发生扭转,这与第 5 章的分析一致;而截面 E 的面外弯矩增长开始变缓,到 110 kN 处达到最大值(绝对值),同时截面 G 的面外弯矩增长加快。在 130 kN 处,截面 C 的面外弯矩减小到一定值又开始急剧增大;而截面 G 的弯矩基本达到最大值不再增加,截面 E 的弯矩减小速度明显加快。面内弯矩在 90 kN 之前基本呈线性变化,在 90 kN 之后弯矩增长变缓,到 130 kN 处弯矩基本不再增长。

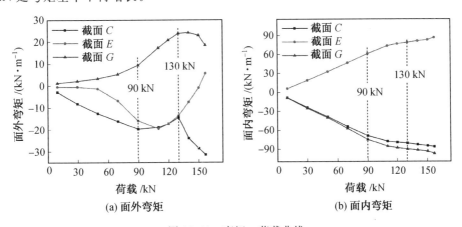

图 11.41 弯矩－荷载曲线

在截面应变能随荷载变化曲线(图 11.42)中明显可以看出,在 70 kN 之前截面 C 和 G 的能量比较接近,都大于截面 E 的能量;而在 90 kN 时,截面 C 的能量增长速率明显变缓,开始接近截面 E 的能量,而小于截面 G 的能量;130 kN 处截面 C 的能量急剧增大,在 150 kN 处截面 E 和 G 的能量急剧增大,这说明在 130 kN 和 150 kN 处弯梁桥的受力状态有明显突变。

为进一步分析截面应变能的相对大小,给出截面应变能的占比－荷载曲线,如图 11.43 所示,在 70 kN 之前截面 G 的应变能减小,截面 E 的应变能增大,但其速率都在减小;在

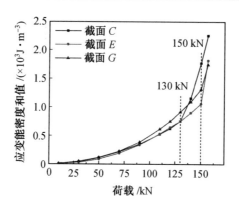

图 11.42　截面应变能－荷载曲线

70 kN 后、130 kN 前的协调工作段，各个截面的应变能占比的变化幅度不大，都比较稳定；而在 130 kN 时，截面 C 的应变能占比急剧增大，截面 E 和截面 G 的应变能占比急剧减小；在 150 kN 处截面 C 的应变能占比达到峰值后开始减小，而截面 E 的应变能占比减小到一定值又开始增大。从图 11.44 所示的截面 C 或截面 G 与截面 E 的应变能相关性曲线中可以看出，70 kN 以后截面 C 和 G 相对于截面 E 的应变能有明显分叉；而在 130 kN 之前基本呈线性正相关，在 130 kN 时截面 C 的相对应变能骤然增加，而截面 G 的应变能开始减小；在 150 kN 时截面 C 和 G 相对于截面 E 的应变能又有明显突变，这一切表明在 70 kN、130 kN 和 150 kN 处弯梁桥的受力状态有明显改变。

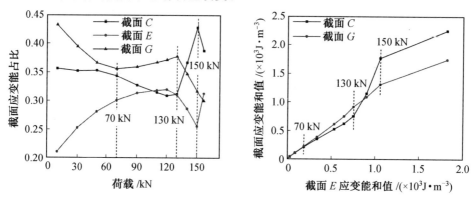

图 11.43　截面应变能占比－荷载曲线　　图 11.44　截面 C、G 与截面 E 的应变能相关性曲线

本章参考文献

[1]SEOK B H, SONG T H, IM J G. Shape function modification for the imposition of edge essential boundary conditions [J]. Journal of the American Medical Association, 2000, (26): 2212-2213.

[2]YIN J, FANG J, ZHU S, et al. Measurements of the spectral line shape function and frequency width of longitudinal mode in a multimode gas laser [J]. Applied Physics Letters, 1996, 68(14): 1907-1909.

[3]LEE S W, MITTRA R. Fourier transform of a polygonal shape function and its appli-

cation in electromagnetics [J]. IEEE Transactions on Antennas & Propagation，2003，31(1)：99-103.

[4]KRONGAUZ Y，BELYTSCHKO T. Enforce of essential boundary conditions in meshless approximation using finite elements [J]. Computer Methods in Applied Mechanics & Engineering，1996，131(1-2)：133-145.

[5]赵前进，张澜. 应变能最小的保形有理三次样条插值曲线[J]. 皖西学院学报，2016，32(5)：38-40.

[6]原庆红，韩燮. 基于能量最小化控制点的 B 样条插值算法[J]. 微电子学与计算机，2011，28(4)：49-51.

[7]钱向东，任青文. 一种高效的等参有限元逆变换算法[J]. 计算力学学报，1998，15(4)：437-441.

[8]朱以文，李伟，蔡元奇. 基于解析性质的等参有限元逆变换高效算法[J]. 武汉大学学报：工学版，2002，35(2)：62-65.

[9]孙家广. 计算机辅助几何造型技术 [M]. 北京：清华大学出版社，1990.

[10]张青霞，段忠东，LUKASZ J，等. 基于形函数方法快速识别结构动态荷载的试验验证[J]. 振动与冲击，2011，30(9)：98-102＋154.

[11]王蕾，侯吉林，欧进萍. 基于荷载形函数的大跨桥梁结构移动荷载识别[J]. 计算力学学报，2012，29(02)：153-158＋177.

[12]AYERS P W. Information theory，the shape function，and the hirschfeld atom [J]. Theoretical Chemistry Accounts，2006，115(5)：370-378.

[13]PADHI G S，SHENOI R A，MOYB S S J，et al. Analytic integration of kernel shape function product integrals in the boundary element method [J]. Computers & Structures，2001，79(14)：1325-1333.

[14]LIU J，SUN X，HAN X，et al. A novel computational inverse technique for load identification using the shape function method of moving least square fitting [J]. Computers & Structures，2014，144(2)：127-137.

[15]LIU J，SUN X，MENG X，et al. A novel shape function approach of dynamic load identification for the structures with interval uncertainty [J]. International Journal of Mechanics & Materials in Design，2016，12(3)：1-12.

[16]JEMIAN P R，ALLEN A J. The effect of the shape function on small-angle scattering analysis by the maximum-entropy method [J]. Journal of Applied Crystallography，1994，27(5)：693-702.

[17]PHILIP P，DAN T. Shape optimization via control of a shape function on a fixed domain：theory and numerical results [J]. Computational Methods in Applied Sciences，2013，27：305-320.

[18]史俊. 基于结构受力状态分析理论的结构共性工作性能分析[D]. 哈尔滨：哈尔滨工业大学，2018.

[19]李震. 不锈钢管混凝土短柱和钢管混凝土拱受力状态及失效准则研究[D]. 哈尔滨：哈尔滨工业大学，2017.

[20]李鹏程. 整体式桥台弯梁桥与连续体系弯梁桥模型受力状态分析[D]. 哈尔滨:哈尔滨工业大学, 2019.

[21]SHI J, LI W T, LI P C, et al. Experimental investigation into stressing state characteristics of large-curvature continuous steel box-girder bridge model [J]. Construction & Building Materials, 2018, 178: 574-583.

[22]SHI J, LI P C, CHEN W Z, et al. Structural state of stress analysis of concrete-filled stainless steel tubular short columns [J]. Stahlbau, 2018, 87(6): 600-610.

[23]SHI J, XIAO H H, ZHENG K K, et al. Essential stressing state features of a large-curvature continuous steel boxgirder bridge model revealed by modeling experimental data [J]. Thin-Walled Structures, 2019, 143: 1-10.

[24]SHI J, SHEN J Y, ZHOU G C, et al. Stressing state analysis of large curvature continuous prestressed concrete box-girder bridge model [J]. Civil Engineering and Management, 2019, 25(5): 411-421.

[25]SHI J, YANG K K, ZHENG K K, et al. An investigation into working behavior characteristics of parabolic CFST arches applying structural stressing state theory [J]. Civil Engineering and Management, 2019, 25(3): 215-227.

[26]SHI J, ZHENG K K, TAN Y Q, et al. Response simulating interpolation methods for expanding experimental data based on numerical shape functions [J]. Computers & Structures, 2019, 218: 1-8.

第 12 章　高等结构设计探讨

12.1　引　　言

随着结构工程的不断进步,结构分析已经发展到高等结构分析,使研究人员与工程师追求的结构共性的、符合物理定律的工作性能,以及其统一的设计准则不断取得进展。但是,结构分析与设计所关注或聚焦的、为结构设计规范所参考的材料强度、结构工作状态是试件和结构的极限(最大)承载状态,有着高度的不确定性特征——随机性,使得目前结构设计规范不得不以保守的举措来规避和最小化这种不确定性的负面效应。实际上,目前"统一设计标准"或"统一规范"的含义是在计算方法和一些参数指标层面上的统一,而非基于实质材料性质和结构失效规律上的统一,例如我国的建筑结构统一设计标准(GBJ 68—84)、欧洲的统一规范 EC3(CEN,1990)仍然没有摆脱不确定性的困扰和制约。

结构受力状态分析理论及其揭示的物理规律——实质材料强度、强度定律、结构失效定律,统一了材料强度指标,统一了材料强度破坏准则和强度条件,统一了结构失效准则,是目前结构工作"特殊"特征的"共性"特征,是从"特殊"到"一般"的规律,涵盖了经典理论及其分析方法所表现的材料强度、结构工作特征。此外,结构受力状态理论指导下的结构分析,还能体现结构受力状态及其演变寓意下结构特有的工作特征。因此,结构受力状态理论及由其发现的物理定律,加之它们在各种结构的应用研究中取得的成果,可望构成高等结构设计基础理论与规程,促成更科学、更安全、更佳经济效益的结构分析与设计。

12.2　结构分析概况与问题

人类进行结构建造的历史源远流长,但即使最原始的结构建造,也要用到最基本的"力学"认知,或者要进行最简单的构思(最原始的设计)。各个时代人们进行的结构工作情况认知,其目标可以概括为:一是获得结构工作行为的规律性认知;二是找到简便易行、准确可靠的设计方法。依据并集成结构的理论、试验、数值模拟等分析结果,加之人们的工程实践经验,逐渐形成了各种结构的设计规范。随着近代工程的发展,理论分析不断深入,数值模拟技术愈加强大,试验技术不断更新,在不断投入的研究经费促进下,积累了浩瀚的分析、测试数据和研究成果,主要体现在:

高等结构分析理论与方法的形成与发展。结构的高等分析(Advanced Analysis)形成在 20 世纪八九十年代,出发点是从结构整体响应来确定结构承载能力,并将分析结构付诸设计。周奎等对高等结构分析做了概述,指出:随着计算机技术的发展和结构分析的需要,研究提出了多种结构二阶非弹性模型,涉及了结构的非线性性能,意在以结构整体的工作性能作为设计准则,不进行烦琐的各个构件的承载能力验算。目前,已经发展了塑性区法、拟塑性铰法、弹塑性铰法、等效荷载法、精化塑性铰法等方法,并在各种结构分析中,例如高层建筑结构的分析,体现了效率高、切合工程实际的优点。澳大利亚规范 AS4100(SAA,1990)最早使用了"advanced analysis"这一术语,允许使用高等结构分析而不需要进行各个构件的强度验算。同时期,加拿大规范 CSA－S 16.1(CSA,1989)、英国规范 BS5950(BS,1990)、美国规范 LRFD(AISC,1993)、德国钢结构稳定规范 DIN 1 8800－II (1988),以及我国《钢结构设计规范》GBJ17－88 等,允许进行高等结构分析,也没有规定必须对单个构件进行强度与稳定性验算,但同时期的欧洲统一规范 EC3(CEN,1990)虽然允许采用高等分析,但仍要求进行单个构件的验算。可见,高等结构分析并没有达成结构整体工作性能与结构组成部分(构件)的工作性能的统一。换句话说,目前的高等结构分析尚不能同时得到结构整体工作性能与其组成部分共性的、一般性的工作规律。作者在长期结构分析领域研究工作中,逐渐认识到以下几点。

(1)目前的结构分析基于一种共识:无论材料还是结构性能,都是以试件、构件、结构的最大承载力(峰值荷载)或极限承载力(极限荷载)这个"立场"来进行研究的,这个"立场"是使结构分析的结果能够用于结构设计的基本"立场"。但是,以这个"立场"进行的所有材料性能、结构工作性能分析,都必然陷入不确定性的"瓶颈"。众所周知,结构的破坏过程是结构响应不确定性逐渐放大的过程,结构在最大或极限承载状态时,处于破坏的"终点",具有不确定的属性,必然使材料性能、结构工作性能分析涉及统计与经验方法,进而基于分析结果的结构设计规范也必然是由统计与经验主导的。那么,解决这个问题是否要另寻"立足点"呢? 众所周知,结构设计的宗旨是:结构的正常工作状态不能处于结构破坏过程中的任何一点。确切地说,结构的正常工作承载力必须在结构破坏起始荷载以下。这似乎已经告知设计规范的制定应该以结构破坏的起点为参考,"立场"理应在此。但是,目前的结构分析和结构设计还没有理论与方法找到结构破坏的"起点"。

(2)目前的结构分析是用既有经典力学理论与方法对结构工作机理的"解释性"研究,触及的"科学研究"程度不够,未致力于新的理论的创建,进而应在新理论引导下去发现结构工作中未知的客观规律。确切地说,结构在一个承载过程中,各个荷载值下的结构响应(瞬态响应)已经有物理定律以及有关方法进行精确计算。但是,由各个荷载下的结构响应构成的结构工作过程,没有物理定律及方法判定这个过程中两个阶段的界点:①结构正常工作过程的终点;②结构破坏过程的起点。就是说,结构工作过程不存在物理定律决定的特征点,而结构设计要寻求的结构工作过程中的承载能力设计值,只能以经验、统计加以判定。此外,从结构试验和模拟的巨量应变数据没有得到充分运用这点来看,就说明需要新的理论与方法来进一步揭示结构的工作规律。

结构分析与结构设计的现状,促使作者及其研究团队进行了十余年的探索,所建立的"结构受力状态理论与方法",为解决上述两个结构分析与结构设计问题开辟了新的途径。

12.3　高等结构设计基础与规程的内涵

高等结构设计是科学技术进步的必然结果,是结构工程领域科学研究成果的集中体现与应用,是结构工程发展的驱动力之一,是结构设工程发展趋势的体现。对于结构工程学者、工程实践者而言,高等结构设计是其共同追求的目标之一,至此所形成的高等结构设计理念与内容是结构工程发展的必然结果。

12.3.1　高等结构设计基础

高等结构设计是以经典力学定律、结构失效定律、材料强度公式为基础的结构设计。高等结构设计与目前结构设计的最大区别是：结构承载能力设计值、材料强度值的确定性与不确定性。确切地说，高等结构设计中，结构承载力设计值有物理定律可循；而传统结构设计中，结构承载力设计值没有物理定律可循。传统结构设计与高等结构设计在一段时间内必然共存，但是高等结构设计对传统结构设计的逐渐渗透、以致最终更新传统设计是必然的趋势。

12.3.2　高等结构设计规程构想

基于"结构失效定律"的高等结构设计规程（初级）如图 12.1 所示，简要说明如下。

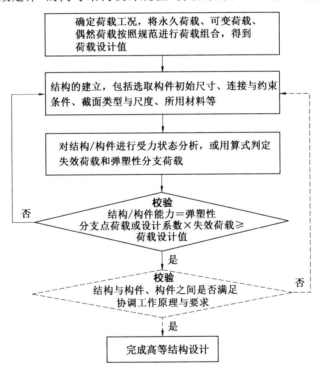

图 12.1　高等结构设计规程（初级）

（1）材料强度指标为实质材料强度，测试方法已经在第 4 章介绍，实质材料强度指标将使材料强度的性能得以更合理、充分地发挥。当然，也可以使用现有的材料强度指标。材料在一般应力状态下的强度用强度公式计算，精确可靠，也必将使材料强度的性能得以更合理、充分地发挥。

（2）对结构承载过程进行有限元模拟，获得响应数据，应用结构受力状态建模方法及结构失效判定准则得到结构及其构件的失效荷载与弹塑性分支点荷载。一方面，结构与构件的失效荷载需要进行折减，即用设计系数乘以失效荷载，作为承载能力设计值，设计系数是确定性的，可以通过失效荷载与弹塑性分支点荷载之间的原理性关系来确定；也可以直接使用弹塑性分支点荷载作为承载能力设计值。另一方面,结构与构件失效荷载或弹塑性分支点荷载可以通过试验和模拟得到计算公式,供结构设计直接使用。

(3)结构与构件弹塑性分支点荷载作为设计值具有 2 道安全裕度:一是从设计值到失效荷载,是确定性的;二是结构破坏起点到结构极限荷载,是半确定性的。

(4)以结构受力状态理论为基础可望揭示结构协调性工作原理,确定结构组成部分的协调工作性能。这样,结构构造将更趋向合理,各个组成部分能更充分地发挥具有的承载能力,获得更大的安全、经济效益。

将图 12.1 的高等结构设计规程与图 12.2 的基于高等结构分析的设计过程进行比较,可见,高等结构设计过程更为简单,呈现的规律性特征是一般性的、确定性的。

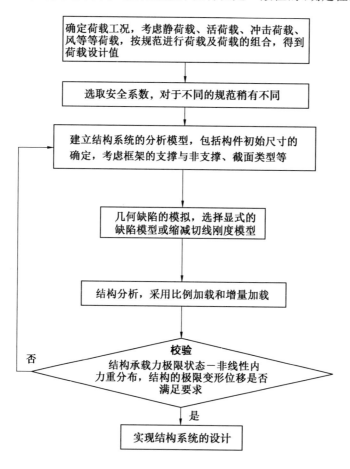

图 12.2　基于高等结构分析的设计过程

12.4　高等结构设计的意义

目前,互联网正进入 5G 时代,那么结构设计经历了几个时代? 目前处于第几代? 下一个时代是什么样的时代? 对现状的认知与前景的探索,是结构分析与结构设计自始至终都在探讨的问题,不管是有意的还是无意的,研究学者与工程师们一直置身于这个问题之中。在此,做一个简单的划分和构想。自从人类以自然材料建造的简单结构伊始,结构设计就一直伴随着结构建造的发展,是结构本身及其发展历史共生共存的组成部分。发展至今,以理论基础与计算工具划分,结构设计历史似可以粗略地分为三个时代。

第一代:18 世纪以前(手工业时代),古典经验性力学知识(二力平衡、杠杆原理等)主导的结构设计时代。

第二代:18 世纪至 20 世纪 70 年代(工业化时代),经典力学(牛顿、胡克等定律、各种强度理论与准则)+手算主导的结构设计时代。

第三代:20 世纪 80 年代至今(信息化时代),经典力学(牛顿、胡克等定律、各种强度理论与准则)+计算机数值模拟(有限元为代表)主导的结构设计时代。

在已经过去的两个时代和目前我们所处的时代,一直在研究结构设计最重要的两个问题,在探索求解之道,即材料的强度测定与计算问题、结构的承载能力预测问题。材料的强度问题纠结于尺寸效应和不确定性,材料强度与试件强度界限不清,甚至混淆,目前已经提出上百种强度理论和三百多个有关材料的强度准则,仍然没有释解这个问题。立足于结构极限荷载(具有高度的不确定性)的结构承载能力预测,呈现高度的不确定性,不得不引入基于随机分析理论的可靠度来规避和最小化不确定性的负面效应。即使是不断进步的现代化实验技术、所进行的大量的结构与试件试验,以及飞速发展的计算机与人工智能技术也未能解决这两个问题。可见,这两个经典问题的解决,必然促进结构设计的更新换代,各种结构的设计将发生"质"的转变,结构设计将进入第四代。

结构受力状态理论的建立,揭示了材料强度的最基本的性质,实质材料强度(标志为无试件尺寸效应)与强度定律(标志为一个统一的表达式),揭示了结构失效定律(标志为结构一般失效特征,即破坏的起点、结构的弹塑性分支点)。比较目前的有关尺寸效应的材料强度理论与准则,实质材料强度与强度定律是最基本的要素,可以推出这些理论和准则。比较目前的结构分析,结构失效定律能更精确估算结构和构件的安全裕度,因为结构和构件的失效荷载和弹塑性分支点是确定性的。但是,依据不确定的最大荷载点估算的是结构破坏的概率——可靠度,是结构破坏终点的估算,可靠度下的结构和构件安全预估是不确定性的。由此可以预期:随着结构受力状态理论与方法的发展,以及在结构性能分析中应用的拓展,高等结构设计规程必将逐渐纳入结构设计,成为结构设计的主流。

要指出的是,与目前的结构设计(包括基于高等结构分析的结构设计)相比,基于"结构失效定律"的高等结构设计在结构安全、建造成本两方面已经隐约现出更高的效益。作者对混凝土实质强度、经济效益初步估算,高等结构设计较目前的普通结构设计可节省混凝土用量 3%～8%,且由于材料的使用更加合理,高等结构设计安全性更高。以某些结构构件(诸如砌体墙板、拱支撑、钢节点)的性价比,即目前设计承载力、弹塑性分支设计荷载对材料体积的比值,来定量评价高等结构设计与传统结构设计的优劣,三种构件的性价比相差近 20%,但是这仅仅是粗略的估算,更精确可信的收效需要进一步的研究与核算。至于高等结构设计在结构安全、经济方面的收益,需要未来的大量核算,作者以混凝土实质强度为参考,高等结构设计预期的安全与经济效益也应比目前的设计高。同时,结构设计是经验与统计结论指导,可靠度下的安全性较低,内容形式不统一(结构、构件性能),操作步骤较为烦琐。然而,高等结构设计设计规程具有结构失效定律与强度定律主导、安全可靠(确定性)、形式内容统一、简单易行的优点。若选择结构和构件的弹塑性分支点荷载作为设计值,一些经验性、统计性系数可以省略。

　　依据结构受力状态理论及目前所取得的研究成果,在此给出第四代结构设计的预见,作为"靶子",抛砖引玉,供专家学者们质疑和批判,作者视之为一种难得的向专家学者们学习和请教的机会,以促进自身的进步和研究的进展。下一个时代的结构设计似是:

　　第四代:21世纪30年代起始(智能化时代),至少持续发展数十年,经典力学(牛顿、胡克等定律)＋强度定律、结构失效定律＋现代计算技术(有限元、人工智能、大数据为代表)主导的结构设计时代。

　　总之,在即将到来的第四次工业革命时代,传统结构设计和传统工业设计怎样迈进这个新时代,面临挑战和机遇,结构受力状态理论、结构失效定律、强度定律、高等结构设计平台可望做出应有的贡献。

本章参考文献

[1]舒兴平. 高等钢结构分析与设计[M].北京:科学出版社,2006.

[2]李国强. 钢结构框架体系高等分析与系统可靠度设计[M].北京:中国建筑工业出版社,2006.

[3]史俊. 基于结构受力状态分析理论的结构共性工作性能分析[D].哈尔滨:哈尔滨工业大学,2018.

[4]黄艳霞,张瑀,刘传卿,等. 预测砌体墙板破坏荷载的广义应变能密度方法[J].哈尔滨工业大学学报,2014,46(2):6-10.

[5]张明. 基于能量的网壳结构地震响应及失效准则研究[D].哈尔滨:哈尔滨工业大学,2014.

[6]李震. 不锈钢管混凝土短柱和钢管混凝土拱受力状态及失效准则研究[D].哈尔滨:哈尔滨工业大学,2017.

[7]李鹏程. 整体式桥台弯梁桥与连续体系弯梁桥模型受力状态分析[D].哈尔滨:哈尔滨工业大学,2019.

[8]SHI J, LI W T, LI P C, et al. Experimental investigation into stressing state characteristics of large-curvature continuous steel box-girder bridge model [J]. Construction & Building Materials, 2018, 178: 574-583.

[9]SHI J, LI P C, CHEN W Z, et al. Structural state of stress analysis of concrete-filled stainless steel tubular short columns [J]. Stahlbau, 2018, 87(6): 600-610.

[10]SHI J, XIAO H H, ZHENG K K, et al. Essential stressing state features of a large-curvature continuous steel box girder bridge model revealed by modeling experimental data [J]. Thin-Walled Structures, 2019, 143: 1-10.

[11]ZHOU G C, SHI J, YU M H, et al. Strength without size effect and formula of strength for concrete and natural marble [J]. Materials, 2019, 12: 2685.

[12]ZHONG J F, SHI J, SHEN J Y, et al. Investigation on the failure behavior of engineered cementitious composites under freeze-thaw cycles [J]. Materials, 2019, 12: 1808.

[13]ZHOU G C, SHI J, LI P C, et al. Characteristics of structural state of stress for steel frame in progressive collapse [J]. Constructional Steel Research, 2019, 160:

444-456.

[14]SHI J, SHEN J Y, ZHOU G C, et al. Stressing state analysis of large curvature continuous prestressed concrete box-girder bridge model [J]. Civil Engineering and Management, 2019, 25(5): 411-421.

[15]SHI J, YANG K K, ZHENG K K, et al. An investigation into working behavior characteristics of parabolic CFST arches applying structural stressing state theory [J]. Civil Engineering and Management, 2019, 25(3): 215-227.

[16]SHI J, ZHENG K K, TAN Y Q, et al. Response simulating interpolation methods for expanding experimental data based on numerical shape functions [J]. Computers & Structures, 2019, 218: 1-8.

[17]ZHONG J F, SHEN J Y, WANG W, et al. Working state of ECC link slabs used in continuous bridge decks [J]. Applied Sciences, 2019, 9: 4667.

[18]陈绍蕃. 钢结构设计原理[M]. 北京：科学出版社,2001.

[19]陈冀. 钢结构稳定理论与设计[M]. 北京：科学出版社,2001.

[20]罗向荣. 钢筋混凝土结构[M]. 北京：高等教育出版社, 2003.

[21]张耀春,周绪红. 钢结构设计原理[M]. 北京：高等教育出版社, 2011.

[22]刘晓平. 土木工程结构分析及程序设计[M]. 北京：人民交通出版社,2001.

[23]康澜. 试析土木工程结构非线性有限元高等分析理论研究与应用[D]. 上海:同济大学, 2009.

量质变规律 2.3

临界应力 1.2

M

模拟 3.5

N

挠度 8.2

拟合 4.5

扭转 3.4

P

泡沫铝 4.6

配筋砌体剪力墙 1.2

频率 10.3

Q

强度 1.2

强度定律 1.3

强度理论 4.2

翘曲 9.4

权重系数 4.5

R

柔度 1.2

S

三轴试件 4.5

失稳 1.2

失效荷载 2.2

失效模式 2.2

实质材料强度 1.3

矢跨比 6.2

试件强度 4.2

收敛准则 5.4

受力状态模式 2.2

受力状态演变 2.5

数值形函数 11.2

塑性铰 9.4

塑性平台 9.4

缩尺模型 10.1

T

弹塑性分支点 1.3

弹塑性分支点荷载 2.2

弹性模量 3.5

特征参数 2.2

特征荷载 3.5

体系 10.5

天然大理石 4.6

跳跃 2.5

统一判定准则 3.4

统一强度理论 4.2

统一设计准则 2.3

突变 2.5

W

弯梁桥 1.2

弯曲 3.4

网壳结构 10.1

位移 3.5

位移控制加载 7.2

物理定律 4.7

X

相关性参数 7.3

相关性判定准则 1.3

协调工作状态 2.3

斜率增量判定准则 2.5

形函数 11.2

悬链线 9.4

Y

压杆 1.2

应变 3.5

应变变化率 8.3

应变能密度 3.5

应力 3.5.2

阈值 2.5

Z

振动台 10.2

指数应变能密度 10.7

滞迴 7.1

滞迴失效荷载 7.5

主应力 4.5

转角 3.5

状态构形插值法 11.2

准则 1.3

阻尼比 10.3

组合结构 1.2

组合主应力 4.5

附录 部分彩图

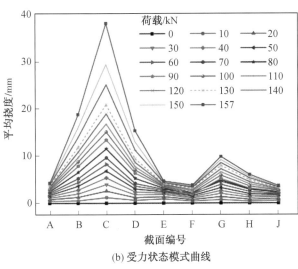

(b) 受力状态模式曲线

图 2.1

(a) 压杆承载力曲线

图 3.23

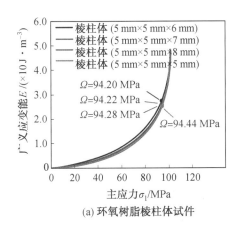

(a) 环氧树脂棱柱体试件

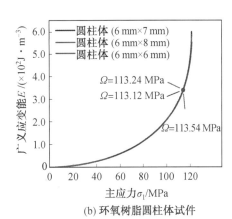

(b) 环氧树脂圆柱体试件

图 4.3

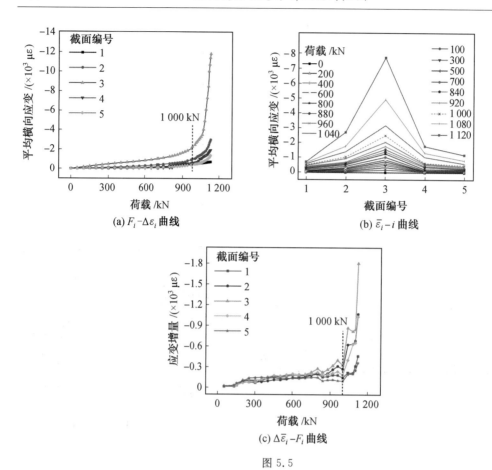

(a) F_i-$\Delta\varepsilon_i$ 曲线

(b) $\bar{\varepsilon}_i$-i 曲线

(c) $\Delta\bar{\varepsilon}_i$-$F_i$ 曲线

图 5.5

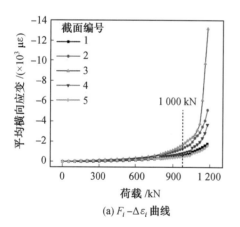

(a) F_i-$\Delta\varepsilon_i$ 曲线

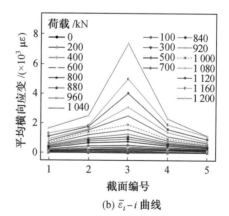

(b) $\bar{\varepsilon}_i$-i 曲线

图 5.6

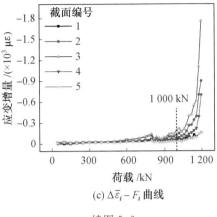

(c) $\Delta\bar{\varepsilon}_i - F_i$ 曲线

续图 5.6

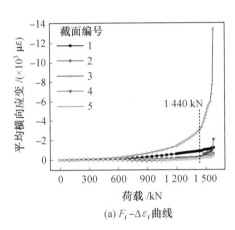

(a) $F_i - \Delta\varepsilon_i$ 曲线

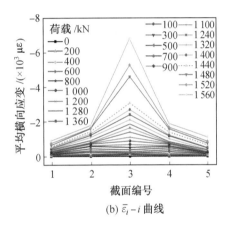

(b) $\bar{\varepsilon}_i - i$ 曲线

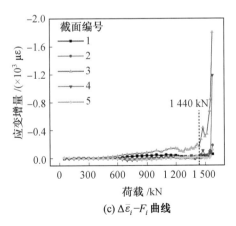

(c) $\Delta\bar{\varepsilon}_i - F_i$ 曲线

图 5.7

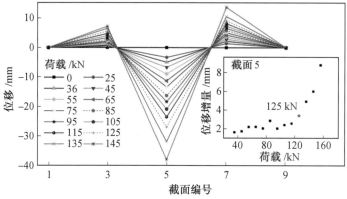

(b) 位移模式图及增量–荷载曲线图

图 6.5

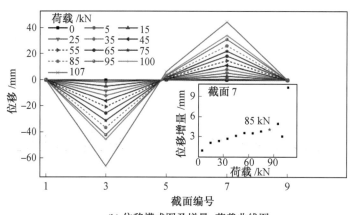

(b) 位移模式图及增量–荷载曲线图

图 6.6

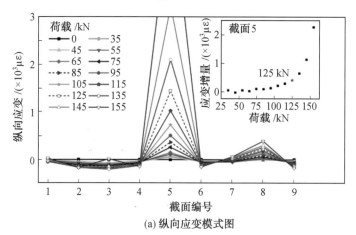

(a) 纵向应变模式图

图 6.7

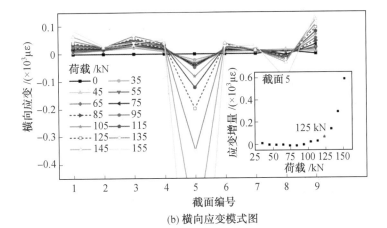

(b) 横向应变模式图

续图 6.7

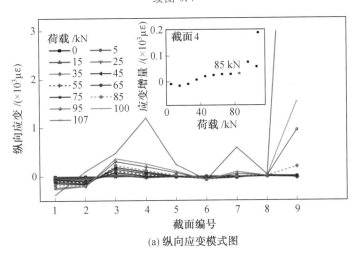

(a) 纵向应变模式图

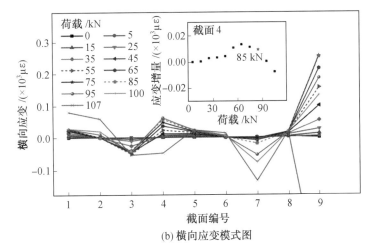

(b) 横向应变模式图

图 6.8

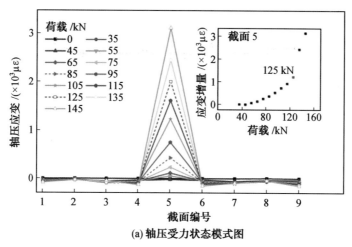

(a) 轴压受力状态模式图

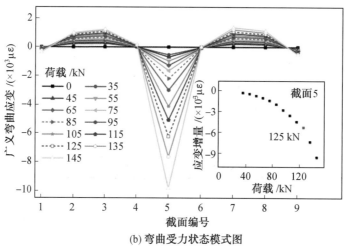

(b) 弯曲受力状态模式图

图 6.9

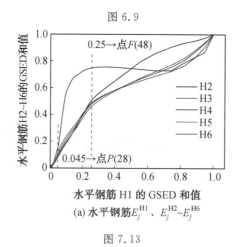

(a) 水平钢筋 E_j^{H1}、$E_j^{H2} \sim E_j^{H6}$

图 7.13

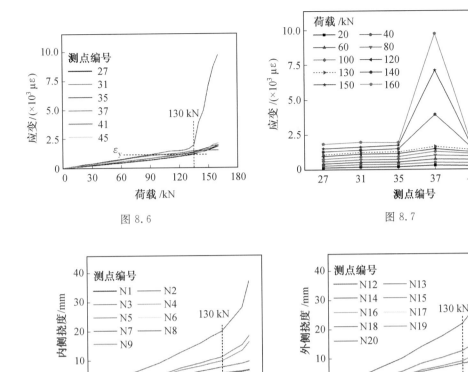

图 8.6

图 8.7

图 8.9

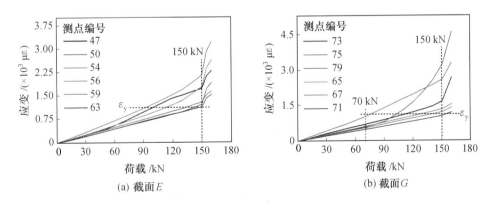

(a) 截面 E

(b) 截面 G

图 8.10

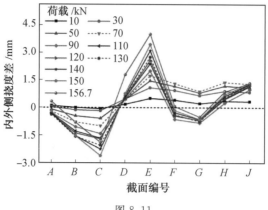

图 8.11

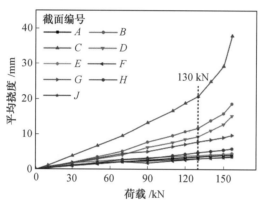

图 8.12

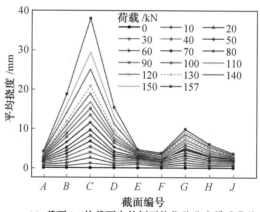

(a) 截面A~J的截面内外侧平均位移分布模式曲线

图 8.13

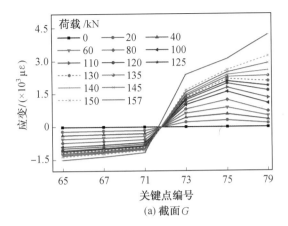

(a) 截面 G

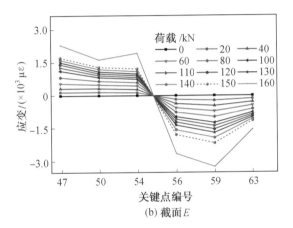

(b) 截面 E

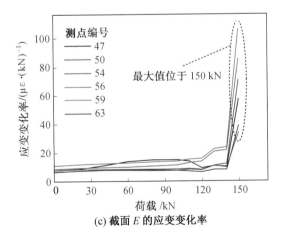

(c) 截面 E 的应变变化率

图 8.15 应变分布模式的突变行为

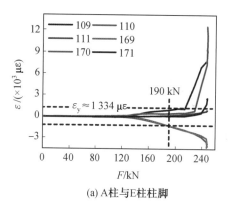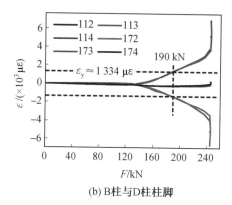

(a) A柱与E柱柱脚　　　　　　　　　(b) B柱与D柱柱脚

图 9.9

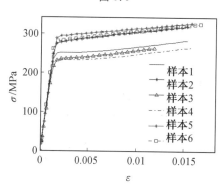

图 10.2

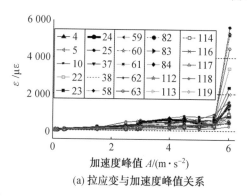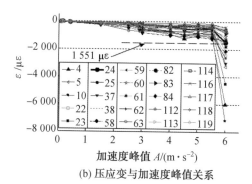

(a) 拉应变与加速度峰值关系　　　　　　(b) 压应变与加速度峰值关系

图 10.12

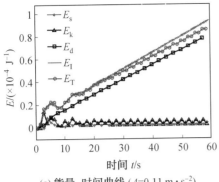

(a) 能量-时间曲线 (A=0.11 m·s^{-2})

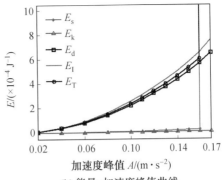

(b) 能量-加速度峰值曲线

图 10.19

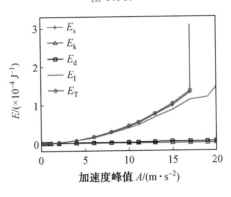

图 10.21

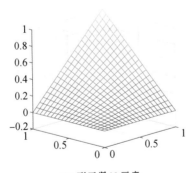

(b) 形函数 N_3 示意

图 11.4

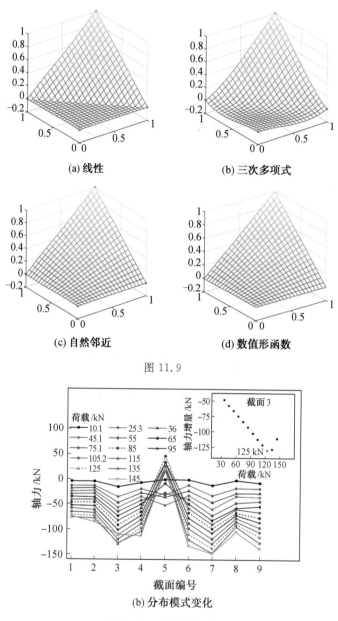

(a) 线性

(b) 三次多项式

(c) 自然邻近

(d) 数值形函数

图 11.9

(b) 分布模式变化

图 11.23 压受力状态

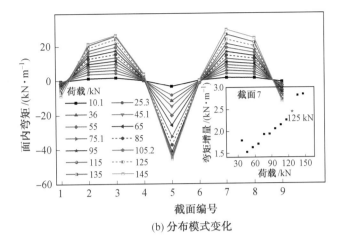

(b) 分布模式变化

图 11.24

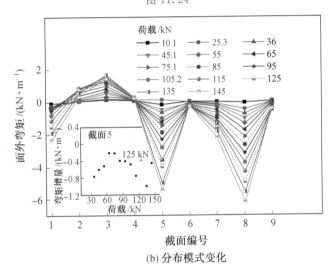

(b) 分布模式变化

图 11.25

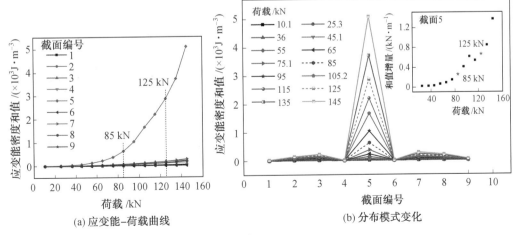

(a) 应变能-荷载曲线　　　　　　　　　　　　(b) 分布模式变化

图 11.26

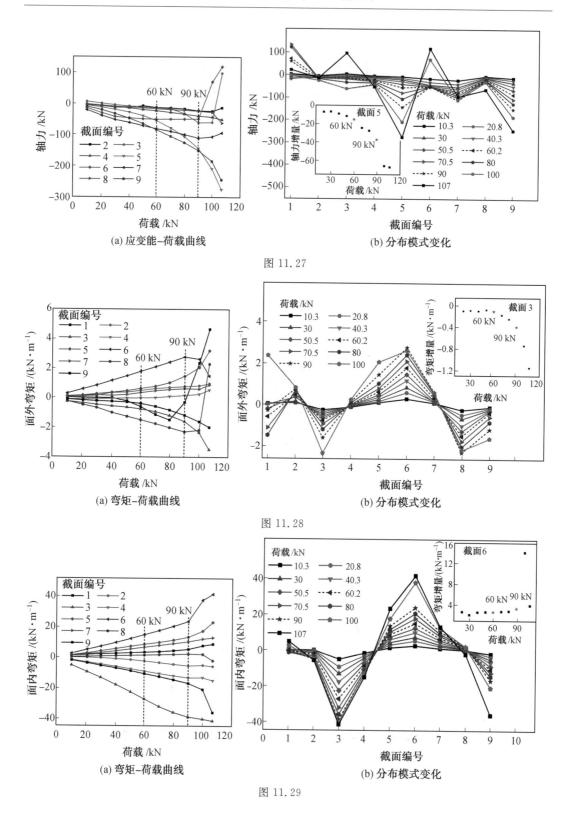

(a) 应变能-荷载曲线   (b) 分布模式变化

图 11.27

(a) 弯矩-荷载曲线   (b) 分布模式变化

图 11.28

(a) 弯矩-荷载曲线   (b) 分布模式变化

图 11.29

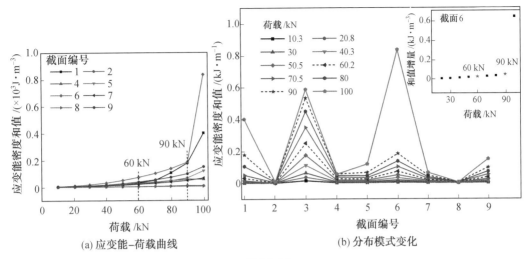

(a) 应变能-荷载曲线　　　　　　　(b) 分布模式变化

图 11.30

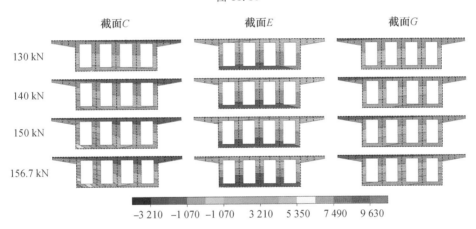

图 11.37

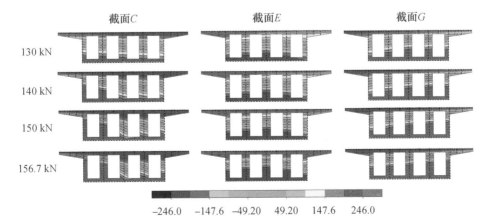

图 11.38

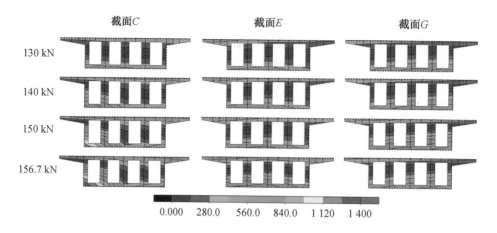

图 11.39

名 词 索 引

A

安全裕度 5.4

B

本构 3.5
泊松比 5.4

C

残余应变 7.3
插值方法 11.1
插值函数 11.1
长细比 3.5
承载力 1.2
程式化 1.3
尺寸效应 4.2
脆性材料 4.6

D

单轴强度 4.6
单轴受压 4.3
当量应力 4.5
倒塌 9.1
动应变 10.3

F

范式 1.3

G

钢管混凝土短柱 1.2
钢管混凝土拱 6.1
高等结构分析 12.2
高等结构设计 1.3

骨架曲线 7.1
固有性质 4.2
固有周期 10.2
广义力的功 2.4
广义弯曲应变 6.4
广义应变能密度 2.4
广义应变能密度比 2.4
归一化 2.4

H

荷载 1.2
荷载工况 6.1
混凝土 4.2.1

J

基本变形构件 3.4
剪切 3.4
剪切强度 4.6
结构分析 1.1
结构工程 1.1
结构破坏的起点 3.2
结构失效定律 1.3
结构受力状态 2.2
结构受力状态参量 2.4
结构受力状态特征对 2.2
结构受力状态子模式 2.4
客观规律 4.7
框架结构 9.1

L

力控制加载 7.2
连续钢弯箱梁桥 8.2
连续失效荷载 2.6